制造业高端技术系列

多级自吸喷灌泵

王　川　施卫东　蒋小平　周　岭　著

机械工业出版社

本书共分为8章，系统总结了自吸喷灌泵的研究背景及研究现状，提出了一种多级自吸喷灌泵的新型结构设计方法，并设计了一种正交试验组合灰关联分析法；进行了泵自吸过程中气液两相流数值计算及自吸摄影试验，进而获取了泵内部三大能量损失之间的影响关系；深入研究了泵内部压力脉动波的振幅、频率及相位的变化规律及内在影响因素；最后进行了多级自吸喷灌泵的转子动力学特性及水力噪声研究。

本书可供从事流体机械及工程和泵设计研究工作的工程技术人员及高等院校相关专业的师生学习与参考。

图书在版编目（CIP）数据

多级自吸喷灌泵/王川等著. —北京：机械工业出版社，2016.12
ISBN 978-7-111-55436-3

Ⅰ.①多…　Ⅱ.①王…　Ⅲ.①喷灌-多级泵-自吸泵　Ⅳ.①TH317

中国版本图书馆CIP数据核字（2016）第282927号

机械工业出版社（北京市百万庄大街22号　邮政编码100037）
策划编辑：沈　红　责任编辑：沈　红　责任校对：佟瑞鑫
封面设计：马精明　责任印制：李　飞
北京汇林印务有限公司印刷
2016年12月第1版第1次印刷
169mm×239mm · 14.25印张 · 2插页 · 270千字

标准书号：ISBN 978-7-111-55436-3
定价：98.00元

凡购本书，如有缺页、倒页、脱页，由本社发行部调换

电话服务	网络服务
服务咨询热线：010-88361066	机 工 官 网：www.cmpbook.com
读者购书热线：010-68326294	机 工 官 博：weibo.com/cmp1952
010-88379203	金 书 网：www.golden-book.com
封面无防伪标均为盗版	教育服务网：www.cmpedu.com

前　言

水资源是基础性的自然资源，也是重要的战略资源。我国是水资源严重短缺的国家，水资源供需矛盾的突出是可持续发展的主要瓶颈。农业是用水大户且用水效率不高，大力发展农业节水和节水灌溉，是促进水资源可持续利用、保障国家粮食安全、加快转变经济发展方式的重要举措，自2004年以来，连续多个中央1号文件，都把节水灌溉及大规模推进农田水利建设作为一项重大战略任务。在这种背景下，作为一种先进高效的节水灌溉技术，喷灌技术成为了发展节水农业的重要组成部分。

在传统的喷灌系统中，自吸喷灌泵能够实现自吸，因此应用广泛。特别是在现代农业中实现自动化控制的节水灌溉方面，自吸喷灌泵是其核心设备，而多级自吸喷灌泵是在单级自吸喷灌泵基础上发展起来的一种提供高扬程、高压力液体的关键设备。传统的自吸喷灌泵通常采用箱体蜗壳式结构，结构复杂、体积笨重、成本高、扬程低、能耗大。同时，随着当前对高扬程自吸喷灌泵的需求不断增多，国内外学者绝大部分都是设计较大叶轮的单级自吸喷灌泵来代替，很少对轻巧的多级自吸喷灌泵展开研究。鉴于此，在国内外关于多级自吸喷灌泵文献稀缺的前提下，本书的相关研究工作显得尤为重要。

本书是作者及所在课题组近年来在自吸喷灌泵研究方向的总结与提炼，也汇集了国家自然科学基金（51279069 及 51609105）、国家科技支撑计划（2015BAB07B06）、江苏省自然科学基金（BK20150508）及江苏大学现代农业装备与技术教育部重点实验室开放基金（NZ201604）等科研成果，并得到了江苏高校优势学科建设工程项目（PDPA）的资助。

本书共分为8章，系统总结了自吸喷灌泵的研究背景及研究现状，提出了一种多级自吸喷灌泵的新型结构设计方法，并设计了一种正交试验组合灰关联分析法；进行了泵自吸过程中气液两相流数值计算及自吸摄影试验，进而获取了泵内部三大能量损失之间的影响关系；深入研究了泵内部压力脉动波的振幅、频率及相位的变化规律及内在影响因素；最后进行了多级自吸喷灌泵的转子动力学特性及水力噪声研究。

本书由江苏大学王川、施卫东、蒋小平、周岭撰写，并由施卫东负责统稿。

本书的撰写得到了江苏大学袁寿其研究员、袁建平研究员、李红研究员的指导与帮助，也得到了江苏大学流体机械工程技术研究中心领导和同事的大力支持；与此同时，非常感谢课题组的刘建瑞研究员、李伟副研究员、张德胜研究员、曹卫东副研究员及司乔瑞助理研究员给予的热心帮助。此外，本书部分内容提炼自课题组冯琦与王伟的硕士学位论文。在此一并致以衷心的感谢。

本书可供从事流体机械及工程和泵设计研究工作的工程技术人员及高等院校相关专业的师生学习与参考。

限于作者水平和研究条件，书中难免存在不妥之处，恳请读者批评指正，不吝赐教。

著　者

2016.06

本书中的部分研究内容荣获2015年中国机械工业联合会科技进步一等奖及2016年中国商业联合会科技进步一等奖。

目　　录

第1章　绪　　论

1.1　概述

水资源是基础性的自然资源和重要的战略资源。我国人均水资源量约为 2100m^3，仅为世界平均值的1/4，居世界第109位。此外，我国国内水资源分布极不均匀，呈现着南多北少、沿海多内陆少的规律。因此，我国是一个水资源严重短缺的国家，水资源供需矛盾突出仍然是可持续发展的主要瓶颈[1]。农业是用水大户，近年来农业用水量约占经济社会用水总量的62%，部分地区高达90%以上，农业用水效率不高，节水潜力很大。大力发展农业节水，是促进水资源可持续利用、保障国家粮食安全、加快转变经济发展方式的重要举措。自2004年以来，连续11个中央1号文件，都把节水灌溉及推广农业机械作为经济社会可持续发展的一项重大战略任务。2012年，《国务院关于实行最严格水资源管理制度的意见》及《国家农业节水纲要（2012-2020年）》明确要求新增高效节水灌溉工程面积1.5亿亩（1亩=666.7m^2）以上，农田灌溉水有效利用系数达到0.55以上。尽管如此，与欧美发达国家相比，目前我国农田灌溉水有效利用系数为0.52，远低于0.7~0.8的世界先进水平。节水灌溉尚处在加快发展阶段，且高性能节水灌溉装备产品还主要依靠进口，同时高效节水灌溉技术发展瓶颈也严重制约了我国现代农业和生态环境的健康发展。

喷灌技术是先进的现代节水灌溉技术，是发展节水农业的重要组成部分。喷灌的灌溉水利用系数比传统的地面灌溉节水30%~40%左右，可提高耕地利用率7%~15%，并且机械化程度较高，能提高农业生产力。因此，大力发展喷灌技术是实现农业现代化的必然要求。用于喷灌系统中的离心泵称之为喷灌泵，由于自吸离心泵“一次引流，终生自吸”，大大简化了管路系统，因此应用广泛[2-6]。特别是在实现自动化控制的节水灌溉方面，自吸喷灌泵是其核心设备。传统的单级自吸喷灌泵通常采用蜗壳式箱体结构，而且结构复杂、成本高、自吸性能差、扬程低、能耗大。同时，笨重的体积也给从业人员在搬运及工作中带来较大的劳动强度。特别是随着当前对高扬程自吸喷灌泵的需求不断增多，传统的单级自吸喷灌泵已不能很好地满足实时连续供水的需要。而多级自吸喷灌泵是在单级自吸喷灌泵基础上发展起来的一种提供高扬程、高压力液体的关键设备[7-11]，它综合了自吸泵与多级泵的特征，其设计方法具有新的特点。

多级自吸喷灌泵有三个关键技术指标：自吸性能、运行效率、运行可靠性（低振动低噪声）。第一指标决定自吸泵能否正常运行，第二指标决定整个泵机组的能耗，第三指标决定着泵产品是否具有高成长性。本书介绍的专项研究目的立足于以下三点。第一，建立一种适合多级自吸喷灌泵在自吸过程中的气液两相流数值计算方法，并结合多级自吸泵的自吸试验，获取多级自吸泵在自吸过程中气液两相流内部流动规律，以此来为大幅提高多级自吸喷灌泵的自吸性能提供理论基础。第二，建立一种多级自吸喷灌泵正常运行后的完全意义上的全流场数值计算方法，包括考虑叶轮、导叶及泵腔水力损失、圆盘摩擦损失、口环泄漏损失及级间泄漏损失在内的各种损失，并把各种损失全部计算出来，从而获得各种损失之间的相互关系，为低比速多级自吸喷灌泵的性能优化提供一定的指导依据。第三，基于非定常数值计算及振动噪声试验，深入分析定转子的动静干涉现象与泵内压力脉动及振动噪声的关系，为实现多级自吸喷灌泵的低振动低噪声设计提供一定的理论依据。

1.2 自吸泵的研究现状

1.2.1 自吸泵产品的发展概述

从国外发展看，德国是世界上最早研究自吸泵的国家，德国西门子公司早在1917年就研制出内混式自吸泵。日本自1930年开始研制自吸泵，但是到20世纪50年代初才形成批量生产[12]。国外自吸泵多采用内、外混双层蜗壳结构，以卧式为主，在结构中大多数没有采用关闭回流孔结构，气水分离室较大，叶轮以半开式居多，进口大多数装有止回阀，轴封采用机械密封。国外的大多数小型自吸泵，在强度因素足够的情况下，大多采用聚丙烯等有机材料注塑及模压而成形（有机材料比较轻盈，便于移动），同时由于是采用注塑工艺，外形美观、表面光洁。目前国外发达国家自吸泵在自吸时间、自吸高度和可靠性方面独有见长，如国外自吸泵的最大自吸高度可达9m，最高扬程可达150m，最大口径可达600mm，而自吸时间可控制在60s以内。

国内自吸泵的研究起步较晚，主要经历了三个阶段。20世纪60年代开始研制，该阶段研制的自吸泵主要以外混式自吸离心泵为主，其自吸性能差。另外，由于自吸泵正常工作时不堵回流孔，导致泵效率偏低[13]。20世纪80年代，农业机械部下达了研制BPZ系列自吸离心泵的任务，该系列泵均为内混式自吸泵，并采用球阀自动关闭回流孔，自吸性能和泵效率等性能都得到提升[14]。20世纪90年代，自吸泵又得到了进一步发展和完善。一是在内混式的基础上增加了射流装置，进一步提高了自吸性能。二是配套功率由原来的3～11kW扩展到1.8～15kW，配套动力机的类型除了电动机和柴油机外，还增加了汽油机和拖拉机。

三是规格增多，进口直径由原来的 50 ~ 80mm 扩展至 40 ~ 100mm，流量最大可达 $100m^3/h$。进入 21 世纪后，自吸泵主要朝着小型化、智能化及高扬程方向发展。

目前，市场上的自吸离心泵产品，主要以单级自吸泵为主，很少有多级自吸泵，而多级自吸泵是保证在有限的径向空间内提供高扬程给水的重要设备。

1.2.2 自吸泵结构的研究现状

国内外学者对自吸离心泵进行了大量的研究，并取得了很多研究成果。国外学者主要对自吸泵的结构设计及应用前景进行了研究，如 J. Henke[15] 在 TP 自吸泵的入口处增加了一个诱导轮，不仅降低了自吸泵的能耗，还在一定程度上减轻了泵运行的噪声污染；T. Dolzan 等[16]设计了一款微型压电泵，通过把泵进气口放置在泵腔的正中间位置，大幅度提升了泵的排气及自吸能力；D. Meister[17] 通过判断自吸泵首次运行时是否需要灌水而把自吸泵分为干式自吸泵与湿式自吸泵，而干式自吸泵通过在普通离心泵的进口处安装辅助设备（真空泵或空气压缩机）抽真空实现，用户应该根据泵的使用场合及用途选择合适的自吸泵；B. Hubbard[18]研究了一台带扭曲叶轮的自吸泵，它不仅可以防止进口管道“气塞”，还可以抽送含气率较高的流体，其优点远超它本身所具有的自吸能力；J. Kanute[12]从基本原理到具体操作对自吸离心泵做了全面的概述，并重点分析了蜗壳式自吸泵与导叶式自吸泵的优点；J. Shepard[19]回顾了自吸泵的发展历史，并详细分析了半自动自吸泵及全自动自吸泵的工作原理及发展过程。

国内学者的研究主要集中在自吸泵结构的改进、自吸时间的计算、储液室容积、回流孔的面积和位置、隔舌间隙等几个方面。如刘建瑞等[20]对射流式自吸喷灌泵进行了改进，设计了一种新型泵腔并在正导叶的基础上增设反导叶，新的泵腔不仅改变了流体的流动方向，减少了流体对泵壳的冲击损失，还可以有效地消除泵腔的速度环量并加快气水分离速度，从而使泵的自吸性能得到提高；仪群等[21]统计了自吸泵的自吸时间及比转速，发现随着比转速的增大自吸时间亦增大，尤其在中高比速泵中表现得更为明显；赵学华等[22]在立式自吸离心泵研究的基础上，利用流体力学、热力学、气体动力学方程和能量不变方程推导了自吸时间的计算公式；范宗霖等[23]通过分析自吸时吸水管内气体运动的物理过程，利用理想气体的热力学方程和可压缩理想一元不定常流动方程，推导出外混式自吸离心泵不含水平管段的自吸时间计算公式；颜和平[24]通过试验分析了气液分离室容积对自吸性能的影响，发现内混式自吸泵应尽量加大气液分离室的容积，可以有效提高自吸泵的自吸性能；仪群等[25]统计了 29 台自吸离心泵，并结合理论分析得出了不同比转速的自吸离心泵储液室容积与泵的设计流量之间的关系；陈茂庆、钟明、张兴、仪群等[26-29]都不同程度地对回流孔进行了大量研究，如回流孔面积及位置对自吸时间及最大自吸高度的影响等；颜和平等[30]认为内混式自吸离心泵的汽水混合作用是在叶轮流道内完成的，故对隔舌间隙的要求不像外混式那样严格，隔舌间隙在 0.5 ~ 2m 范围内，对自吸性能没有影响；陈茂庆等[31]指出叶轮与泵体隔舌间隙的大小对自吸性能影响极大，从自吸性能而言，叶轮与泵体隔舌间隙越小越好，叶轮与泵体隔舌间隙大，则影响自吸性能，甚至无法自吸，通常叶轮与泵体隔舌的间隙取 0.5 ~ 1mm 为佳。

可以发现，已有的自吸泵的公开文献资料大部分是侧重于研究自吸泵的结构对自吸性能的影响，并没有深入展开对自吸泵的自吸机理的研究；同时，由于市场上较少见到多级自吸泵，导致泵级数对泵自吸性能的研究基本未见相关报道。国外关于自吸泵的文献更侧重于新产品的展示，由于知识产权保护及技术封锁，基本未见学术研究方面的公开报道。

1.2.3　泵内部气液两相流动的研究现状

国内外相关学者对泵内部气液两相流动进行了大量的研究，发现自吸过程中的气泡分为停滞气泡与移动气泡，而移动气泡是自吸完成的主要媒介。国外学者的研究主要以数值计算为主，如 K. Minemura 等[32]最早采用均相流气泡流动模型对离心泵内部的气液两相流进行三维定常数值计算，得到流场内部的气相速度分布及体积分数，与试验结果对比误差相差不大；J. Caridad 等[33]通过采用数值计算方法对潜水泵抽送气水混合物的内部流场进行了分析，发现叶轮的扬程及相对液流角取决于流体的流量及叶轮内部的气相分布；T. Andres 等[34]采用标准 k-ε 湍流模型对轴流泵内部的气液两相流动进行了数值计算，且预测了泵内部的流体动力学特性并优化了叶轮设计。

国内学者关于泵内部气液两相流动的研究主要体现在理论分析、试验测量及数值计算三个方面，如李文广[35]提出了一种可以算出气泡在外混式自吸泵内运动轨迹的计算模型，并发现气泡的初始直径对其运动轨迹的影响十分显著，转速的提高增大了气泡分离的频率；李红等[36, 37]对喷灌泵的自吸过程进行了试验测量，得到了在不同安装高度下泵自吸过程中关键监测点的参数变化；胡四兵等[38]对离心式两相流泵进行试验，发现设计及制造含气率高达 30% ~ 50% 的气液两相流泵是可行的；余志毅等[39]建立针对叶片泵内气液两相三维湍流流动的数学模型和数值计算方法，计算了叶片式气液混输泵在进口含气率分别为 5%、15% 及 25% 的系列工况下叶轮的内部两相流场，并做了扬程特性预测；黄思等[40]利用 Fluent 软件对多级轴流式混输泵内的气液两相流进行了数值计算，探讨了气液两相介质在泵内的流动规律；潘兵辉等[41]基于 Fluent 软件，采用 Mixture 模型计算了离心泵在不同气相浓度、不同气相颗粒直径在内部流场的液相分布，发现增大气相浓度及气相颗粒直径都会降低泵的扬程及效率。

综上所述，已有的关于泵内部气液两相流动的理论分析主要处于理论假设层面，且试验研究侧重于研究泵外特性的变化规律，数值计算则侧重于分析气液两相流泵的内部流场，而涉及自吸泵微观自吸机理的研究极少。

1.2.4 自吸泵自吸过程的气液两相流数值计算研究现状

通过查阅资料，国外还没有关于自吸泵自吸过程的气液两相流数值计算的公开报道，但国内的相关研究较多。如刘建瑞等[42-44]基于 Fluent 软件，采用 Mixture 模型对内混式自吸泵自吸过程的气液两相流进行了数值计算，得到不同假设含气率条件下的流场的压力、速度及气相分布，发现进口含气率较低时，自吸泵内部没有出现气相聚集现象；王春林等[45, 46]基于 Fluent 软件，对旋流自吸泵自吸过程的气液两相流进行了数值计算（进口含气率 15%），发现自吸时液相通过相间作用带动气相的流动，液相速度略大于气相速度；李红等[47-50]运用 VOF 多相流模型结合滑移网格技术，加载试验所获得启动过程中叶轮的转速变化曲线及泵出口压力变化曲线，模拟了启动过程中气液混合现象及气液分离现象，获得了气液分离室进口、回流孔、蜗壳各断面及叶轮内监测点的含气率变化曲线；王涛等[51]采用减小含气率的准稳态法，逐渐减小进口含气率至零，得到了扬程随含气率的变化曲线，模拟了自吸过程的初期、中期及末期等不同时刻的泵内部气液两相状态。

可见，在进行自吸泵的自吸数值计算时，要么假设泵的入口含气率是几个固定的数值（5%、10%、15%），并设置为速度进口（泵的额定流量除以进口面积）；要么假设泵的入口全是气体，并设定气体的进口速度为一个平均值（自吸高度除以自吸时间）。前者的假设完全不是在进行自吸泵的自吸数值计算，而是在进行一般气液两相流泵的数值模拟；后者的假设已经接近自吸真实情况，但是假设速度进口为一个平均值，这与自吸过程中自吸速度先快后慢的试验现象明显相悖。通过查阅国内外相关资料，发现目前黄思等[52-54]的研究最为接近真实模拟单级自吸泵的自吸过程，主要是因为他们在模拟过程中没有设定速度进口或质量出流。然而，他们的模型仅仅假定自吸泵的进口管道为一段水平放置长度为 0.5m 的弯管（自吸高度约为 0.25m），与真实自吸过程中 3m 或 5m 的竖直自吸高度不符，故无法完全展现整个自吸过程的流动规律。

1.3 本书的主要研究内容

本书提出了一种多级自吸喷灌泵的新型结构设计，它是基于多目标模糊优化法进行过流部件的水力设计，并在此基础上采用正交试验组合灰关联分析法，研究主要影响因素对泵自吸时间的影响规律及获得最优组合。采用 ANSYS CFX 软件进行泵自吸过程中气液两相流数值计算，并利用摄影技术观测自吸过程中气液逸出现象；建立一种多级自吸喷灌泵正常运行后完全意义上的全流场数值计算方法，获取三大能量损失之间的影响关系；采用非定常数值计算，深入研究泵内部压力脉动波的振幅、频率及相位的变化规律及内在影响因素，并获取叶轮出口处的非定常速度场，以及基于 ANSYS 及有限元 SAMCEF Rotor 软件对悬臂式多级离心泵进行泵主轴的动、静态特性进行研究；最后研究了多级自吸喷灌泵模态及内外声场特性，并进行了叶轮参数对多级自吸喷灌泵性能及噪声影响的试验研究。

（1）新型自吸结构设计及多目标模糊优化水力模型

基于一台多级自吸喷灌泵，提出了一种具有高自吸性能的新型自吸结构设计。基于多目标模糊优化设计，确定追求关死点扬程极大值、最大轴功率极小值的多目标优化模型；结合设计经验及工艺需求建立相关约束条件，并进行非线性极值求解；最后以最优解初步完成过流部件的水力设计。

（2）正交试验组合灰色关联度分析法优化自吸性能

将正交试验与灰色关联度分析法及自吸时间试验相结合，进行缩短多级自吸喷灌泵自吸时间的研究。试验选择叶轮叶片出口宽度 b_2、叶轮和导叶之间的径向间隙 δ、回流孔的面积 S 及多级泵级数 i_s 等 4 个几何参数作为试验因素，每因素取 3 个水平，按 L_9（4^3）正交试验设计 9 组方案，并进行自吸高度为 5m 的自吸时间试验，通过正交分析法得到各因素对自吸时间的影响规律。同时采用灰关联分析法，深入研究各主要因素影响多级自吸泵自吸时间的主次顺序。

（3）泵自吸过程中气液两相流数值计算及摄影试验

采用 ANSYS CFX 软件，分别进行真正意义上仿真单级自吸泵与多级自吸泵（4 级）自吸过程的气液两相流数值计算，研究自吸过程中气液混合、气液分离及气液逸出现象，分析自吸过程中内部的速度、压力及含气率的变化规律，了解自吸过程的气液两相流特点。同时，在多级自吸泵出口处安装透明塑料管，采用摄影技术观测多级自吸喷灌泵自吸过程中的气液逸出现象，并与数值计算结果进行对比分析。

（4）多级自吸喷灌泵的能量损失研究

针对一款多级自吸喷灌泵，采用不同的网格数、湍流模型、收敛精度及表面粗糙度对泵模型进行数值计算及一些数值计算设置方法的研究。在此基础上，建立一种基于数值计算的损失模型法，包括考虑进口段、出口段、叶轮、导叶及泵腔水力损失、圆盘摩擦损失、口环泄漏损失及级间泄漏损失在内的各种损失，并把各种损失全部计算出来，从而获得各种损失之间的相互影响关系及所占比例关系，为多级自吸喷灌泵的性能优化提供一定的指导。

（5）多级自吸喷灌泵的非定常流动研究

采用非定常数值计算，深入研究泵内部压力脉动波的振幅、频率及相位的变化规律及内在影响因素，获取叶轮出口处的非定常速度场并对五级自吸泵进行振动及外部噪声试验。

（6）多级自吸喷灌泵的转子动力学特性研究

采用有限元软件计算转子系统在“干态”和“湿态”下的临界转速，并对比分析叶轮前后口环密封间隙力、轴承的支承刚度对临界转速的影响。基于瞬态响应分析研究转子系统在“干态”和“湿态”下不平衡质量大小、响应时间、流体激振力对振动幅值及轴心轨迹的影响，并采用谐响应分析研究转子系统在“干态”下不平衡质量及不平衡质量相位对转子部件位移幅值的影响。最后利用本特利 408 型振动故障测试仪对该悬臂式多级自吸喷灌泵进行振动频谱及轴心轨迹分析。

（7）多级自吸喷灌泵的水动力噪声研究

首先确定偶极子声源及声学边界元网格，应用 LMS Virtual. Lab 软件对多级自吸喷灌泵进行内声场的数值模拟，并对结果进行分析；其次进行外辐射声场的计算，并进行相关分析，寻找与多级自吸泵内部流动及结构之间的联系；最后对多级自吸喷灌进行噪声性能试验研究，为多级自吸喷灌泵的降噪抑噪提供参考依据。

参考文献

[1] 王建华. 21 世纪中国水资源预测与出路 [J]. 预测，1998，17（4）：5-8.

[2] 李世英. 节水灌溉设备在我国的应用与发展 [J]. 农村机械化，1998，10（7）：8-9.

[3] 郭晓梅，杨敏官，王春林. 喷灌泵现状分析 [J]. 水泵技术，2002，47（1）：27-29.

[4] 吕智君，兰才有，王福军. 自吸泵研究现状及发展趋势 [J]. 排灌机械，2005，23（3）：1-5.

[5] 王护桥. 自吸泵的发展史及发展趋势探讨 [J]. 中国科技纵横，2014，13（196）：288-289.

[6] 江浩，谢元华，王超，等. 自吸式离心泵的现状研究 [J]. 节能，2014，33（11）：70-74.

[7] 范宗霖，孙兆宁. 多级自吸离心泵的研制 [J]. 水泵技术，1993，38（3）：5-7.

[8] 施卫东，王洪亮，余学军，等. 深井泵的研究现状与发展趋势 [J]. 排灌机械，2009，27（1）：64-68.

[9] 马新华，冯琦，蒋小平，等. 多级离心泵内部非定常压力脉动的数值模拟 [J]. 排灌机械工程学报，2016，34（1）：26-31.

[10] 袁丹青，韩泳涛，丛小青，等. 多级离心泵新型空间导叶设计及优化分析 [J]. 排灌机械工程学报，2015，33（10）：853-858.

[11] 周邵萍，胡良波，张浩. 多级离心泵级间导叶性能优化 [J]. 农业机械学报，2015，46（4）：33-39.

[12] Kanute J. Self-priming centrifugal pumps: a primer [J]. World Pumps，2004（456）：30-32.

[13] 潘中永，曹卫东，刘建瑞，等. 自吸喷灌泵的结构及改进 [J]. 水泵技术，2003，48

(3): 19-21.

[14] 江苏工学院排灌机械研究所，湖南省农机研究所. BP 型系列喷灌泵科研鉴定技术文件 [R]. 1984 (5).

[15] Henke J. The hygienic self-priming GEA TDS® - VARIFLOW centrifugal pump of the TPS series [J]. Trends in Food Science & Technology, 2009 (20): 85-87.

[16] Dolžan T, Pečar B, Možek M, et al. Self-priming bubble tolerant microcylinder pump [J]. Sensors and Actuators A: Physical, 2015 (233): 548-556.

[17] Meister D. Getting the best out of your wet prime pump [J]. World Pumps, 2004 (456): 18-22.

[18] Hubbard B. Self-priming characteristics of flexible impeller pumps [J]. World Pumps, 2000 (405): 19-21.

[19] Shepard J. Self-priming pumps: an overview [J]. World Pumps, 2003 (444): 21-22.

[20] 刘建瑞，周英环，袁寿其，等. 50PG-28 型射流式自吸喷灌泵的改进与试验 [J]，排灌机械，2008，26 (1): 26.

[21] 仪群. 自吸泵自吸性能与比转数关系的分析 [J]. 流体工程，1992，20 (9): 31-35.

[22] 赵雪华，徐语，雷桥，等. 立式自吸离心泵设计影响因素研究 [J]. 流体机械，1996，24 (4): 3-6.

[23] 范宗霖，薛建欣. 立式自吸泵的研究 [J]. 甘肃工业大学学报，1998，24 (1): 52-55.

[24] 颜和平. 自吸泵气水分离室容积对自吸性能影响的试验 [J]. 流体机械，1996，24 (11): 39-40.

[25] 仪群，刘一声. 自吸式离心泵气液分离室容积的分析研究 [J]. 排灌机械，1994，12 (2): 9-12.

[26] 陈茂庆，吴卫东. 回流孔对自吸离心泵自吸性能影响的研究 [J]. 水泵技术，1998，43 (1): 26-30.

[27] 张兴. 回流孔对自吸泵的影响 [J]. 通用机械，2004，3 (6): 41-46.

[28] 钟明，王凯. 影响自吸泵自吸时间因素的关联度分析 [J]. 齐齐哈尔大学学报：自然科学版，1998，14 (1): 47-50.

[29] 仪群，刘一声，楼文尧. 外混式双级自吸离心泵的设计研究 [J]. 排灌机械，1991，9 (3): 1-5.

[30] 颜和平. 高比转数自吸离心泵的试验研究 [J]. 排灌机械，1991，9 (4): 5-7.

[31] 陈茂庆. 高扬程自吸离心泵的设计与试验研究 [J]. 流体机械，1998，26 (10): 7-11.

[32] Minemura K, Uchiyama T. Three-dimension calculation of air-water two-phase flow in centrifugal pump impeller based on a bubbly flow model [J]. ASME Journal of Fluids Engineering, 1993, 115 (4): 766-771.

[33] Caridad J, Asuaje M, Kenyery F, et al. Characterization of a centrifugal pump impeller un-

der two-phase flow conditions [J]. Journal of petroleum science and engineering, 2008, 63 (1): 18-22.

[34] Tremante A, Moreno N, Rey R, et al. Numerical turbulent simulation of the two-phase flow (liquid/gas) through a cascade of an axial pump [J]. ASME Journal of Fluids Engineering, 2002, 124 (2): 371-376.

[35] 李文广. 气泡在外混式自吸泵内运动的简单数值模拟 [J]. 甘肃工业大学学报, 1991, 17 (4): 15-19.

[36] 李红, 王涛, 徐德怀. 喷灌泵自吸过程瞬态水力特性的试验研究 [C] //第四届全国水力机械及其系统学术会议. 兰州: 2011 (9): 16-18.

[37] 王涛, 徐志强. 喷灌泵自吸过程瞬态水力特性的试验研究 [J]. 中国农村水利水电, 2014, 56 (5): 57-60.

[38] 胡四兵, 柴立平, 何玉杰, 等. 离心式气液两相流泵的试验研究 [J]. 流体机械, 2002, 30 (2): 4-6.

[39] 余志毅, 曹树良, 王国玉. 叶片式混输泵内气液两相流的数值计算 [J]. 工程热物理学报, 2007, 28 (1): 46-48.

[40] 黄思, 吴玉林. 叶片式泵内气液两相泡状流的三维数值计算 [J]. 水利学报, 2001, 46 (6): 57-61.

[41] 潘兵辉, 王万荣, 江伟. 离心泵气液两相流数值分析 [J]. 石油化工应用, 2011, 30 (12): 101-104.

[42] 刘建瑞, 苏起钦. 自吸泵气液两相流数值模拟分析 [J]. 农业机械学报, 2009, 40 (9): 73-76.

[43] 苏起钦. 射流式自吸喷灌泵性能数值预测及气液两相流分析 [D]. 镇江: 江苏大学, 2009.

[44] 刘建瑞, 苏起钦, 徐永刚, 等. 射流式自吸喷灌泵内部流场的数值分析 [J]. 排灌机械, 2009, 27 (6): 347-351.

[45] 王春林, 司艳雷, 郑海霞, 等. 旋流自吸泵内部流场的数值模拟 [J]. 排灌机械, 2008, 26 (2): 31-35.

[46] 王春林, 吴志旺, 司艳雷, 等. 旋流自吸泵气液两相流数值模拟 [J]. 排灌机械, 2009, 27 (3): 163-167.

[47] 李红, 徐德怀, 涂琴, 等. 自吸泵启动过程气液两相流动的数值模拟 [J]. 农业工程学报, 2013, 29 (3): 77-83.

[48] 李红, 徐德怀, 李磊, 等. 自吸泵自吸过程瞬态流动的数值模拟 [J]. 排灌机械工程学报, 2013, 31 (7): 565-569.

[49] 徐德怀. 喷灌自吸泵自吸过程气液两相流动的数值模拟研究 [D]. 镇江: 江苏大学, 2013.

[50] Xu D, Li H, Li L. Inner flow characteristics of self-priming irrigation pumps [C] //IOP Conference Series: Earth and Environmental Science, 2012, 15 (4): 042015.

[51] 李红，王涛. 自吸泵内部流场的数值模拟及性能预测 [J]. 排灌机械工程学报，2010，28（3）：194-197.

[52] Huang S，Su X，Guo J，et al. Unsteady numerical simulation for gas-liquid two-phase flow in self-priming process of centrifugal pump [J]. Energy Conversion and Management，2014（85）：694-700.

[53] 黄思，岳乐，郭京，等. 离心泵自吸过程的气液两相流非稳态数值模拟 [J]. 科技导报，2013，31（14）：36-40.

[54] 岳乐. 自吸离心泵气液两相流计算及性能试验研究 [D]. 广州：华南理工大学，2013.

第2章　多级自吸喷灌泵的多目标模糊设计

本章主要介绍多级自吸喷灌泵的工作原理、结构设计、工艺设计，并采用多目标模糊优化设计，对泵的关键过流部件进行水力优化设计。

2.1　自吸泵的分类及工作原理

所谓自吸泵，是指除首次起动需要灌水，以后起动均不需要灌水，仅依靠泵自身作用能自行排出泵内部或进水管内的气体，实现吸水并进入正常运转的泵。自吸泵的种类很多，大体可以分为自吸离心泵、自吸混流泵及自吸旋涡泵等，但是人们提到自吸泵时一般是指自吸离心泵。自吸泵按照自吸性能的结构及方式分为：气液混合式（内混式及外混式）、螺旋式、水环轮式、射流式（液体射流及气体射流）及其他形式（各种容积泵如柱塞泵、隔膜泵等）。自吸泵自吸性能及结构型式比较见表2-1。

表2-1　自吸泵结构型式及自吸性能比较

自吸方式	气液混合式		螺旋式	真空辅助式	射流式	水环轮式
	内混式	外混式				
泵效率	较高	较低	较低	高	低	高
自吸时间	长	较短	短	短	短	短
自吸高度	低于10m	低于10m	高于10m	高于10m	高于10m	低于10m
寿命	长	长	长	长	长	较短
制造成本	低	中	中	高	高	高

本书介绍的多级自吸喷灌泵属于内混式自吸离心泵。当多级自吸喷灌泵工作时，由于泵内部存着一部分液体，在叶轮高速旋转的离心力作用下，叶轮内部的液体与气体充分混合并以较大的速度进入导叶流道中；由于导叶具有消除速度环量的作用，气水混合物的速度降低并进入下一级叶轮中；经过逐级流动，气水混合物最后进入容积远大于叶轮及导叶的气液分离室中；气水混合物的速度急剧降低，并在重力的作用下，气水混合物开始分离；较轻的气体向上流动从出口管道流出，较重的水向下流动并经回流孔流向回流腔，然后逐级回流并经过回流阀进入气液混合室中再次与气体混合。由于叶轮的旋转作用会导致首级叶轮进口处出现低压区，进口管道中的气体会被吸入至气液混合室及首级叶轮中，随着这个过程周而复始的进行，进口管道中的气体不断减少，直至吸尽气体并完成自吸过

程，泵便投入正常工作。

2.2 多级自吸喷灌泵的结构设计

2.2.1 泵整体结构

无论是作为学术研究对象还是作为产品，过去人们对多级自吸喷灌泵的研究较少。本书介绍的多级自吸喷灌泵采用电动机直联方式，结构紧凑，安装使用方便。整泵主要由进出口管道、气液混合室、自吸盖板、叶轮、导叶、外壳体、轴、气液分离室、拉杆及电动机等零部件组成，分别如图 2-1 及图 2-2 所示。

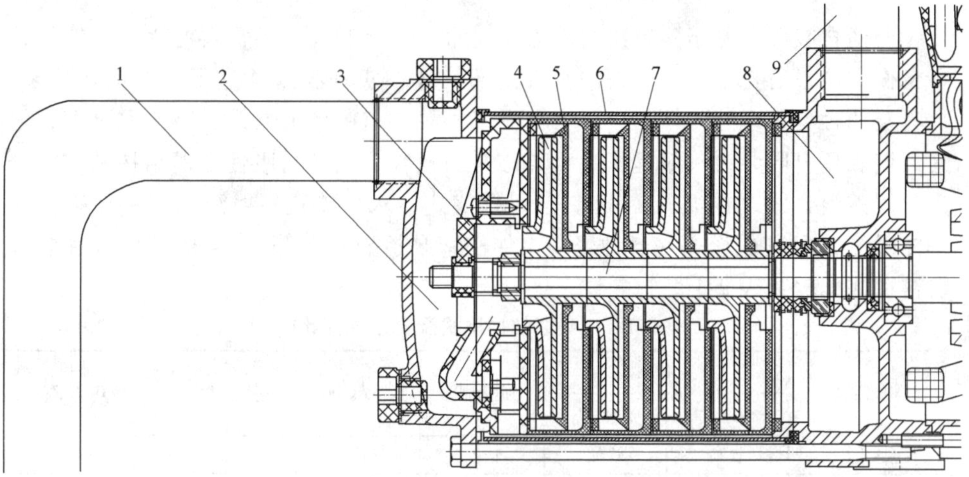

图 2-1 多级自吸喷灌泵

1—进口管道 2—气液混合室 3—自吸盖板 4—叶轮 5—导叶 6—外壳体 7—轴 8—气液分离室 9—出口管道

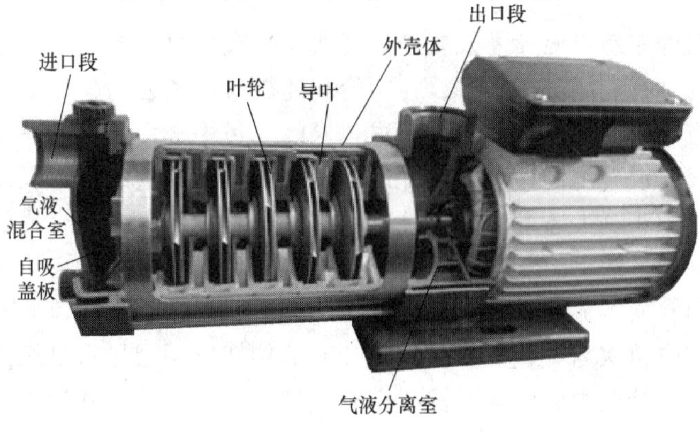

图 2-2 多级自吸喷灌泵实物剖视图（不锈钢叶轮）

本书介绍的模型泵最大的创新点是设计了一种具有高自吸性能的自吸装置，即在正反导叶的基础上，设计了由气液分离室、外壳体、自吸盖板及气液混合室组成的回水装置。在自吸过程中，末级泵段中的高压水经回水装置对首级泵腔进行补水，再次完成气水混合。当泵完成自吸后，自吸盖板中的回流阀在较大的压力差作用下自动关闭，有效地提高了自吸泵的效率。该多级自吸喷灌泵具有较好的自吸性能，泵效率和常规离心泵一样高效。

2.2.2 气液分离室

模型泵中的气液分离室构造简单，其上部中间位置接出口管道，下部中间位置开一个圆弧形回流孔，如图 2-3 所示。其回流孔面积根据以下公式估算[1-3]。

$$d_1 = K_1\left(\frac{Q}{n}\right)^{1/3} \tag{2-1}$$

式中：d_1 为回流孔截面当量直径（mm）；K_1 为计算系数；Q 为泵的流量（m^3/s）；n 为泵的转速（r/min）。

根据理论计算，本模型泵中的回流孔面积初步定为 $S = 84mm^2$。

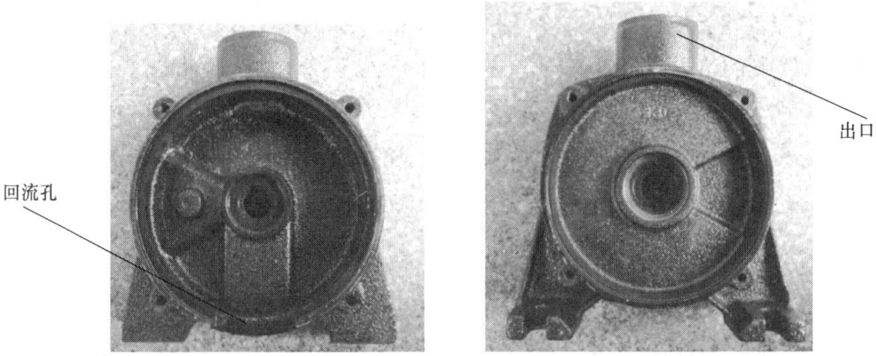

a) 正面　　b) 反面

图 2-3　气液分离室实物图

2.2.3 外壳体

模型泵中的外壳体是不锈钢材料制造的圆环形壳体，其厚度为 1mm，如图 2-2 所示。其外壳体的内径为 124mm，内壳体（泵壁）的外径为 122mm，中间有单边 1mm 的间隙，整个内、外壳体之间的间隙称为回流腔，气液分离室中的水从回流孔流到回流腔，最后流回自吸盖板并进入气液混合室中。

2.2.4 自吸盖板

模型泵中的自吸盖板结构巧妙，不仅有弯管形的回流通道，连接着回流腔及气液混合室，而且内部还存在着一回流阀（不锈钢薄片），如图 2-4 所示。在自吸过程中，由于叶轮内部存在着较多气体导致叶轮做功较小，回流阀两侧压力差较低，则回流阀门打开，以方便气液分离室中的水流回至气液混合室；当自吸过程完成后，回流阀两侧压力较大，则回流阀门关闭并贴紧回流通道，大幅度减少了泄漏损失并增大了自吸泵的效率。

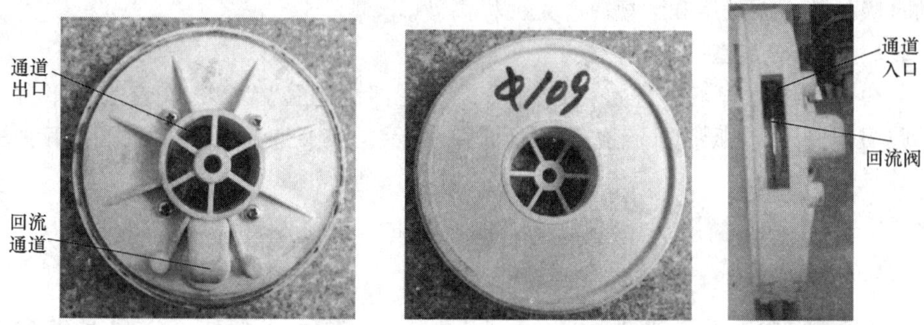

a) 正面　b) 反面　c) 侧面

图 2-4　自吸盖板实物图

2.2.5　气液混合室

模型泵中的气液混合室构造也简单，近似于一个半球形，如图 2-5 所示。其上侧中间位置接进口管道，下侧中间位置接排水孔，以便泵长时间不运行时把泵内部水排出。而当泵自吸及正常运行时，通常用螺栓把排水孔堵住。

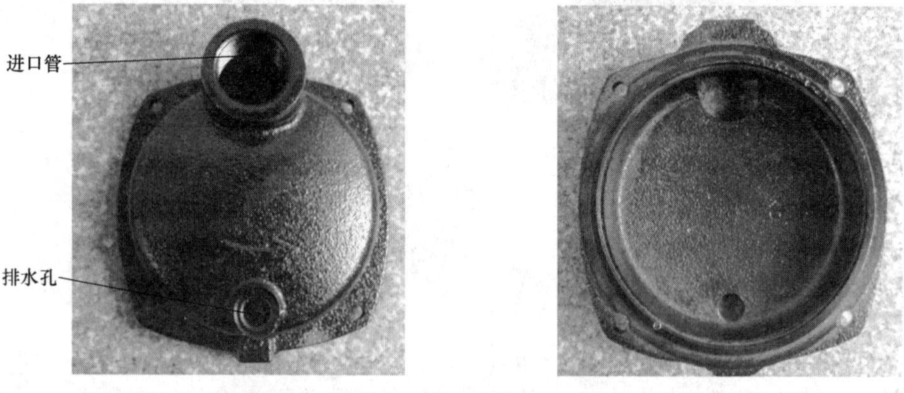

a) 正面　b) 反面

图 2-5　气液混合室实物图

2.3 多级自吸喷灌泵的工艺设计

多级自吸喷灌泵的主要水力部件为叶轮及导叶。本模型泵中的叶轮采用注塑工艺或不锈钢冲压工艺制造，如图 2-6 所示。不锈钢叶轮叶片又分为整体式叶片及单独式叶片，如图 2-7 所示。整体式叶片为不锈钢板材通过凸凹模具整体冲压成形，其凸起、凹陷平面分别与前后盖板进行焊接，形成独立完整的流道，其正反流道数量相同，且形状完全一致。这种叶片具有形式简单、生产效率高、焊接效果好等特点，被广大生产厂家所采用。单独式叶片需要经过单独落料冲压成形，可根据需要制成圆柱形叶片及扭曲形叶片。而空间扭曲叶片更加符合流动规律，适用于比转速较高的离心泵。但是模具制造也较为复杂，为了控制叶片变形需要进行矫正工序。一般而言，单独式叶片更适用于塑料叶轮及铸造叶轮。本模型泵采用正反导叶，结构较为复杂，故采用适用范围更为广泛的注塑工艺制造，如图 2-8 所示。为了提高多级泵的单级扬程，给叶轮留下足够大的径向空间，正导叶的径向尺寸较小；为了节省材料，在反导叶叶片的中间位置设计了一个较大的空腔。

本模型泵中的关键水力部件既可以采用注塑工艺制造，又可以采用不锈钢冲压工艺制造（叶片型线有所不同）。不仅增加了产品的多样性，给客户更多的选择，而且相比传统铸铁泵，塑料泵或冲压泵具有质量轻、耐腐蚀、强度高、外形美观、清洁环保等特点，不会对所输送介质造成二次污染；各个加工环节均由模具把握，产品质量能够得到有效保证；产品的生产机械化程度高，可采用流水线作业方式生产，并且材料利用率及成品率也大幅度提升。

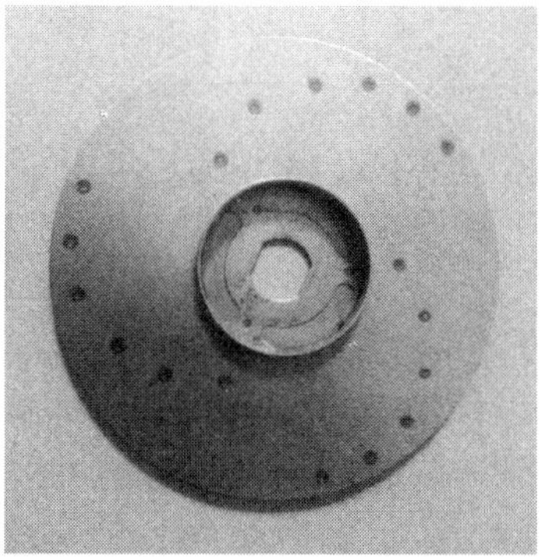

a) 不锈钢叶轮

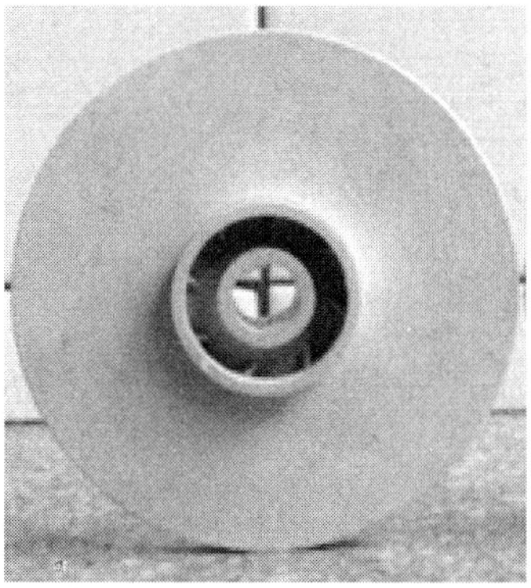

b) 塑料叶轮

图 2-6 不同工艺的叶轮实物图

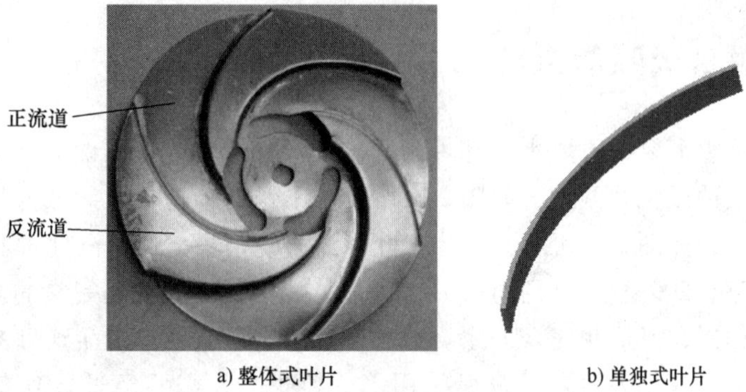

图 2-7　不同形式的叶轮叶片

图 2-8　导叶实物图

2.4　多级自吸喷灌泵关键水力部件的多目标模糊设计

2.4.1　方法概述

在产品开发领域，人们通常希望多个设计目标同时达到最佳值，可以用以下数学模型表示。

求一组矢量 $\boldsymbol{X}=[x_1, x_2, x_3, \cdots, x_N]^{\mathrm{T}}$

满足 $\min F(\boldsymbol{X})=[f_1(X), f_2(X), \cdots, f_N(X)]^{\mathrm{T}}$

受约束条件 $g_j(\boldsymbol{X})\leqslant 0, j=1, 2, \cdots, N$

最为理想的情况是存在着一组最优解，同时满足上述的各个分目标方程；但在实际中比较困难，即一组矢量值对一个目标方程可能是最优值，但对另一个目标方程则可能是极差值；因此需要均衡各个目标方程，寻求一组合适的最优解使整体取得最佳效果[4]。

当前，由于机械设计制造水平不断提高，产品结构型式也日益丰富，这些因素导致组织与系统关系复杂多样，很难对系统进行精确描述，存在着一种不确定性，这种事物间存在的不确定性被定义为模糊性；对于这种现象，20 世纪 60 年代美国大学教授 L. A. Zadeh 最先提出了“模糊集合”的概念，并创立了模糊数学学科用以对客观事物进行描述。作为一门新兴学科，模糊数学吸引了众多科研工作者开展研究，并逐渐发展成一种新的优化理论和优化方法[5]。

目前，模糊优化算法在水泵领域主要应用在泵体零件质量减轻、泵体强度分析及系统控制调节等方面，在水力设计方面应用还较少[6,7]。水泵设计作为一种理论、经验相结合的设计，其中很多参数都有明显的模糊性。而采用模糊优化方法是将理论和经验综合考虑，通过对模糊信息处理达到优化目的，这是水泵设计的一种新的尝试。本书介绍了运用模糊优化方法进行水泵的多目标设计，并进行了样机测试以解决现代工程所遇到的实际问题，为多目标设计提供参考依据及拓展模糊优化应用范围。

2.4.2 模糊解法

模糊优化的基本原理是在限定的条件内求出单个目标的最优解，然后采用模糊集合的形式将上述最优解模糊化，最后求解各模糊集合交集的最大隶属函数。这时所对应的参数变量即为多目标问题的最优解，其模糊解法的具体过程如下。

1. 求各单目标函数的约束最优解

分别求解各单目标函数 f_i（$\boldsymbol{X}$）在约束条件 g_j（$\boldsymbol{X}$）下的极大值及极小值，其表达式如下：

求　$X=[x_1, x_2, x_3, \cdots, x_N]^{\mathrm{T}}$

分别满足　$\min f_i(\boldsymbol{X}),\ i=1, 2, \cdots, I$ 及 $\max f_i(\boldsymbol{X}),\ i=1, 2, \cdots, I$

受约束条件　$g_j(\boldsymbol{X})\leqslant 0,\ j=1, 2, \cdots, J$

通过以上公式可以分别求得极小值 m_i 及极大值 M_i。

2. 模糊化各单目标函数

$$\mu_{\tilde{f}_i}(x)=\left(\frac{M_i-f_i(X)}{M_i-m_i}\right)^{q_i} \tag{2-2}$$

式中：指数 q_i 为非负实数，通常 q_i 取值为 1/2、1/3、2、3、…。一般情况下 q_i 取分数比取整数好，这样其隶属度函数 $\mu_{\tilde{f}_i}(x)\leqslant 1$；相反若 q_i 取整数，其隶属度函数值相对较小，进而运算误差变得相对较大，会严重影响寻求最优解的速度和精度。

3. 计算模糊优越集隶属函数

模糊优越集表达式为

$$\tilde{D} = \bigcap_{i=1}^{I} \tilde{f}_i$$

其隶属函数为

$$\mu_{\tilde{D}}(x) = \bigwedge_{i=1}^{I} \mu_{\tilde{f}_i}(x) \tag{2-3}$$

4. 求最优解

$$\mu_{\tilde{D}}(x^*) = \max\mu_{\tilde{D}}(x) = \max \bigwedge_{i=1}^{I} \mu_{\tilde{f}_i}(x) \tag{2-4}$$

其求得的 x^* 即是多目标优化问题的最优解。

2.4.3 泵设计参数

根据企业需求，对一款典型多级自吸喷灌泵进行水力设计，其基本设计参数见表 2-2，通过计算得出比转速 $n_s = 65$，属于低比转速离心泵范畴。

表 2-2 泵基本设计参数

额定流量 $Q_{des}/(m^3/h)$	额定点单级扬程 H_{des}/m	转速 $n/(r/min)$	关死点单级扬程 H_{max}/m	单级最大轴功率 P_{max}/W
3.3	8	2800	≥13	≤200

2.4.4 目标函数的建立

多级离心泵通常具有结构设计紧凑及安装方便的特点。一般说来，在一定的流量下，提高泵的单级扬程可以减少泵的级数，从而减少轴向长度及生产成本[8]。因此，如何在较小的设计空间内产生较高的扬程并且消耗较小的轴功率这两个问题一直是低比转速离心泵设计的关键问题。

在多级自吸喷灌泵的水力设计过程中，通常希望涵盖的优化目标越多越好，但这种情况很容易造成无解现象。因此，本章根据实际厂家需求，以离心泵关死点单级扬程极大值及最大轴功率极小值作为优化目标（用户最为直观感受的两个参数），在约束变量范围内进行多级自吸喷灌泵的多目标模糊优化设计。

1. 关死点单级扬程目标函数的建立

泵的理论扬程计算公式为

$$H_t = \frac{1}{g}\left[\left(\frac{n\pi D_2}{60}\right)^2 h_0 - \frac{nQ_t/3600}{60\varphi_2 b_2 \tan\beta_2}\right] - \frac{u_1 v_{u1}}{g} \tag{2-5}$$

$$Q_t = \frac{Q}{\eta_V} \tag{2-6}$$

$$h_0 = 1 - \frac{\pi\sin\beta_2}{Z} \tag{2-7}$$

式中：H_t为理论扬程（m）；Q_t为理论流量（m^3/h）；η_V为容积效率；φ_2为叶轮出口排挤系数；b_2为叶轮叶片出口宽度（m）；D_2为叶轮出口直径（m）；u_1为叶

片进口圆周速度（m/s）；h_0为斯托道拉滑移系数；Z 为叶轮叶片数；v_{u1}为叶片进口绝对速度圆周分量（m/s），通常假设 $v_{u1}=0$。

当泵处于关死点时，由于口环单边间隙为 1mm（工艺需要），导致口环泄漏较大，其实际流量并不等于 0。根据作者设计该系列其他自吸泵的经验，其关死点的实际流量 $Q_t \geqslant 1\text{m}^3/\text{h}$，故泵的关死点单级扬程如下：

$$H_{\max}=\frac{1}{9.81}\left[\left(\frac{2800\times 3.14D_2}{60}\right)^2\left(1-\frac{3.14\sin\beta_2}{Z}\right)-\frac{2800\times 1}{3600\times 60\times 0.9b_2\tan\beta_2}\right] \tag{2-8}$$

2. 单级最大轴功率目标函数的建立

根据文献［9］，泵的单级最大轴功率计算公式为

$$P_{\max}=\frac{\rho}{4\eta_m}\left(\frac{n\pi D_2}{60}\right)^3\pi D_2 b_2\varphi_2 {h_0}^2\tan\beta_2 \tag{2-9}$$

式中：$P_{\max}$为最大轴功率（W）；ρ 为介质密度（kg/m^3）；b_2为叶轮叶片出口宽度（m）；η_m为机械效率。

$$\eta_m=1-\left(\frac{P'_m}{P}+\frac{P_m}{P}\right) \tag{2-10}$$

式中：P'_m 为轴承及机械密封摩擦损失功率（W）；P_m为圆盘摩擦损失功率（W）。

通常轴承摩擦损失功率和机械密封摩擦损失功率耗用轴功率部分较小，一般根据式（2-11）进行估算：

$$P'_m=(0.01\sim 0.03)P \tag{2-11}$$

本例取 $P'_m=0.03P$。

而 P_m与比转速相关。经查文献［1］，当 $n_s=65$ 时，$P_m\approx 0.15P$，因此$\eta_m\approx 0.82$。根据相关经验，$\varphi_2\approx 0.9$，代入式（2-9），可得

$$P_{\max}=\frac{1000}{4\times 0.82}\left(\frac{2800\times 3.14D_2}{60}\right)^3\times 3.14D_2b_2\times 0.9\times\frac{(1-3.14\sin\beta_2)}{Z}\tan\beta_2 \tag{2-12}$$

观察式（2-8）及式（2-12）可以发现，目标函数是以 $\boldsymbol{X}=[b_2,\ D_2,\ \beta_2,\ Z]^{\mathrm{T}}=[x_1,\ x_2,\ x_3,\ x_4]^{\mathrm{T}}$作为设计变量，属于多元非线性规划求解问题。

2.4.5 约束条件的建立

选择合适的设计变量范围对优化效果十分重要，到目前为止约束条件还不能通过公式精确得到。如果参数变量选择范围过于苛刻，则缩小了最优解的区间，并且很可能在该区域没有满足条件的解集存在造成“无解”现象；相反如果参数变量选择范围过大，可能只得到理论上成立的最优解，而不能符合生产要求，造成工艺设计不合理、成品率低、加工成本过高等实际问题。本章根据离心泵速度系数法，结合结构尺寸要求，进行参数变量范围的界定，力求保证水力设计满

足要求及结构工艺设计合理。

1. 叶轮叶片出口宽度 b_2的边界条件

苏联学者 Л. П. ГРЯНКО 和 А. Н. ПАПИР 等给出 b_2的计算公式为

$$b_2 = K_{b2}\sqrt[3]{\frac{Q}{n}} \tag{2-13}$$

$$K_{b2} = 0.7 \times \left(\frac{n_s}{100}\right)^{1/2} \tag{2-14}$$

式中：K_{b2}为叶轮叶片出口宽度系数。将额定点性能参数代入上述公式，求得 $b_2 = 0.0034\text{m}$，权衡后适当放开边界条件，初步估计 b_2的边界条件为［0.003，0.005］。

2. 叶轮出口直径 D_2的边界条件

根据速度系数法，D_2的计算公式为

$$D_2 = K_D\sqrt[3]{\frac{Q}{n}} \tag{2-15}$$

$$K_D = 9.35K_{D2}\left(\frac{n_s}{100}\right)^{-1/2} \tag{2-16}$$

式中：K_{D2}为叶轮出口直径修正系数，当 $n_s = 65$ 时，$K_{D2} = 1.05$，将额定点的性能参数代入上述公式，求得 $D_2 = 0.084\text{m}$。

厂家将泵关死点扬程当作一个核心性能指标，而增加关死点扬程最有效的途径是增大叶轮直径。由于成本问题，泵体内径受到限制不能超过 0.118m，为了给正导叶留下一定的径向空间，单边至少需要留下 3mm 的余量，因此 D_2不能超过 0.112m，初步估计 D_2的边界条件为［0.08，0.112］。

3. 叶轮叶片出口安放角 β_2的边界条件

根据 Pfleiderer 的研究，当 $\beta_2 \approx 30°$时将获得较好的流道形状和较高的效率。由于叶轮直径已经过大，为了获得较好的全扬程特性，因此对于 β_2选择 15°～35°，将角度转换成弧度得到 β_2的范围为［0.262，0.611］。

4. 叶轮叶片数 Z 的边界条件

在设计离心泵时，叶轮叶片数 Z 通常取 6～8。为了兼顾冲压工艺中的整体式叶片，Z 只能取偶数；为了提高关死点扬程及降低最大轴功率，Z 取大些为宜，故 Z 值取为 8。从数学角度分析，离心泵叶轮的几何变量可以分为连续型变量及离散型变量。其中长度、角度变量为连续型变量，而叶片数只能是整数及离散型变量。在优化设计过程中，可以假设叶片数也为连续型变量，在得到最优解后，再根据经验及工艺性要求取最近的离散值。但这会引起其他变量的变化，因此本章将离散型变量设定为固定值。多级自吸喷灌泵叶轮的约束边界条件见表 2-3。

表 2-3　约束边界条件

选择变量	b_2/m	D_2/m	β_2/rad	Z
取值范围	0.003 ~ 0.005	0.08 ~ 0.112	0.262 ~ 0.611	8

2.4.6　优化求解

本章的多目标模糊优化求解是在专业数学建模软件 LINGO 中完成，该软件普遍应用于线性方程组与非线性方程组的求解规划问题中，图 2-9 所示为 LINGO 软件的操作界面。

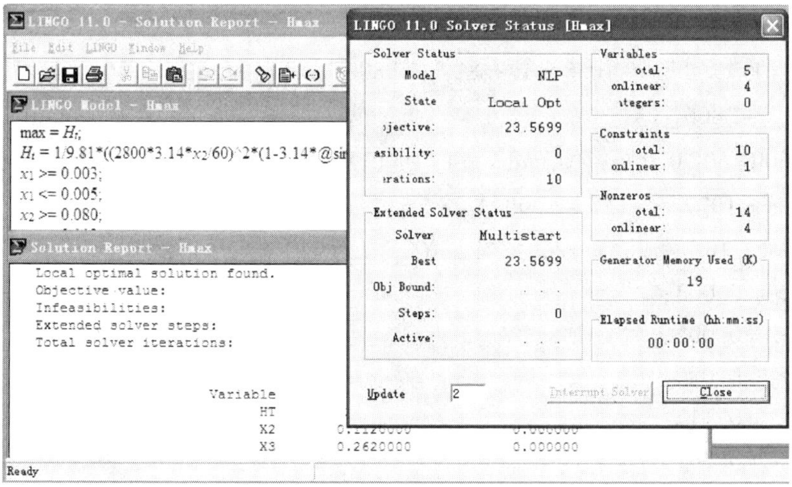

图 2-9　LINGO 软件操作界面

在求解过程中，需要把目标函数及约束条件翻译成 LINGO 软件可识别的语句。例如求解关死点单级扬程极大值，需要调用内部求最大值“Max”函数，为了防止 Max 命令冲突，令 $H_{max} = H_m$，命令语言如下所示。

max = H_m;

H_m = 1/9.81 * ((2800 * 3.14 * x_2/60)^2 * (1 − 3.14 * @ sin(x_3)/x_4) − 2800 * 1/(3600 * 60 * 0.9 * x_1 * @ tan(x_3)));

x_1 > = 0.003;

x_1 < = 0.005;

x_2 > = 0.080;

x_2 < = 0.112;

x_3 > = 0.262;

x_3 < = 0.611;

```
x4 > =8;
x4 < =8;
```

运行求解，得到关死点单级扬程极大值为23.6。同理，为求解关死点单级扬程极小值，调用“Min”函数，其值求解为10.8。对于最大轴功率，其极大值与极小值分别为1157与80。

对于多目标函数优化 $\min F(X) = [f_1(X), f_2(X), \cdots, f_N(X)]^T$，求极大值的优化问题可以通过将目标函数取相反数，转化为求极小值的优化问题。因此令 $f_1(\boldsymbol{X}) = -H_t$，其极大值与极小值分别为 -10.8 及 -23.6，取 q_i 为0.5，代入式（2-2）及式（2-4）中，命令语言如下所示。

```
Max = y;
y - (1/12.8 * ( -10.8 + 1/9.81 * ((2800 * 3.14 * x2/60)^2 * (1 - 3.14 * @ sin
(x3)/x4) - 2800 * 1/
(3600 * 60 * 0.9 * x1 * @ tan(x3)))))^(1/2) < =0;
y - (1/1077 * (1157 - 1000/3.28 * ((2800 * 3.14 * x2/60)^3 * 3.14 * x2 * x1 *
0.9 * (1 - 3.14 * @ sin(x3)/x4) * @ tan(x3))))^(1/2) < =0;
x1 > =0.003;
x1 < =0.005;
x2 > =0.080;
x2 < =0.112;
x3 > =0.262;
x3 < =0.611;
x4 > =8;
x4 < =8;
```

运行求解，得到 $X = [x_1, x_2, x_3, x_4, \lambda]^T = [0.03, 0.108, 0.262, 8, 0.907]^T$。其中，$x_1$，$x_2$，$x_3$ 及 x_4 为多目标模糊优化问题的最优解，即 $b_2 = 3\text{mm}$，$D_2 = 108\text{mm}$，$\beta_2 = 15°$，$Z = 8$，而交集的隶属函数最大值为0.907。

2.4.7 叶轮及导叶的水力设计

将上一节的计算结果作为叶轮及导叶水力设计的基础，结合速度系数法，得到叶轮及导叶的主要几何参数，见表2-4。由于正导叶的径向尺寸较小，为了延长正导叶流道，正导叶取一个

表2-4 主要几何参数

几何参数	数值	几何参数	数值
叶轮进口直径 D_1/mm	20	叶轮叶片出口宽度 b_2/mm	3
叶轮轮毂直径 D_h/mm	33.5	正导叶叶片数 Z_p	9
叶轮出口直径 D_2/mm	108	反导叶叶片数 Z_r	9
叶轮进口安放角 β_1/(°)	40	正导叶基圆直径 D_3/mm	109
叶轮出口安放角 β_2/(°)	15	正导叶进口安放角 α_3/(°)	5
叶轮叶片包角 θ_w/(°)	150	反导叶出口安放角 α_6/(°)	50
叶轮叶片数 Z	8		

较小值进口安放角 $\alpha_3=5°$。根据文献［10］，通过减小反导叶的出口安放角，可以降低导叶的出口流体环量，不仅可以获得较为陡峭的扬程-流量曲线，降低泵的最大轴功率，还可以提高泵的抗汽蚀性能，因此，本模型泵的反导叶出口安放角 $\alpha_6=50°$。通过表 2-4，可以得到塑料叶轮及导叶的二维模型，分别如图 2-10 及图 2-11 所示。

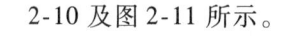

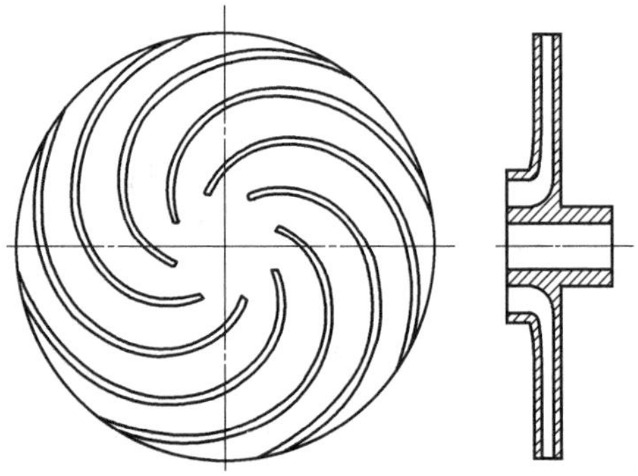

图 2-10　叶轮二维图

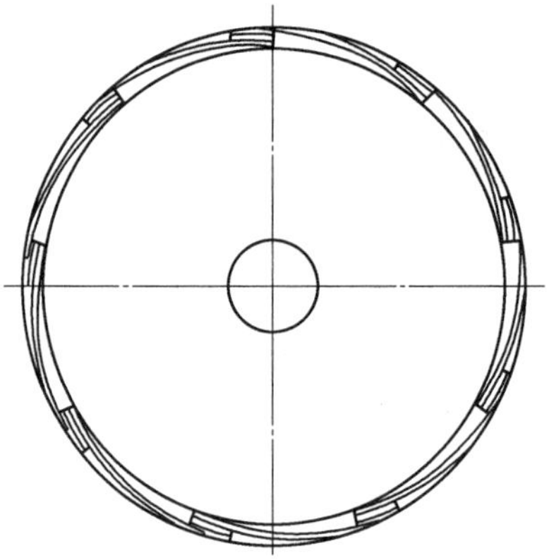

a) 正导叶

b) 反导叶

图 2-11　导叶二维图

2.5　多级自吸喷灌泵的外特性试验结果

以上水力模型委托给福建某企业进行加工并组装成一台多级自吸喷灌泵，并送至福建省机械科学研究院机电产品检测中心（福建省泵类产品质量监督检验站）进行性能检测，其试验装置如图 2-12 所示。由于本模型泵为机电一体化结构，故采用电测法测出电动机的输入功率并换算泵的轴功率，其测量换算结果见表 2-5。可以看出，多级自吸喷灌泵的关死点单级扬程为 13.292m，最大单级轴功率为 189.6W，完全满足企业的两个委托要求（$H_{max}\geqslant 13m$，$P_{max}\leqslant 200W$），从而证明了多目标模糊优化设计法在泵优化设计领域的可行性，为泵的优化设计提供了新的参考方向。

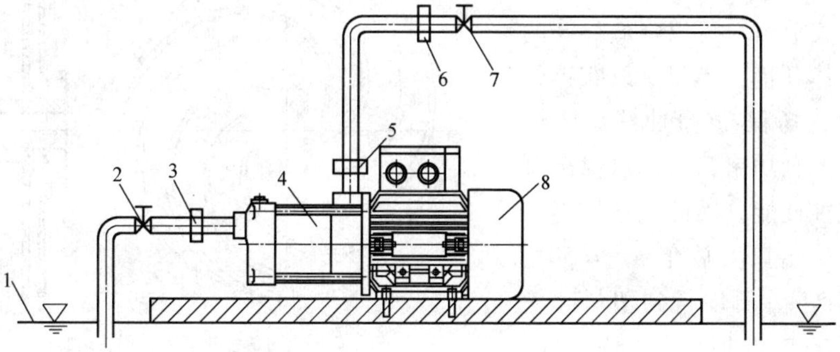

图 2-12　试验台装置简图

1—试验台水池　2—进口调节阀　3—真空表　4—水泵　5—压力表
6—流量计　7—流量调节阀　8—电动机

表 2-5　样机实测换算结果

流量/(m^3/h)	五级扬程/m	转速/(r/min)	五级轴功率/W	效率(%)
0	66.46	2800	453	0
1.33	59.44	2800	801	26.81
1.75	56.96	2800	838	32.38
2.15	53.81	2800	871	36.11
2.55	50.55	2800	898	39.05
2.95	46.43	2800	922	40.43
3.34	41.87	2800	936	40.73
3.76	36.48	2800	947	39.45
4.17	30.81	2800	948	36.9
4.59	24.58	2800	938	32.78
5	18.66	2800	921	27.61
5.38	12.4	2800	899	20.22
5.78	6.02	2800	878	10.78

2.6　本章小结

1）在单级自吸离心泵的基础上，详细叙述了多级自吸喷灌泵的自吸工作原理，并设计了一种具有高自吸性能及较好外特性的自吸装置，即在正反导叶的基础上，创新设计了由气液分离室、外壳体、自吸盖板及气液混合室组成的回水装置。在自吸过程中，末级泵段的出高压水经回水装置对泵腔进行补水，再次完成气水混合。当泵完成自吸后，自吸盖板中的回流阀在较大的压力差作用下自动关闭，有效地提高了自吸泵的效率。

2）多级自吸喷灌泵的关键水力部件既可以采用注塑工艺制造，又可以采用不锈钢冲压工艺制造（叶片型线有所不同），不仅增加了产品的多样性，给客户更多的选择，而且相对铸造工艺，注塑工艺及冲压工艺更具有环保性。

3）基于多目标模糊优化设计，确定了追求关死点扬程极大值、最大轴功率极小值的多目标优化模型；结合设计经验及工艺需求建立相关约束条件，并进行非线性极值求解；最后以最优解完成过流部件的水力优化设计。通过对多级自吸喷灌泵进行外特性试验，发现泵的关死点扬程及最大轴功率均满足要求，从而证明了多目标模糊优化设计法在泵优化设计领域的可行性。

参考文献

[1] 关醒凡. 现代泵理论与设计 [M]. 北京：中国宇航出版社，2011.
[2] A. J. 斯捷潘诺夫. 离心泵和轴流泵——理论、设计和应用 [M]. 北京：机械工业出版社，1980.
[3] A. A. 洛马金. 离心泵和轴流泵 [M]. 北京：机械工业出版社，1978.
[4] 谢庆生，罗延科，李屹. 机械工程模糊优化方法 [M]. 北京：机械工业出版社，2002.
[5] 郭凤英，何洪庆，李宝盛. 涡轮泵长程寿命的模糊可靠性设计和评估 [J]. 推进技术，1999，20（2）：45-48.
[6] 袁春学. 给水泵站节能控制模糊模型 [J]. 西安公路交通大学学报，2000，20（2）：117-119.
[7] 梁海顺，胡巧娥，王贯超，等. 喷水织机水泵柱塞的模糊优化设计 [J]. 天津工业大学学报，2006，25（2）：82-85.
[8] 施卫东，王洪亮，余学军，等. 深井泵的研究现状与发展趋势 [J]. 排灌机械，2009，27（1）：64-68.
[9] 袁寿其. 低比速离心泵理论与设计 [M]. 北京：机械工业出版社，1997.
[10] 施卫东，李辉，陆伟刚，等. 进口预旋对低比速离心泵无过载性能的影响 [J]. 农业机械学报，2013，44（5）：50-53.

第3章　多级自吸喷灌泵自吸时间的影响因素研究

自吸性能是多级自吸喷灌泵一个非常重要的性能参数，而评价自吸性能有两个指标：自吸时间与最大自吸高度[1-3]。根据 JB/T 6664—1993 可知，5m 垂直管道的自吸时间不得超过100s，最大自吸高度不得低于6.5m。一般用户希望自吸泵在自吸成功的基础上，自吸时间越少越好。而最大自吸高度很难准确测量出来，因此，在本章中衡量多级自吸喷灌泵自吸性能的关键指标为自吸高度 5m 时所需要的自吸时间 T_p。

对自吸离心泵自吸性能的研究，过去学者多有关注，但研究对象只局限于单级自吸离心泵。通过查阅文献发现，目前还没有关于多级自吸喷灌泵自吸性能的研究资料。鉴于此，基于一款多级自吸喷灌泵，本章采用正交试验组合灰色关联度分析法，深入研究了主要影响因素对多级自吸喷灌泵自吸时间的影响规律，从而为多级自吸喷灌泵自吸性能的优化提供一定的借鉴依据。

3.1　多级自吸喷灌泵自吸时间的正交试验

3.1.1　试验概念

正交试验设计法是一种安排和分析多因素试验的科学方法。它利用一套根据数学上的“正交性”原理而编制并已标准化了的表格——正交表，来科学地安排试验方案和对试验结果进行验证、分析，找出最优的或较优的生产条件和工艺条件的数学方法[4-6]。

3.1.2　试验目的

探索多级自吸喷灌泵主要几何参数对自吸时间的影响规律。

3.1.3　试验指标

主要考察多级自吸喷灌泵吸上高度 5m 时所需要的自吸时间 T_p，并提出最小自吸时间 $T_{p\,min}$的方案。

3.1.4　试验因素

在多级自吸喷灌泵的自吸过程中，由于空气的密度比水小得多，只依靠离心叶轮的旋转作用是无法将吸水管内的空气带走的，则需要提前在自吸泵内储存一部分水。叶轮旋转时，在离心力的作用下泵内的水沿叶轮流道上升到导叶中，从而在叶轮的进口部分形成真空。吸入管中的空气被吸入至叶轮中，跟水混在一起，也上升至导叶。由于导叶的扩散作用，气水混合物的速度减小。在气液分离室中，气体向上逸出由排水管排走，水在自身的重力下经回流孔回流到气液混合室中重新参加循环，直至吸入管中的空气全部吸尽。自吸过程完毕，自吸泵开始正常工作。值得注意的是，多级自吸喷灌泵在首级叶轮进口处进行气水混合，气水混合物流经各级叶轮导叶，最后在位于末级导叶后面的气水分离室中进行气水分离且气体逸出，水则通过回流腔流回至首级叶轮的进口处。

综上所述及前人经验，在多级自吸喷灌泵中，对自吸时间影响较大的几何因素如下：叶轮叶片出口宽度 b_2，叶轮和导叶之间的径向间隙 δ，回流孔的面积 S。此外，由于本研究对象为多级自吸喷灌泵，泵的级数 i_s对自吸性能的影响也很重要。因此在本章中，b_2、i_s、δ、S 四个因素被选为试验因素。其中，正导叶的基圆直径为109mm，径向间隙 δ 通过切割叶轮实现，而回流孔的面积 S 由堵塞回流孔来保证。

3.1.5 选择因素水平

基于前一章的泵模型，对每一个试验因素选择三种水平，见表3-1。值得一提的是，在叶轮的加工过程中，叶轮叶片出口宽度 b_2出现了一定的误差，原本出口宽度为3mm及4.5mm的叶轮最后测量发现为3.1mm及4.6mm，因此以叶轮叶片实际宽度为准。根据表3-1所示，表示三种水平的四种不同试验因素的实物模型如图3-1所示。

表3-1　因素水平表

水平	A b_2/mm	B i_s	C δ/mm	D S/mm^2
1	3.1	5	0.5	28
2	3.5	4	0.75	56
3	4.6	3	1	84

a) 不同出口宽度的叶轮

图3-1　不同试验方案的实物模型

b) 不同级数的多级泵

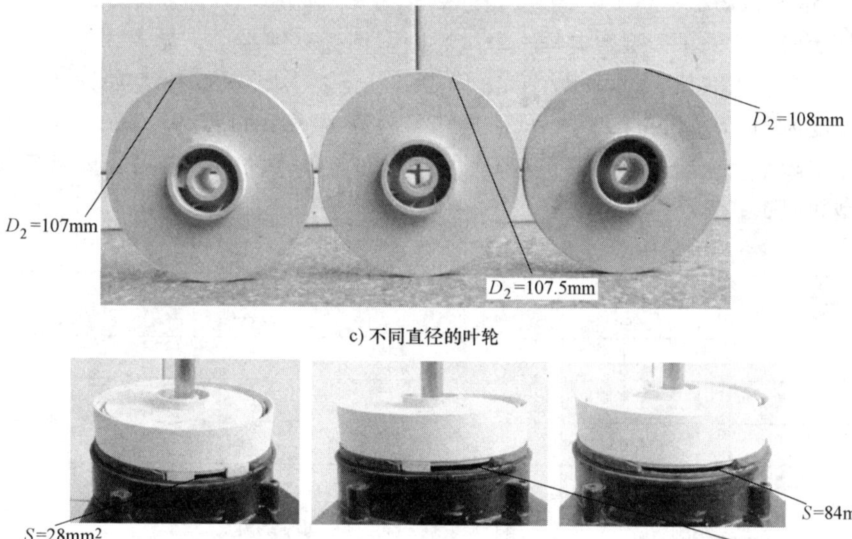

c) 不同直径的叶轮

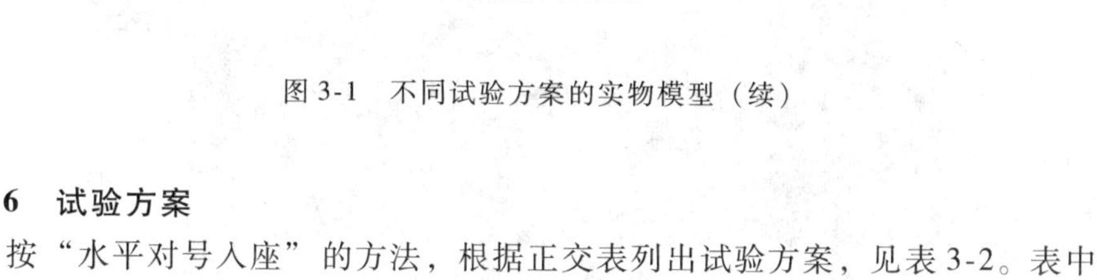

d) 不同面积的回流孔

图 3-1 不同试验方案的实物模型（续）

3.1.6 试验方案

按“水平对号入座”的方法，根据正交表列出试验方案，见表 3-2。表中水平 1 表示要做一次试验，例如第 1 号试验：$A_1B_1C_1D_1$——$b_2 = 3.1$mm，$i_s = 5$，$\delta = 0.5$mm，$S = 28$mm^2。

3.1.7 正交试验结果分析

以上 9 组模型全部委托给某企业加工，并在该企业自吸泵试验台上做了相关自吸试验，如图 3-2 所示。为了减小试验的误差，每组试验重复 3 次，自吸高度为 5m 时所需要的自吸时间 T_p，见表 3-3。

表 3-2 试验方案

序号	A b_2/mm	B i_s	C δ/mm	D S/mm^2
1	3.1	5	0.5	28
2	3.1	4	0.75	56
3	3.1	3	1	84
4	3.5	5	0.75	84
5	3.5	4	1	28
6	3.5	3	0.5	56
7	4.6	5	1	56
8	4.6	4	0.5	84
9	4.6	3	0.75	28

图 3-2 自吸泵试验台

表 3-3 自吸时间试验结果

试验号	1	2	3	4	5	6	7	8	9
T_1/s	59	60	76	45	70	122	58	80	177
T_2/s	59	62	75	46	70	122	58	80	197
T_3/s	62	62	74	46	67	122	58	80	200
T_p/s	60	61.3	75	45.7	69	122	58	80	191.3

正交试验的数据计算过程如下所示。

在自吸高度为 5m 时所需要的自吸时间 T_p，第 1 列

$$K_{1A} = (60 + 61.3 + 75)\text{s} = 196.3\text{s}$$

$$K_{2A} = (45.7 + 69 + 122)\text{s} = 236.7\text{s}$$

$$K_{3A} = (58 + 80 + 191.3)\text{s} = 329.3\text{s}$$

式中：K_{1A}、K_{2A}、K_{3A}分别表示因素 A 取 1、2、3 水平相应的自吸高度 5m 时所需要的自吸时间之和。为了比较因素 A 不同水平的好坏，而引入 k 值：

$$k_{1A} = 196.3\text{s}/3 = 65.4\text{s},\quad k_{2A} = 236.7\text{s}/3 = 78.9\text{s},\quad k_{3A} = 329.3\text{s}/3 = 109.8\text{s}$$

式中：k_{1A}、k_{2A}、k_{3A}分别表示因素 A 相应水平的自吸高度为 5m 时所需要的自吸时间平均值。

其余三列的 K_{1A}、K_{2A}、K_{3A}及 k_{1A}、k_{2A}、k_{3A}值的计算方法与第一列的计算方

法相同，计算结果填入表 3-4。

极差 R 可由各列 k_{1A}、k_{2A}、k_{3A} 数字中的最大数减去最小数求得，例如第一列

$$R_A = \max\{k_{1A}, k_{2A}, k_{3A}\} - \min\{k_{1A}, k_{2A}, k_{3A}\} = (109.8 - 65.4)\ s = 44.4$$

一般说来，极差的大小反映了试验中各因素的作用的大小。极差大，表明该因素在试验范围内的变化对指标的影响大，通常为重要因素；极差小，表明该因素在试验范围内的变化对指标影响小，通常为不重要因素。因此，极差最大的那一列，就是因素的水平对试验结果影响最大的因素，也就是最主要因素。按表 3-4 中的极差大小可以排出各因素主次顺序，即 B > A > D > C，见表 3-5。

表 3-4　自吸时间极差分析

序号	A b_2/mm	B i_s	C δ/mm	D S/mm²
K_1/s	196.3	163.7	262	320.3
K_2/s	236.7	210.3	298.3	241.3
K_3/s	329.3	388.3	202	200.7
k_1/s	65.4	54.6	87.3	106.8
k_2/s	78.9	70.1	99.4	80.4
k_3/s	109.8	129.4	67.3	66.9
R/s	44.4	74.8	32.1	39.9

表 3-5　几何参数对自吸性能影响的主次顺序

自吸时间	主→次			
影响因素	B/级数 i_s	A/出口宽度 b_2	D/回流孔面积 S	C/径向间隙 δ

将影响因素水平作为横坐标，将平均自吸时间 k_i（T_p）作为纵坐标，可以得到试验指标与试验因素的趋势直观图，如图 3-3 所示。通过直观图，可以看到试验指标随试验因素的变化趋势。可以看出：随着叶轮叶片出口宽度 b_2 的增大，自吸时间 T_p 是增加的。而相关学者认为 b_2 的增大会增强自吸泵的排气能力并降低自吸时间，本章的结论与相关学者的结论相悖。其原因在于相关学者的结论成立基于三个前提：足够大的储液室、足够大的气液分离室及足够大的回流孔；而本模型泵中的气液分离室及回流孔的初始面积都是基于一个较小的流量参数计算出来，而且在正交试验过程中，回流孔的面积 S 不断减小，而 b_2 不断增大表明其流量亦不断增大，此时回流孔无法满足气液分离室的液体再次适量参与气液混合，最后导致 b_2 的增大反而减弱了自吸泵的排气能力。以上原因亦能解释 T_p 随着回流孔面积的增大而减小。随着多级泵级数 i_s 的增加，T_p 是减小的，主要是因为级数的增加会增大气液分离室中的压力，不仅促进了气液分离的速度，而且增大了回流腔的两端压力差，从而增强了自吸泵的回水能力（详细内容见第 4 章）。随着径向间隙 δ 的增大，T_p 出现了先增大、后减小的趋势，表明并不一定会出现 δ 越小 T_p 越小的现象。通常情况下 δ 取 0.5～2mm，且当 δ > 2mm 时，自吸性能有下降的趋势。

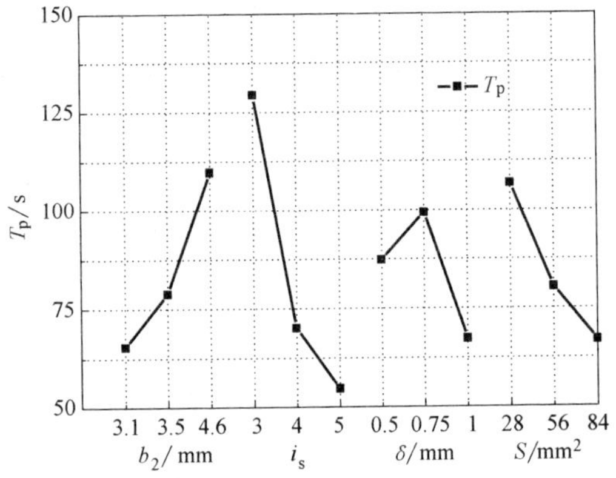

图 3-3　自吸时间与试验因素关系

就单个因素而言，因素 A，对自吸时间的影响次序为 $A_1A_2A_3$；因素 B，对自吸时间的影响次序为 $B_3B_2B_1$；因素 C，对自吸时间的影响次序为 $C_3C_1C_2$；因素 D，对自吸时间的影响次序为 $D_3D_2D_1$。综上所述，得到最小自吸时间 T_{pmin}的组合为 $B_3A_1D_3C_2$，即泵的级数为 5 级、叶轮叶片出口宽度为 3.1mm、回流孔面积为 $84mm^2$、径向间隙为 1mm 时（第 2 章的模型泵叶轮切割 1mm 即可），多级自吸喷灌泵的自吸效果最佳，通过自吸试验得到最小自吸时间 $T_{pmin}=40s$。

由于径向间隙不仅影响着自吸性能，而且间隙过小还会导致液流堵塞引起的泵体振动及噪声，因此在第 2 章的模型泵上进行叶轮切割试验，得到相关试验的自吸时间及噪声强度，见表 3-6。可以发现，当径向间隙相对值 $\delta/D_2<1.415\%$ 时，随着 δ/D_2的减小，自吸时间 T_p呈现着先减小后增大再减小的变化规律。而噪声强度 L_p不断增大，尤其当 $\delta/D_2=0.935\%$ 时，噪声性质产生了质变，出现了较为刺耳的尖锐声音。以上结果表明，径向间隙 δ 不仅影响着多级自吸泵的外特性，还强烈影响着泵的自吸性能及噪声性能。因此，泵设计者应该综合权衡、分清主次要求，最后选择一个最为合适的 δ 值。例如在本模型泵中，由于企业最为关注泵的噪声情况，最后在产品的生产过程中选择 δ = 1.25mm。

表 3-6　径向间隙对自吸时间及噪声强度的影响

径向间隙 δ /mm	间隙相对值 δ/D_2 (%)	自吸时间 T_p /s	噪声强度 L_p /dB	噪声描述
0.5	0.463	44	71	有尖锐的声音
0.75	0.698	52	70	有尖锐的声音
1	0.935	40	69	有尖锐的声音
1.25	1.173	50	69	无尖锐的声音
1.5	1.415	62	68	无尖锐的声音

3.2 多级自吸喷灌泵自吸时间的灰色关联度分析

虽然正交试验能够在一定的水平范围内通过极差分析来研究各因素对自吸时间的影响关系，但极差分析的结果受选择因素的水平影响，而且这些因素彼此之间量纲不同，因而通过正交试验得出的各影响因素的主次顺序是不完全准确的。由于自吸时间与各影响因素之间具有灰色系统（信息不完全的系统）的特性，在正交试验的基础上，本节通过灰色关联度分析法来准确得出影响自吸时间的各因素主次顺序。

对于两个系统之间的因素，其随时间或不同对象而变化的关联性大小的量度，称为关联度。灰色关联度分析法是一种多因素统计分析方法，它是以各因素的样本数据为依据用灰色关联度来描述因素间关系的强弱、大小和次序，若样本数据反映出的两因素变化的态势（方向、大小和速度等）基本一致，则它们之间的关联度较大；反之，关联度较小。通过灰色关联度分析法，使得灰色系统中的各因素之间的关系逐渐清晰化，为人们提供科学量化的参考依据，因此在科学的各个领域灰色关联度分析法都得到了广泛的应用及好评[7-9]。

3.2.1 灰色关联度分析法的计算步骤

1. 确定参考数列及比较数列

反映系统行为特征的数据序列，称为参考数列；影响系统行为的因素组成的数据序列，称为比较数列。

设参考数列（母序列）为

$$Y = \{Y(i) \mid i = 1,2,\cdots,N\} \tag{3-1}$$

比较数列（子序列）为

$$X_j = \{X_j(i) \mid i = 1,2,\cdots,N; j = 1,2,\cdots,M\} \tag{3-2}$$

式中：M、N 分别为比较数列的数量及参考数列的数量。

2. 对参考数列及比较数列进行无量纲化处理

由于系统中各因素的物理意义不同，导致数据的量纲也不一定相同，不便于比较，或在比较时难以得到正确的结论。因此在进行灰色关联度分析时，都要进行数据的无量纲化处理。

参考数列及比较数列的关系按自身的属性通常可以分为三类：效益型、成本型和区间型。效益型是指参考数列及比较数列呈正相关关系；成本型是指参考数列及比较数列呈负相关关系；区间型是指比较数列越接近某个固定区域［q_1^j，q_2^j］而参考数列越好。数据无量纲化必须遵循的一个基本原则为：对每个数据来说，全体数据在无量纲化前后次序不变，即满足保序性条件。

下面列出无量纲化的几个常用的公式。设 Y_{ij}为第 i 个参考数列中第 j 个比较数列的数值，则 Z_{ij}为无量纲化后的数值。J_k（$k=1$，2，3）分别为效益型、成本型及区间型的下标集，则相对于效益型及成本型有

$$Z_{ij}=(Y_{ij}-\min_i Y_{ij})/(\max_i Y_{ij}-\min_i Y_{ij}),j\in J_1 \tag{3-3}$$

$$Z_{ij}=(\max_i Y_{ij}-Y_{ij})/(\max_i Y_{ij}-\min_i Y_{ij}),j\in J_2 \tag{3-4}$$

$$Z_{ij}=Y_{ij}\Big/\sqrt{\sum_{i=1}^{N}Y_{ij}^2},j\in J_1 \tag{3-5}$$

$$Z_{ij}=-Y_{ij}\Big/\sqrt{\sum_{i=1}^{N}Y_{ij}^2},j\in J_2 \tag{3-6}$$

对区间型有

$$Z_{ij}=\left\{\begin{array}{l}1-(q_1^j-Y_{ij})/\max\{q_1^j-\min\limits_i Y_{ij},\max\limits_i Y_{ij}-q_2^j\},Y_{ij}<q_1^j\\1,Y_{ij}\in[q_1^j,q_2^j]\\1-(Y_{ij}-q_2^j)/\max\{q_1^j-\min\limits_i Y_{ij},\max\limits_i Y_{ij}-q_2^j\},Y_{ij}>q_2^j\end{array}\right\},j\in J_3 \tag{3-7}$$

式（3-7）可以简化为

$$Z_{ij}=\left\{\begin{array}{l}1-\max\{q_1^j-Y_{ij},Y_{ij}-q_2^j\}/\max\{q_1^j-\min\limits_i Y_{ij},\max\limits_i Y_{ij}-q_2^j\},Y_{ij}\in[q_1^j,q_2^j]\\1,Y_{ij}\in[q_1^j,q_2^j]\end{array}\right\},j\in J_3 \tag{3-8}$$

3. 求参考数列与比较数列的灰色关联系数

所谓关联程度，实质上是曲线间几何形状的差别程度，因此曲线间差值大小，可作为关联程度的衡量尺度。参考数列 Y（i）与比较数列 X_j（i）的关联系数如下

$$\zeta_j(i)=\frac{\min\limits_j\min\limits_i|Y(i)-X_j(i)|+\kappa\max\limits_j\max\limits_i|Y(i)-X_j(i)|}{|Y(i)-X_j(i)|+\kappa\max\limits_j\max\limits_i|Y(i)-X_j(i)|} \tag{3-9}$$

记 $\Delta_j(i)=|Y(i)-X_j(i)|$，则

$$\zeta_j(i)=\frac{\min\limits_j\min\limits_i\Delta_j(i)+\kappa\max\limits_j\max\limits_i\Delta_j(i)}{\Delta_j(i)+\kappa\max\limits_j\max\limits_i\Delta_j(i)} \tag{3-10}$$

式中：$\kappa\in$（0，∞），称为分辨系数。κ 越小，分辨力越大，一般 κ 的取值区间为（0，1），具体取值可视情况而定。当 $\kappa<0.5463$ 时，分辨力最好，通常取 $\kappa=0.5$。

4. 计算关联度

因为关联系数是比较数列与参考数列在各个时刻（即曲线中的各点）的关联程度值，所以它的数不止一个，而信息过于分散不便于进行整体性比较。因此有必要将各个时刻（即曲线中的各点）的关联系数集中为一个值，即求其平均值，作为比较数列与参考数列间关联程度的数量表示，关联度 r_j 公式如下

$$r_j = \frac{1}{N}\sum_{i=1}^{N}\zeta_j(i), i = 1,2,\cdots,N \tag{3-11}$$

5. 关联度排序

关联度按大小排序，如果 $r_1 < r_2$，则参考数列 Y 与比较数列 X_1 更相关。

3.2.2 自吸时间的灰关联计算

1. 确定参考数列及比较数列

由表 3-2 及表 3-3 可以得到参考数列及比较数列，见表 3-7。其中自吸时间 T_p 列为参考数列，叶轮叶片出口宽度 b_2、多级自吸喷灌泵级数 i_s、径向间隙 δ 及回流孔面积 S 列为比较数列。

表 3-7 参考数列及比较数列

序号	A b_2/mm	B i_s	C δ/mm	D S/mm^2	T T_p/s
1	3.1	5	0.5	28	60
2	3.1	4	0.75	56	61.3
3	3.1	3	1	84	75
4	3.5	5	0.75	84	45.7
5	3.5	4	1	28	69
6	3.5	3	0.5	56	122
7	4.6	5	1	56	58
8	4.6	4	0.5	84	80
9	4.6	3	0.75	28	191.3

2. 数据的无量纲化处理

由图 3-3 可知，T-A 为效益型函数关系，T-B 及 T-D 为成本型函数关系，T-C 为区间型函数关系。由于自吸时间越小，自吸泵的自吸性能越好，因此 T 本身为成本型数列。一般效益型、成本型及区间型数列分别采用式（3-3）、式（3-4）及式（3-8）进行无量纲化处理。

数列 A，采用式（3-3）：$\min Y = 3.1$，$\max Y = 4.6$，得

$Z_{11} = Z_{21} = Z_{31} = (3.1 - 3.1)/(4.6 - 3.1) = 0$，

$Z_{41} = Z_{51} = Z_{61} = (3.5 - 3.1)/(4.6 - 3.1) = 0.267$，

$Z_{71} = Z_{81} = Z_{91} = (4.6 - 3.1)/(4.6 - 3.1) = 1$。

数列 B，采用式（3-4）：$\min Y = 3$，$\max Y = 5$，得

$Z_{12} = Z_{42} = Z_{72} = (5 - 5)/(5 - 3) = 0$，

$Z_{22} = Z_{52} = Z_{82} = (5 - 4)/(5 - 3) = 0.5$，

$Z_{72} = Z_{82} = Z_{92} = (5 - 3)/(5 - 3) = 1$。

数列 C，采用式（3-8）：$\min Y = 0.5$，$\max Y = 1$，$q_1^j = q_2^j = 0.75$，得

$Z_{23} = Z_{43} = Z_{93} = 1$，

$Z_{13} = Z_{63} = Z_{83} = 1 - \max\{0.75 - 0.5, 0.5 - 0.75\}/\max\{0.75 - 0.5, 0.5 - 0.75\} = 0$，

$Z_{33} = Z_{53} = Z_{73} = 1 - \max\{0.75 - 1, 1 - 0.75\}/\max\{0.75 - 0.5, 1 - 0.75\} = 0$。

数列 D，采用式（3-4）：$\min Y = 28$，$\max Y = 84$，得

$Z_{14}=Z_{54}=Z_{94}=(84-28)/(84-28)=1$，

$Z_{24}=Z_{64}=Z_{74}=(84-56)/(84-28)=0.5$，

$Z_{34}=Z_{44}=Z_{84}=(84-84)/(84-28)=0$。

数列 T，采用式（3-4）：$\min Y=45.7$，$\max Y=191.3$，得

$Z_{10}=(191.3-60)/(191.3-45.7)=0.902$

同理，$Z_{20}=0.893$，$Z_{30}=0.799$，$Z_{40}=1$，$Z_{50}=0.84$，$Z_{60}=0.476$，$Z_{70}=0.916$，$Z_{80}=0.764$，$Z_{30}=0$。

表 3-8　无量纲化后的参考数列及比较数列

序号	A	B	C	D	T
1	0	0	0	1	0.902
2	0	0.5	1	0.5	0.893
3	0	1	0	0	0.799
4	0.267	0	1	0	1
5	0.267	0.5	0	1	0.84
6	0.267	1	0	0.5	0.476
7	1	0	0	0.5	0.916
8	1	0.5	0	0	0.764
9	1	1	1	1	0

综上可知，经无量纲化后的参考数列及比较数列见表 3-8。

3. 灰关联系数的求解

通过式（3-9）来计算灰关联系数，必须提前通过表 3-7 及公式 $\Delta_j(i)=|Y(i)-X_j(i)|$ 来确定求差序列。

数列 A：$\Delta_1(1)=|Y(1)-X_1(1)|=|0.902-0|=0.902$

$$\Delta_1(2)=|Y(2)-X_1(2)|=|0.893-0|=0.893$$

$$\Delta_1(3)=|Y(3)-X_1(3)|=|0.799-0|=0.799$$

$$\Delta_1(4)=|Y(4)-X_1(4)|=|1-0.267|=0.733$$

$$\Delta_1(5)=|Y(5)-X_1(5)|=|0.84-0.267|=0.573$$

$$\Delta_1(6)=|Y(6)-X_1(6)|=|0.476-0.267|=0.209$$

$$\Delta_1(7)=|Y(7)-X_1(7)|=|0.916-1|=0.084$$

$$\Delta_1(8)=|Y(8)-X_1(8)|=|0.764-1|=0.236$$

$$\Delta_1(9)=|Y(9)-X_1(9)|=|0-1|=1$$

同理，数列 B、C、D 均可得到求差，结果见表 3-9。

把表 3-9 代入式（3-10），以得到灰关联系数。由表 3-9 可知，$\min\limits_j\min\limits_i\Delta_j(i)=0$，$\max\limits_j\max\limits_i\Delta_j(i)=1$。

数列 A：

$$\zeta_1(1)=\frac{0+0.5\times1}{0.902+0.5\times1}=0.357$$

$$\zeta_1(2)=\frac{0+0.5\times1}{0.893+0.5\times1}=0.359$$

$$\zeta_1(3)=\frac{0+0.5\times1}{0.799+0.5\times1}=0.385$$

$$\zeta_1(4)=\frac{0+0.5\times1}{0.733+0.5\times1}=0.405$$

$$\zeta_1(5)=\frac{0+0.5\times1}{0.573+0.5\times1}=0.466$$

$$\zeta_1(6)=\frac{0+0.5\times1}{0.209+0.5\times1}=0.705$$

$$\zeta_1(7)=\frac{0+0.5\times1}{0.084+0.5\times1}=0.856$$

$$\zeta_1(8)=\frac{0+0.5\times1}{0.236+0.5\times1}=0.68$$

$$\zeta_1(9)=\frac{0+0.5\times1}{1+0.5\times1}=0.333$$

同理可以得到数列 B、C、D 的灰关联系数，结果见表 3-10。

表 3-9　求差序列

序号	A	B	C	D
1	0.902	0.902	0.902	0.098
2	0.893	0.393	0.107	0.393
3	0.799	0.201	0.799	0.799
4	0.733	1	0	0
5	0.573	0.34	0.84	0.16
6	0.209	0.524	0.476	0.024
7	0.084	0.916	0.916	0.416
8	0.236	0.264	0.764	0.764
9	1	1	1	1

表 3-10　灰关联系数

序号	A	B	C	D
1	0.357	0.357	0.357	0.836
2	0.359	0.56	0.824	0.56
3	0.385	0.713	0.385	0.385
4	0.405	0.333	1	0.333
5	0.466	0.595	0.373	0.758
6	0.705	0.488	0.512	0.954
7	0.856	0.353	0.353	0.546
8	0.68	0.654	0.395	0.395
9	0.333	0.333	0.333	0.333

4. 灰关联度的计算及排序

通过式（3-11），可以计算各比较数列的灰关联度。

数列 A：

$$r_1=\frac{1}{N}\sum_{i=1}^{N}\zeta_1(i),i=1,2,\cdots,N=\frac{(0.357+0.359+\cdots+0.333)}{9}=0.505$$

数列 B：

$$r_2=\frac{1}{N}\sum_{i=1}^{N}\zeta_2(i),i=1,2,\cdots,N=\frac{(0.357+0.56+\cdots+0.333)}{9}=0.487$$

数列 C：

$$r_3 = \frac{1}{N}\sum_{i=1}^{N}\zeta_3(i), i = 1,2,\cdots,N = \frac{(0.357 + 0.824 + \cdots + 0.333)}{9} = 0.504$$

数列 D：

$$r_4 = \frac{1}{N}\sum_{i=1}^{N}\zeta_4(i), i = 1,2,\cdots,N = \frac{(0.836 + 0.56 + \cdots + 0.333)}{9} = 0.567$$

于是，可以得到各比较数列与参考数列的灰关联度的排列顺序为

$$r_2 < r_3 < r_1' < r_4$$

因此，对多级自吸喷灌泵自吸时间的影响因素来说，其主次顺序依次为回流孔面积 S > 叶轮叶片出口宽度 b_2 > 径向间隙 δ > 多级泵级数 i_s

以上结果与表 3-5 所示相差甚远，其中最重要因素的排序甚至是相反的，充分表明了仅仅采用正交试验极差分析得出的影响因素主次顺序是不完全准确的，主要是因为在正交试验中极差分析的结果受选择因素水平的影响。

3.3 本章小结

本章将正交试验与灰色关联度分析法及自吸时间试验相结合，进行了缩短多级自吸喷灌泵自吸时间的研究。

1）选择叶轮叶片出口宽度 b_2、叶轮和导叶之间的径向间隙 δ、回流孔的面积 S 及多级泵级数 i_s等 4 个几何参数作为试验因素，每组因素选择 3 个水平，按 L_9（4^3）正交试验方案，设计了 9 组方案。通过对多级自吸喷灌泵吸上高度 5m 时所需要的时间 T_p的正交分析，得到：随着叶轮叶片出口宽度 b_2的增加，自吸时间 T_p是增加的；随着多级泵级数 i_s及回流孔面积 S 的增加，自吸时间 T_p不断减小；随着径向尺寸 δ 的增加，自吸时间 T_p变化曲线出现了拐点。通过极差分析，发现影响自吸时间的各因素主次顺序为：多级泵级数 i_s > 叶轮叶片出口宽度 b_2 > 回流孔面积 S > 径向间隙 δ。

2）在正交试验的基础上，通过灰色关联度分析法准确得出影响自吸时间的各因素主次顺序依次为：回流孔面积 S > 叶轮叶片出口宽度 b_2 > 径向间隙 δ > 多级泵级数 i_s。

3）影响自吸喷灌泵自吸性能的因素既相互关联又相互制约。本章通过正交试验得到了影响因素的最优组合，并通过自吸试验证明了最优组合模型泵吸上高度 5m 时所需要的自吸时间 $T_p = 40s$，其自吸性能远高于国家标准要求 $T_p \leqslant 100s$。

4）在优化模型的基础上进行了叶轮切割试验，发现径向间隙 δ 不仅影响着自吸泵的外特性，还强烈影响着泵的自吸性能及噪声性能。因此，泵设计者应该综合权衡，分清主次要求，最后选择一个最为合适的 δ 值。

参考文献

[1] 颜和平. 自吸泵气水分离室容积对自吸性能影响的试验 [J]. 流体机械, 1996, 24 (11): 39-40.

[2] 仪群, 刘一声, 楼文尧. 外混式双级自吸离心泵的设计研究 [J]. 排灌机械, 1991, 9 (3): 1-5.

[3] 陈茂庆, 吴卫东. 回流孔对自吸离心泵自吸性能影响的研究 [J]. 水泵技术, 1998, 43 (1): 26-30.

[4] 王洪亮, 施卫东, 陆伟刚, 等. 基于正交试验的新型深井泵优化设计 [J]. 农业机械学报, 2010, 41 (5): 56-63.

[5] 周岭, 施卫东, 陆伟刚, 等. 井用潜水泵导叶的正交试验与优化设计 [J]. 排灌机械, 2010, 29 (4): 312-315.

[6] Shi Weidong, Wang Chuan, Lu Weigang, et al. Optimization design of stainless steel stamping multistage pump based on orthogonal Test [J]. International Journal of Fluid Machinery and System, 2010, 3 (4): 309 - 314.

[7] 钟明, 王凯. 影响自吸泵自吸时间因素的关联度分析 [J]. 齐齐哈尔大学学报: 自然科学版, 1998, 14 (1): 47-50.

[8] 谢松云, 董大群, 王本刚. 基于灰关联分析的目标识别方法研究 [J]. 系统仿真学报, 2002, 14 (2); 257-261.

[9] 张国庆, 王超, 吴言凤. 灰关联分析在船用制冷系统故障诊断中的应用 [J]. 舰船科学技术, 2011, 33 (9): 113-115.

第 4 章　自吸喷灌泵自吸过程的非定常数值计算及试验

近年来，随着数值计算技术的不断发展，商业 CFD 软件（如 Fluent、CFX）在旋转机械的内部流动研究中得到了广泛应用，并完全改变了以往学者自己编程对泵的内部流场进行数值分析的状况[1-6]。应用 CFD 软件进行数值计算有诸多优点，不仅可以大幅度缩短产品开发周期、提高效率，而且还具有极强的计算可重复性及计算结果可保存性。因此，越来越多的研究人员开始使用这类软件来研究泵的内部流动[7-10]。

为了深入研究多级自吸喷灌泵自吸过程中的气液混合、气液分离及气液逸出现象，分析了自吸过程中内部的速度、压力及含气率的变化规律，以及了解自吸过程中的气液两相流特点。本章将分别对单级及四级自吸喷灌泵在自吸过程中的气液两相流动进行非定常数值计算，并对四级自吸喷灌泵出口段的气液逸出现象进行摄影试验。

4.1　三维建模及网格划分

4.1.1　主要过流部件的三维造型

本章选取的研究对象为第 2 章的水力模型。根据图 2-11 中的二维图，可以得到叶轮及导叶的三维零件图，如图 4-1 所示。所有的三维造型全部在 Creo Parametric 2.0 中生成。

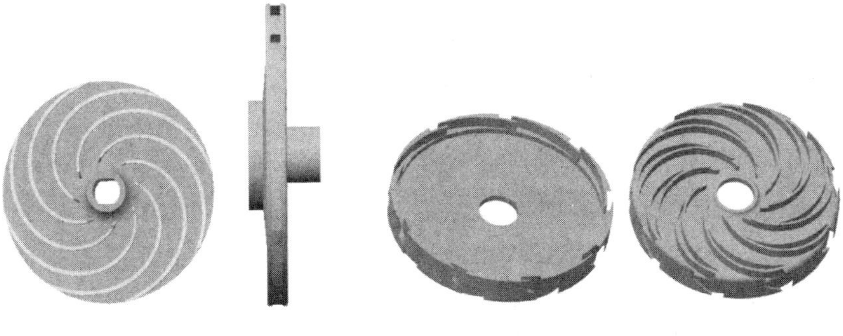

a) 叶轮正面　b) 叶轮侧面图　c) 正导叶　d) 反导叶

图 4-1　叶轮及导叶三维零件图

4.1.2 计算区域

本章分别对单级及四级自吸喷灌泵的自吸过程进行了数值计算。首先利用Creo软件对自吸泵的各个部件进行三维实体造型，然后进行水体提取，整个自吸泵的计算区域包括进口段、气液分离室、自吸盖板、叶轮、泵腔、导叶、气液分离室、回流腔及出口段，分别如图4-2及图4-3所示。其中，单级自吸泵进口段采用进口弯管，向下延伸至1.5m（水下高度0.5m，水上高度1m），水平延伸至0.25m，出口段采用出口直管，向上延伸至1m；四级自吸泵进口弯管向下延伸3.5mm（水下高度0.5m，水上高度3m），水平延伸至1m，出口直管向上延伸至2m，该多级自吸泵计算模型与后面进行自吸高度3m的自吸试验模型完全一致。由于进、出口段水体过长，因此在图中没有完全显示出来。

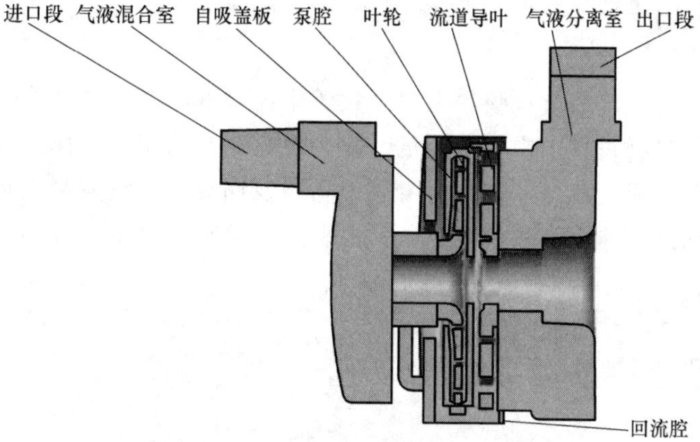

图4-2　单级自吸泵水体模型中截面（隐去进、出口管道）

4.1.3 网格划分

网格是模型进行模拟跟分析的载体，网格质量影响着CFD的计算精度及计算时间。常用的网格类型包括规则的结构网格（Map）、块结构网格（Sub-map）、非结构网格（Cooper）及混合网格（TGrid）等。一般说来，高质量的结构化网格比高质量的非结构网格及混合网格更适合计算，但是结构化网格更适合计算的前提是必须保证结构网格的高质量。对于复杂的集合体，一般使用混合网格比较容易划分成功，这种网格对具有复杂边界的流场计算十分适用。由于自吸泵水体模型及自吸模拟边界条件（弱边界条件：压力进口及自由出流）相

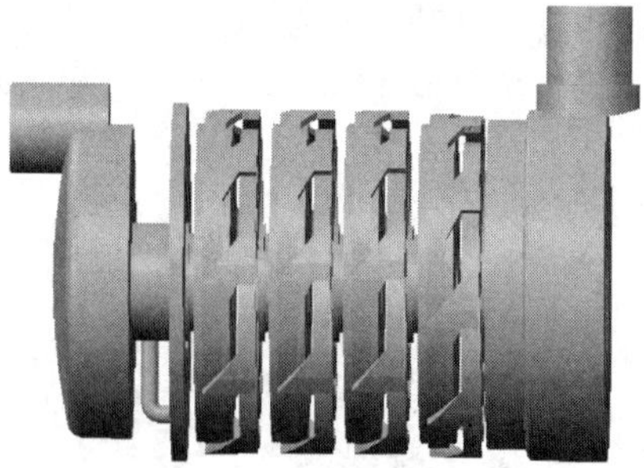

图4-3　四级自吸泵水体模型
（隐去回流腔及进、出口管道）

当复杂，因此本章在进行自吸计算时采用 Gambit 软件对模型进行混合网格划分，如图 4-4 所示。网格总数约为 430 多万，其主要网格信息见表 4-1。由于网格数越多，计算误差越小，且一般数值计算都会进行网格无关性分析；而自吸性能不像外特性那样能方便进行试验与模拟的误差分析（计算一次耗时月余），因此在进行自吸性能模拟时，在工作站的计算能力范围内，网格数量尽量多。但考虑到后面多级泵的数值模拟，单个叶轮及导叶等过流部件的网格数量并没有取太大。

表 4-1 单级自吸泵的网格信息

名称	网格尺寸 G/mm	网格数
进口段	1.5	1165924
气液混合室	1.5	375146
自吸盖板	1	363612
叶轮	1	169777
泵腔	1	282211
导叶	1.3	131258
气液分离室	1.5	513275
回流腔	0.5	510742
出口段	2	623942
整体		4135887

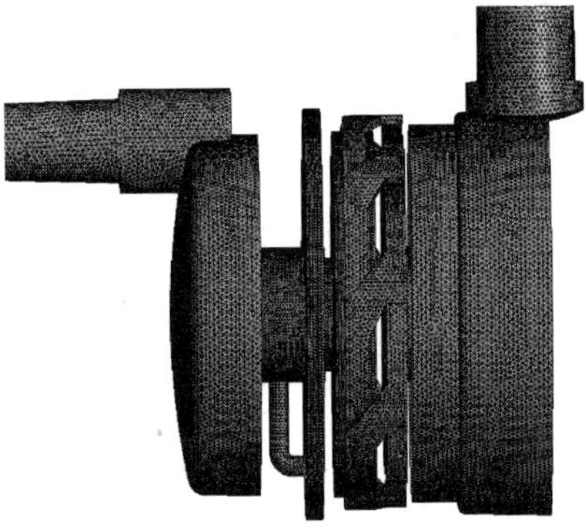

图 4-4 单级自吸泵水体模型网格（隐去回流腔及进、出口管道）

4.2 两相流模型及初始边界条件

4.2.1 两相流模型

本章的自吸数值计算是在 Ansys CFX 14.5 中完成的。在 CFX 软件中，解决两相流的数值计算问题可以选用均相流模型及非均相流模型两大类。如果选择了均相流模型，则两相流之间具有共同的流场与速度场，且两相间无质量传输与动量传输。如果采用非均相流模型，则需要设定两相间的动量传输，如果两种流体均为连续相时，则需要设定拽力系数。作者发现，如果在本计算模型中采用非均相流模型，不仅计算速度极慢，而且数值计算结果发散。因此，本章最后选择了收敛性能较好地均相流模型作为多相流模型。

4.2.2 初始边界条件

以往在进行自吸泵的自吸数值计算时，有时假设泵的入口含气率是几个固定的数值（5%，10%，15%），并设置为速度进口（泵的额定流量除以进口面积）；有时假设泵的入口全是气体，并认为气体的进口速度为一个平均值（自吸高度除以自吸时间）。前者的假设完全不是在进行自吸泵的自吸数值计算，而是在进行一般气液两相流泵的数值模拟；后者的假设虽已接近自吸真实情况，但是假设速度进口为一个平均值，这与自吸过程中自吸速度先快后慢的试验现象明显相悖。以上学者之所以采用平均速度进口的设置条件，主要是受试验条件及数值计算两方面困难的影响。试验的困难是指在自吸过程中泵的进口处是气体或者气水混合物，流量测量的准确性得不到保证，因此将自吸过程假设成了均匀速度的过程；数值计算的困难是指如果不采用速度进口或质量出流，则数值计算时的边界条件不易设置，且其数值计算的迭代结果往往收敛不到可接受的范围。

虽然采用速度进口的边界条件对于数值计算有诸多好处，但是作者还是不建议在进行自吸数值计算时采用速度进口。抛开自吸试验测量的准确性外，最大的原因是速度进口会产生一种外界强迫气体上吸的效果，而不是自吸泵叶轮旋转产生的进口负压吸气作用。因此，本章利用 Ansys CFX 14.5 软件，采用压力进口、开放出口的边界条件及标准 k-ε 湍流模型进行多级自吸喷灌泵自吸过程的数值计算，尽最大可能地接近真实自吸情况。

在 CFX 软件中对自吸泵的自吸过程进行非定常计算时，计算前必须要进行初始条件的设置，通过 CEL 语言对气水混合物及压力的初始状态进行设置。自吸泵在进行自吸前必须在泵体内留有足够的液体，以便自吸过程的顺利完成。作者在进行自吸泵的自吸试验时，发现进水管处装有止回阀，可以防止气液混合室内的液体倒流入进水管。因此，整个自吸泵内可以装满液体，并使自吸过程更快完成。

本章的非定常数值计算分两次进行。为了验证数值计算方法的适用性及缩短自吸计算时间，第一次非定常计算采用单级模型，如图 4-5 所示。进口弯管高度为 1.5m，出口管道高度为 1m 且进口管道直径小于出口管道直径，进口弯管置于水中，水面以上管道内充满气体（1m 高度），水面以下管道内充满水（0.5m 高度），出口管内也充满气体，进口管装有止回阀，整个泵体内装满水。由于进口弯管水下部分长度为 0.5m，因此进口初始压力设为 5kPa（表压），向上依次递减至水面处压力为 0kPa，整个进口气体段与出口气体段初始压力均为 0kPa，泵体内部初始压力以气液分离室出口面为基准，从 0kPa 开始向下按照水压递增，整体自吸泵初始压力分布如图 4-6 所示。由于采用四级模型泵且进行 3m 自吸高度试验，为了验证数值计算的可信性，第二次非定常数值计算与试验完全吻合，即采用四级计算模型，进口管道高度为 3m，出口管道高度为 2m，且进、出口管道直径相同。

离心泵起动需要一定的时间，但是离心泵起动时间在整个自吸过程占的比重较小。此外，本章的研究重点是探索自吸泵在整个自吸过程中的自吸变化规律，由于转速越快则自吸速度越快，为了保持外界环境不变，采取了恒定转速的措施，这样可以排除转速因素的干扰，更好地进行自吸泵的自吸规律研究。

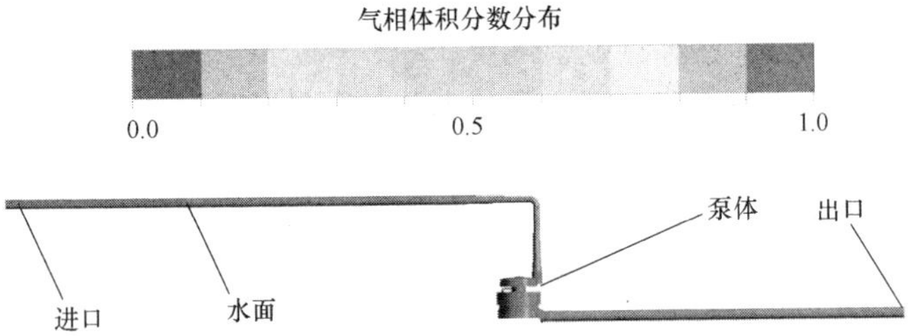

图 4-5　初始状态下单级自吸泵的气水两相体积分数分布图

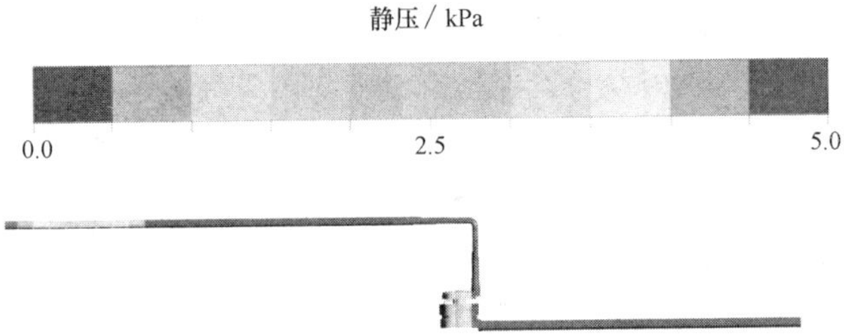

图 4-6　初始状态下单级自吸泵的静压分布图

4.3　单级自吸喷灌泵计算结果分析

4.3.1　单级自吸泵进、出口段中截面气水两相分布

图 4-7 为单级自吸泵进、出口段中截面在自吸过程中一些代表性时刻的气水两相分布云图。图 4-7a 为未起动时的气水两相分布，红色区域代表气体体积分数为 100%，蓝色区域代表水体积分数为 100%。图 4-7b ~ e 为自吸泵起动后 t = 0.1s、0.2s、0.3s、0.4s、0.5s 的气水两相分布。可以看出，自吸泵起动后 0 ~ 0.5s 内，由于叶轮的旋转作用，泵体内部的水快速流向出口段，进口段的气体急速涌向气液混合室，泵体内部的含气率不断增加，并且进、出口段的水柱不断上升。由于叶轮内部的气体含量越来越高，叶轮对气水混合物做功越来越少，进、出口段的水柱上升速度越来越慢（见 A_0 ~ A_5，B_0 ~ B_5），在 t = 0.5s 时，进、出口段的水柱高度基本保持稳定（见 A_4 ~ A_5，B_4 ~ B_5），由叶轮旋转作用排水产生的自吸过程基本结束；在 t = 0.2s 时，进口段的气体开始进入到出口段。图 4-7f ~ j 为自吸泵起动后 t = 1s、2s、3s、4s 的气水两相分布。可以看出，进口段的水柱不断上升最后逼近气液混合室（见 A_7 ~ A_{10}），主要因为在这个自吸阶段，叶轮内气体占据了大部分，少部分水混合着气体通过叶轮做功快速进入导叶；经过导叶的减速增压作用，气水混合物流向气液分离室。在气液分离室中由于不受叶轮的旋转扰动，气水混合物处于自由抛射状态；在浮力作用下，较轻

的气体向上运动经出口段流出泵体，较重的水则向下流动，受进口吸力的作用经回流腔流回叶轮进口处以进行下一次循环。如此反复，泵体内部的气体总量越来越少，进口段的气体不断向泵体内部补充，从而导致进口段的水柱不断上升最后逼近气液混合室。相对于由叶轮旋转作用排挤水产生的自吸过程，这个过程的水柱上升速度明显减慢。主要因为在前一个自吸过程中最大自吸速度约等于泵的内部最大流速（最大流量/面积），而在后一个自吸过程中气体与液体经过反复的混合分离，将气体一点点排出去的，两者相差甚远。在出口段，当 $0.5s < t \leqslant 2s$，泵内部的气体还没有完全逸出出口段的水柱，由于水柱中的气体不断增加，在水柱中水的总量基本保持稳定的情况下，水柱是向上升的（见 $B_5 \sim B_7$）。当气体逸出出口段的水柱时（$2s < t \leqslant 4s$），在这个过程中由于气体的排出速度呈现先快后慢的规律（见图 4-16），导致水柱中气体逸出速度大于进入速度，水柱高度应该呈下降的趋势（见 $B_7 \sim B_9$），在这里体现得不是很明显。在后面的多级泵数值模拟过程中，由于出口段足够长，这种规律会明显地反映出来。这个阶段是真正意义上的气水混合及气水分离作用产生排气功能的自吸过程。

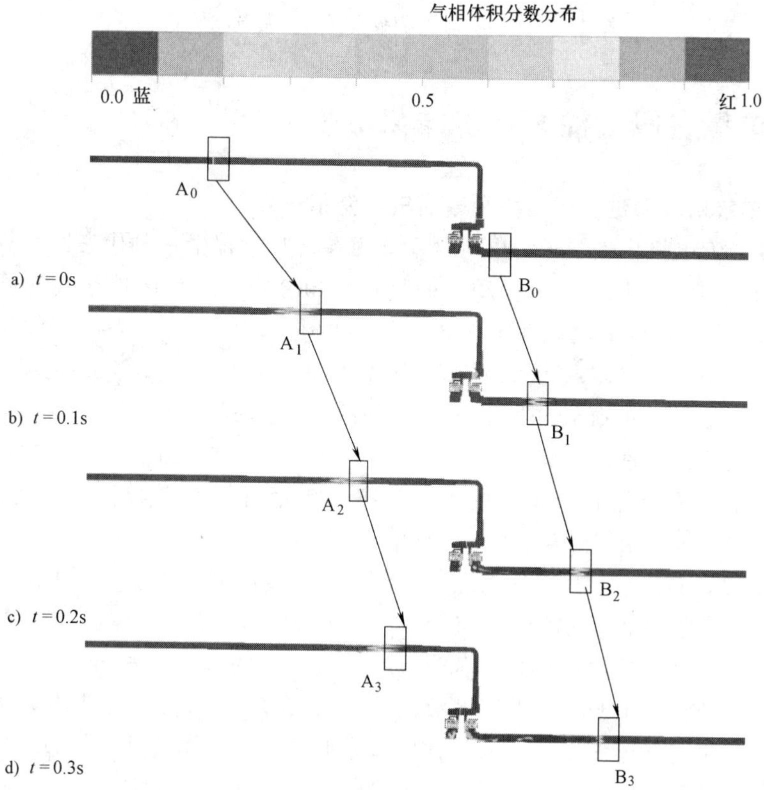

图 4-7　单级自吸泵进、出口段中截面在自吸过程中气水两相分布云图

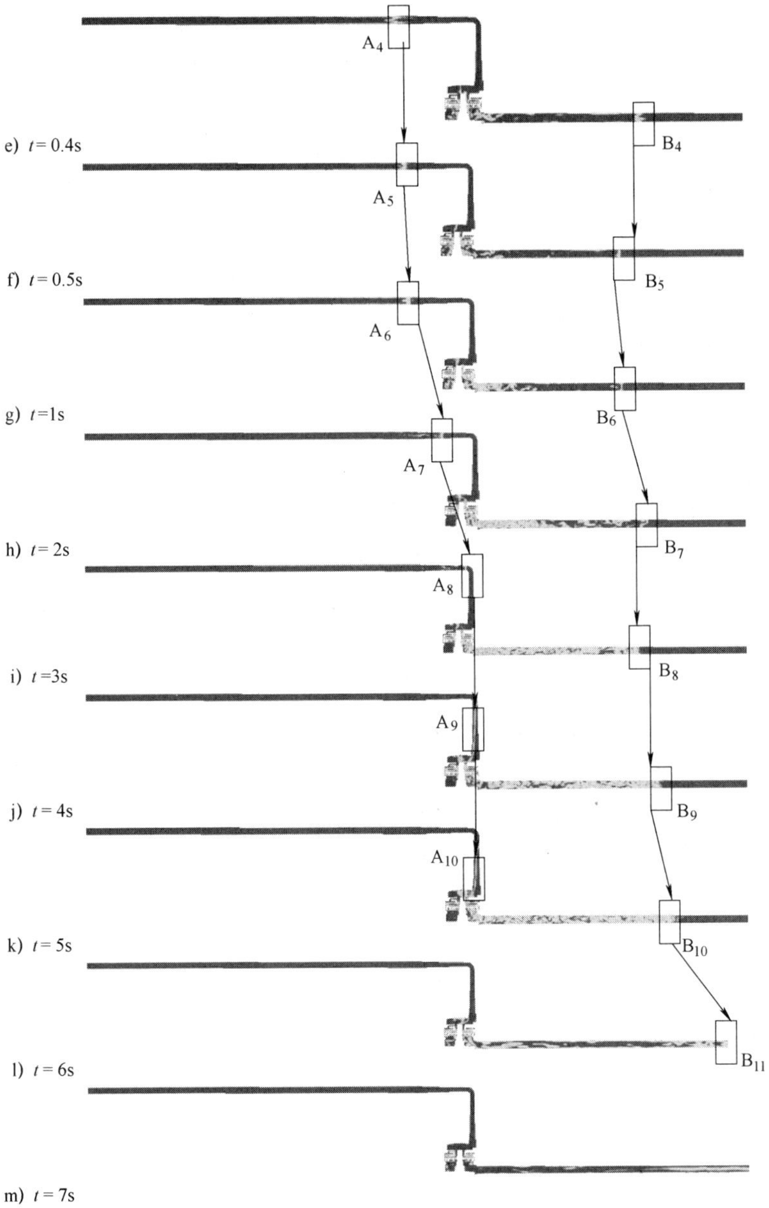

图 4-7　单级自吸泵进、出口段中截面在自吸过程中气水两相分布云图（续）

图 4-7k ~ m 为自吸泵起动后 $t = 5s$、6s、7s 的气水两相分布。可以看出，当 $t > 4s$ 后，随着进口段的水柱不断上升并且进入至泵体内部，叶轮内部的含水率不断上升，叶轮对气水混合物的做功能力越来越强，出口段的压力不断上升，水

柱也随之上升至出口处（见 $B_9 \sim B_{11}$），在排水的过程中把气体也带出泵体。相对于前面的自吸排气过程，该过程的排气速度非常快，短时间内就把泵体内的大部分气体排完，最后整个自吸过程结束，自吸泵进入到正常排水阶段。

4.3.2 单级自吸泵整体中截面流线、气水两相及压力分布

由前面分析可知，自吸泵的整个自吸过程分为三个阶段：自吸初期由叶轮旋转作用排水产生的吸气阶段、自吸中期由气水混合及气水分离作用产生排气功能的吸气阶段、自吸末期由进口段的水进入泵体内部产生排气功能的吸气阶段。在这三个自吸阶段中，自吸中期最为重要，在自吸高度为5m 的自吸试验中，该阶段所占据的时间一般超过总时间的90%，表明自吸中期决定着整个自吸过程的长短。把自吸泵中截面的流线及气水两相体积分数云图放在同一张图里进行分析，如图 4-8 所示。

图 4-8a ~ c 为单级自吸泵在自吸初期 $t = 0.1$s、0.12s、0.14s 时泵中截面流线及气水两相分布，0.02s 的时间约为整个叶轮旋转一周的时间，可以看出，旋转的叶轮对水做功使之快速流向出口段，进口段的气体进入气水混合室与水混合在一起；然后不断涌向泵体内部并流经叶轮及导叶等过流部件（见 A_1、A_2、A_3），从导叶出来的气水混合物上半部分流向出口段（见 B_1、B_2、B_3），下半部分则流向气液分离室的下侧（见 C_1、C_2、C_3）。由于气液分离室左下侧的水可以通过回流腔及自吸盖板流回叶轮，因此气液分离室的左下侧基本上无旋涡，而在气液分离室的右下侧形成大量的旋涡。

图 4-8d ~ f 为单级自吸泵中截面在自吸中期 $t = 2$s、2.02s、2.04s 时流线及气水两相分布。可以看出，相比自吸初期，自吸中期气水两相分布的变化速度较为缓慢，表明自吸中期时吸气、排气速度很慢，而气液混合室与气液分离室中的气水两相分界线以叶轮下半部的最上端为基准（见 D_1—D_2），上半部分主要为气相，下半部分主要为水相。这是因为在自吸中期，从叶轮流出的水量与从回流腔流进叶轮的水量基本一致，排出的气体量与进口吸入的气体量也基本一致，因此气水两相分界线基本稳定。此外，叶轮及导叶中的气水混合物主要以气相为主，导致从导叶流出的气水混合物以气体居多；而在重力作用下，大部分较轻的气体向上运动经出口段流出泵体，因此气液分离室右下侧的旋涡地带基本消失。

图 4-8g ~ i 为单级自吸泵中截面在自吸末期 $t = 6$s、6.02s、6.04s 时流线及气水两相分布。可以看出，在自吸末期，整个泵体内以水相为主，气液混合室、叶轮及导叶等部件中的气体随着流动的水不断向出口段流去，气液分离室下侧的气体在重力的作用也流向出口段。由于导叶出口处水相增多，气液分离室的右下侧又重新出现旋涡区（见 E_1、E_2、E_3）。此外，由于回流腔仅仅与自吸盖板的下半部分连通，即从回流腔流回的水体只能通过自吸盖板的下半部分进入叶轮进行下一次循环，导致少部分气体被封在回流腔的上半部分，形成一个较大的静止气泡区域（见 F_1、F_2、F_3），这些气体最后排出甚至有少部分气体排不出去。

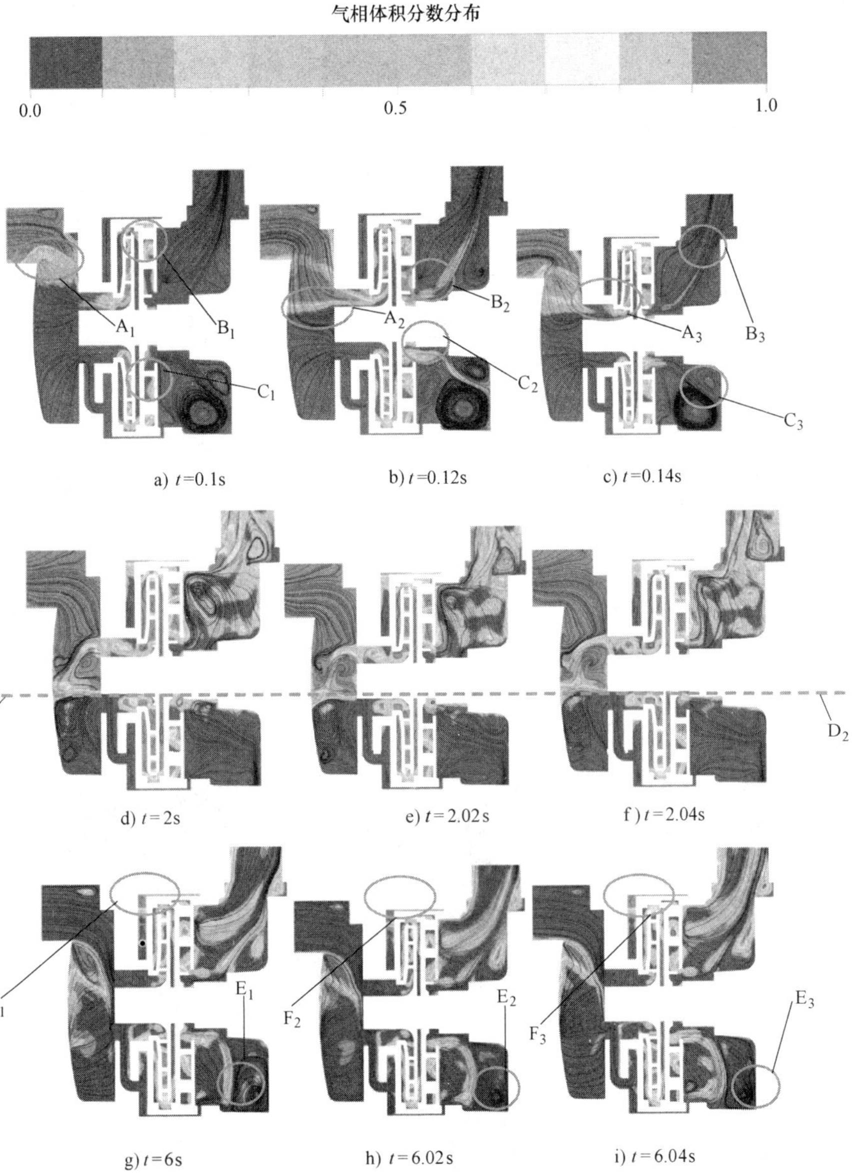

图 4-8　单级自吸泵中截面在自吸过程中的流线及气水两相体积分数分布云图

压力云图是表现自吸泵自吸过程变化特征的基础云图。图 4-9a～c 为单级自吸泵中截面在自吸初期 $t=0.2$s、0.4s、0.5s 时压力分布云图，可以看出，在自吸初期，叶轮的旋转作用增大了流经叶轮的气水混合物的压力，导致气液分离室及导叶的压力超过气液混合室及叶轮进口处的压力（见 A_1、B_1）；随着自吸时间 t 的增加，气液分离室及出口段的压力不断增大（见 A_1、A_2、A_3），而气液混合室及叶轮进口处的压力不断减小并形成负压（见 B_1、B_2、B_3）。图 4-9d ~ f 为单级自吸泵中截面在自吸中期 $t = 1s$、2s、3s 时压力云图分布，可以看出，气液混合室的压力进一步降低（见 C_1、C_2、C_3）。当 $t = 3s$ 时，压力降低至 − 10kPa，进口段的水柱已达到最高点；相比于自吸初期，气液分离室的压力进一步增高（见 A_3、D_1），但是当 $t > 1s$ 时，由于叶轮的增压能力基本保持稳定，气液分离室的压力也随着气液混合室的压力降低而降低（见 D_1、D_2、D_3）。图 4-9g ~ i 为

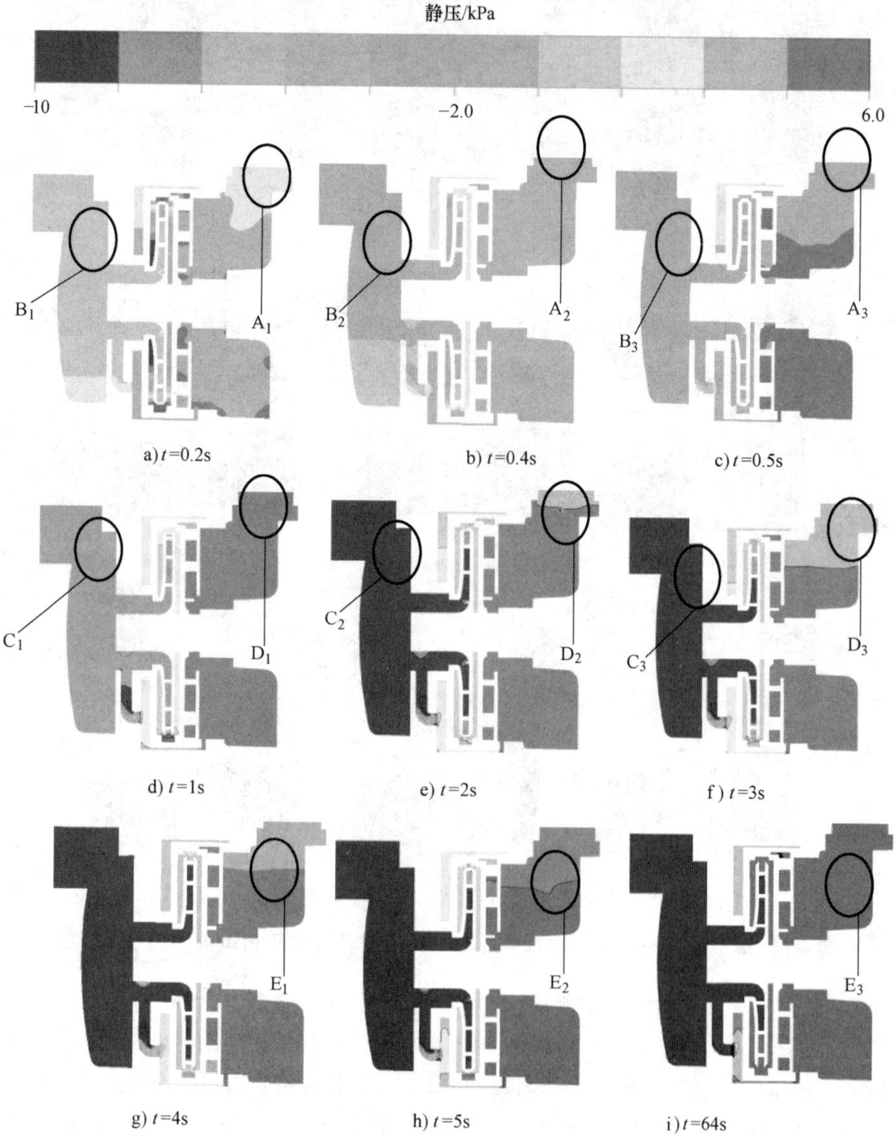

图 4-9　单级自吸泵中截面在自吸过程中的压力分布云图

单级自吸泵中截面在自吸末期 $t=4s$、5s、6s 时压力云图分布，可以看出，当进口段的水柱吸入泵体后，叶轮的含气率逐渐降低，叶轮的增压能力显著上升，气液分离室的压力则逐渐增大，最后稳定（见 E_1、E_2、E_3）。

4.3.3 单级自吸泵回流腔中截面速度及压力分布

回流腔是实现自吸泵中水循环流动及自吸功能的关键部件。图 4-10 所示为单级自吸泵回流腔中截面在三个自吸阶段 $t=0.2s$、2s、6s 时的速度及压力分布，可以看出，由于旋转叶轮的做功，回流腔的右侧压力高于左侧（见 B_1 及 F_1），从而使得气液分离室的水可以通过回流腔流回叶轮进口。在自吸初期（$t=0.2s$），通过末级导叶下半部出来的气水混合物进入气液分离室下部（见 A_1），该股气水混合物以水居多并流向三个方向：一是由于回流腔的回流作用，气水混合物中的水在重力的作用下流向回流孔（见 B_1）；二是气水混合物中的气体水平自由流动（见 C_1）；三是由于回流孔位于气液分离室的左侧而且回流孔的回流能力有限，导致右侧部分存在着较大的旋涡带（见 D_1）。在自吸中期（$t=2s$），由于从末级导叶出来的气水混合物以气体居多，回流孔能充分满足水的回流，气液分离室右下侧的旋涡带消失；整个气液分离室的流动区域分为两部分（见 E_1-E_2）：在下部区域中气水混合物的水在重力的作用下流向回流孔；在上部区域中气水混合物的气向上流向泵出口。在自吸末期（$t=6s$），气水混合物又以水居多，其流动规律与自吸初期类似，只是回流腔两侧的压力差增大，从而增强了回流腔的回流能力。

此外，在自吸初期（$t=0.2s$），从回流腔流回的水在自吸盖板的相交处（见 F_1）分流，一部分拐弯流至叶轮进口处（见 G_1），剩余部分则流至自吸盖板的

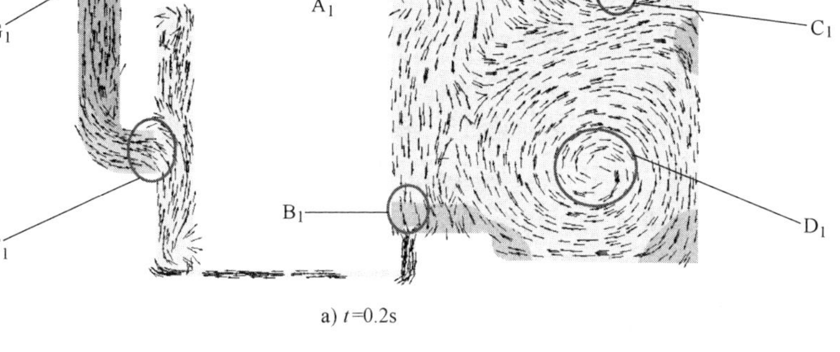

a) $t=0.2s$

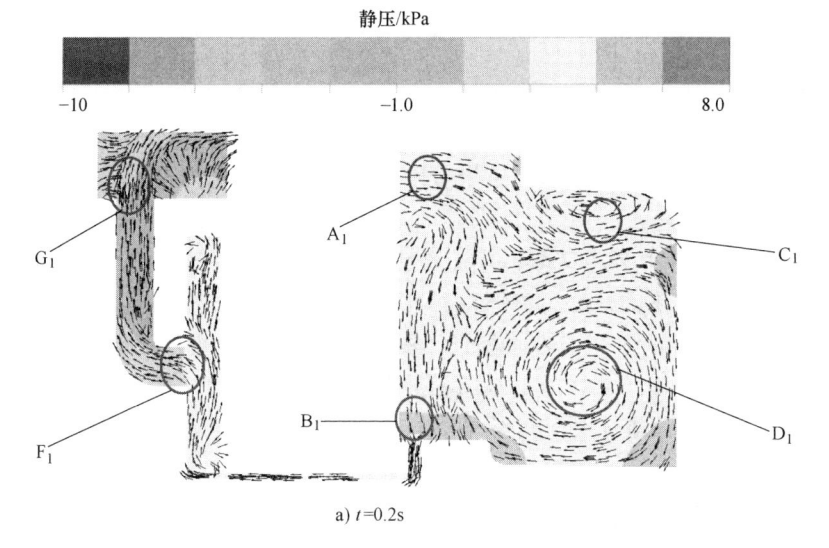

图 4-10 回流腔中截面在自吸过程中的速度及压力分布图

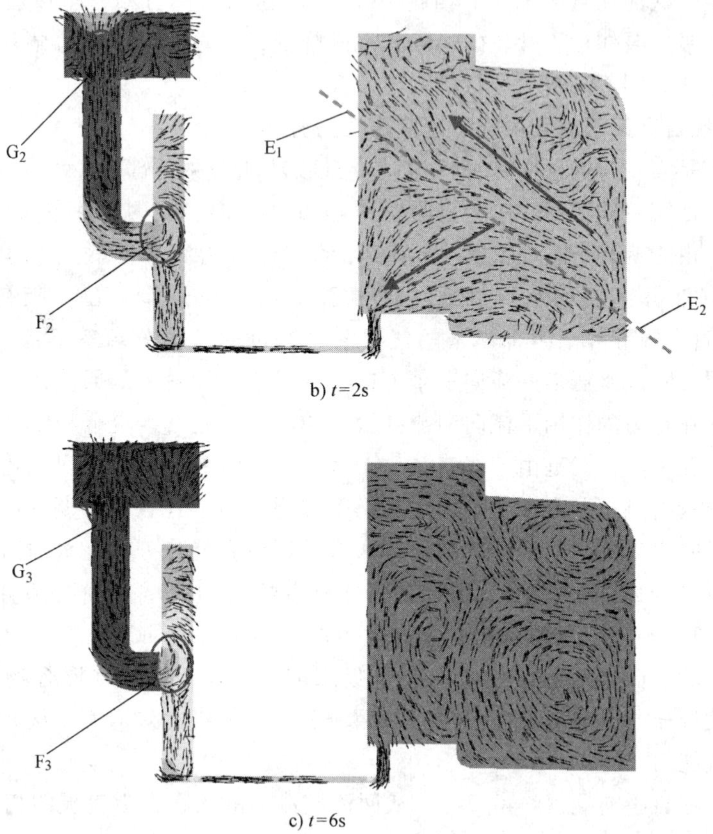

图 4-10　回流腔中截面在自吸过程中的速度及压力分布图（续）

上侧；在自吸中期及自吸后期（$t=2\mathrm{s}$ 及 $t=6\mathrm{s}$），由于进口段的水柱不断上升且叶轮进口处的压力不断下降（见 G_1、G_2、G_3），导致 F 点及 G 点间的压力差不断上升，回流腔流回的水与自吸盖板上侧的水在 F 点汇合，一起流向叶轮进口处。以上结果充分表明：在自吸三个阶段中，自吸泵回流腔的回流能力是逐渐增强的。

4.3.4　单级自吸泵叶轮及正导叶中截面流线、气水两相及压力分布

叶轮及导叶是泵的核心过流部件，此泵采用的流道式导叶是一种正反导叶，其中叶轮中心面与正导叶中心面重合，图 4-11 所示为叶轮及正导叶中截面在三个自吸阶段不同时刻的流线及气水两相分布。由图 4-11a、b 可知，在自吸初期，气体进入叶轮的速度非常快，叶轮的含气率急剧升高；当 $t=0.2\mathrm{s}$ 时，叶轮大部分空间被气体占据，仅仅在叶轮进口处及靠近叶片工作面存在着少量的气水混合物（见 A_1、B_1），靠近叶片背面的广大区域则被气体完全充满，该区域存在着大量的旋涡，类似于一种“死水区”（见 D_1）；由叶轮进口处的水混合气体沿着

叶片工作面流动至叶轮出口处，在进入正导叶（扩散器）时，气水混合物速度降低，在叶轮出口处的环形区域及正导叶中则存在着相对较多的水（见 C_1）。当 $t=0.4s$ 时，叶轮及正导叶的含气率进一步降低，靠近叶轮进口及叶片工作面的气水混合区域明显减小（见 A_1、A_2），这主要是因为在自吸初期，叶轮以排水为主，排气较少。由图 4-11c、d 可知，在自吸中期，叶轮的绝大部分区域内被气体充满，其排气速度与进气速度逐渐达到一种动态平衡的状态，叶轮及正导叶中的含气率基本保持不变，相对于自吸初期，在自吸中期叶轮内部的旋涡区稍显减小（见 D_1、D_2）。由图 4-11e、f 可知，在自吸末期，进口段的水已经开始进入叶轮，叶轮中的含气率急剧下降；当 $t=6s$ 时，叶轮基本被水充满，但部分叶轮流道内还存在着较多的气体，表明叶轮的排气过程是非定常的。综上所述，在泵的整个自吸过程中，叶轮中的含气率在自吸初期急剧增大，然后在自吸中期基本保持不变，最后在自吸末期逐渐减小至 0；在自吸初期叶轮靠近叶片背面的区

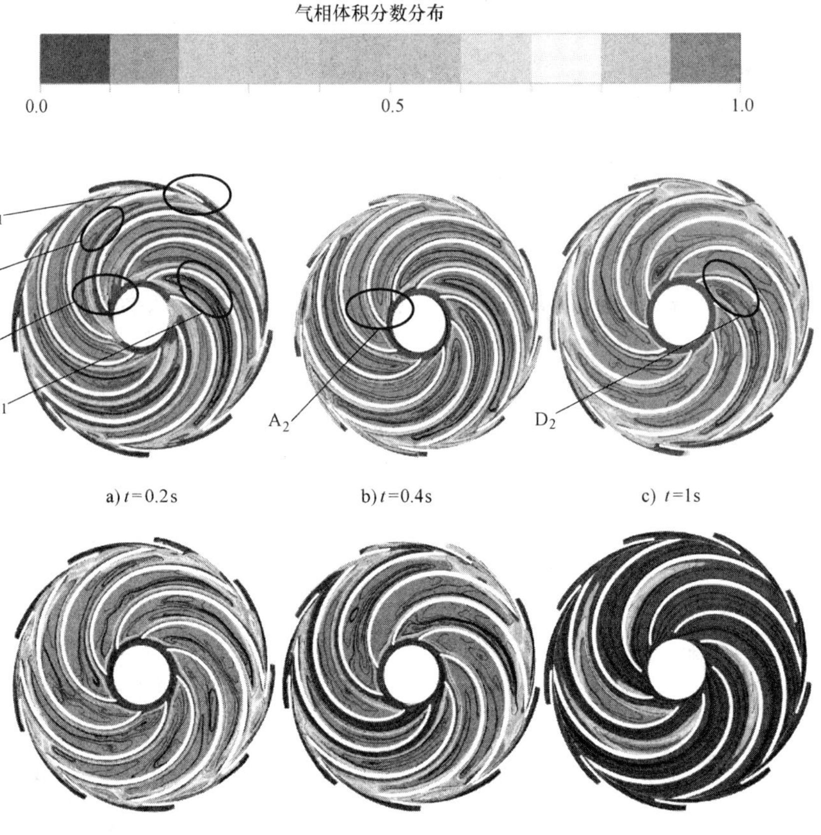

a) $t=0.2s$　b) $t=0.4s$　c) $t=1s$

d) $t=2s$　e) $t=5s$　f) $t=6s$

图 4-11　叶轮及正导叶中截面在自吸过程中的流线及气水两相分布

域（低压区）容易被气体占据，气体区域存在着大量的旋涡，在自吸末期叶轮靠近工作面的区域（高压区）容易被水占据，在自吸中期整个叶轮中的含气率非常高，只是在紧贴着叶片压力面的一小块区域及叶轮出口处存在着少量的气水混合物。自吸泵自吸成功的关键是叶轮的旋转迫使叶轮进口处少量的水混合着一部分气沿着叶轮叶片压力面流动至叶轮出口处并进入正导叶。

图 4-12 所示为叶轮及正导叶中截面在三个自吸阶段不同时刻的压力分布。由图 4-12a、b 可知，在自吸初期，叶轮进口处及叶轮中段的压力基本相同（见 A_1、B_1），靠近叶轮出口处，压力开始急剧上升，到正导叶外径时其压力值达到最大（见 C_1），主要是因为叶轮的含气率较高，只有靠近叶轮出口处的环形区域及正导叶中存在着较多的气水混合物，大部分区域都完全被气体充满，气体区域的压力梯度变化不是很显著；此外，再结合前文中的图 4-7c、e 可知，叶轮进口处的负压与进口段的水柱上升高度并不相符，主要是因为进口段是一个直角管道（竖直管道 + 水平管道），叶轮开始旋转后，叶轮内部的水体在离心力的作用下

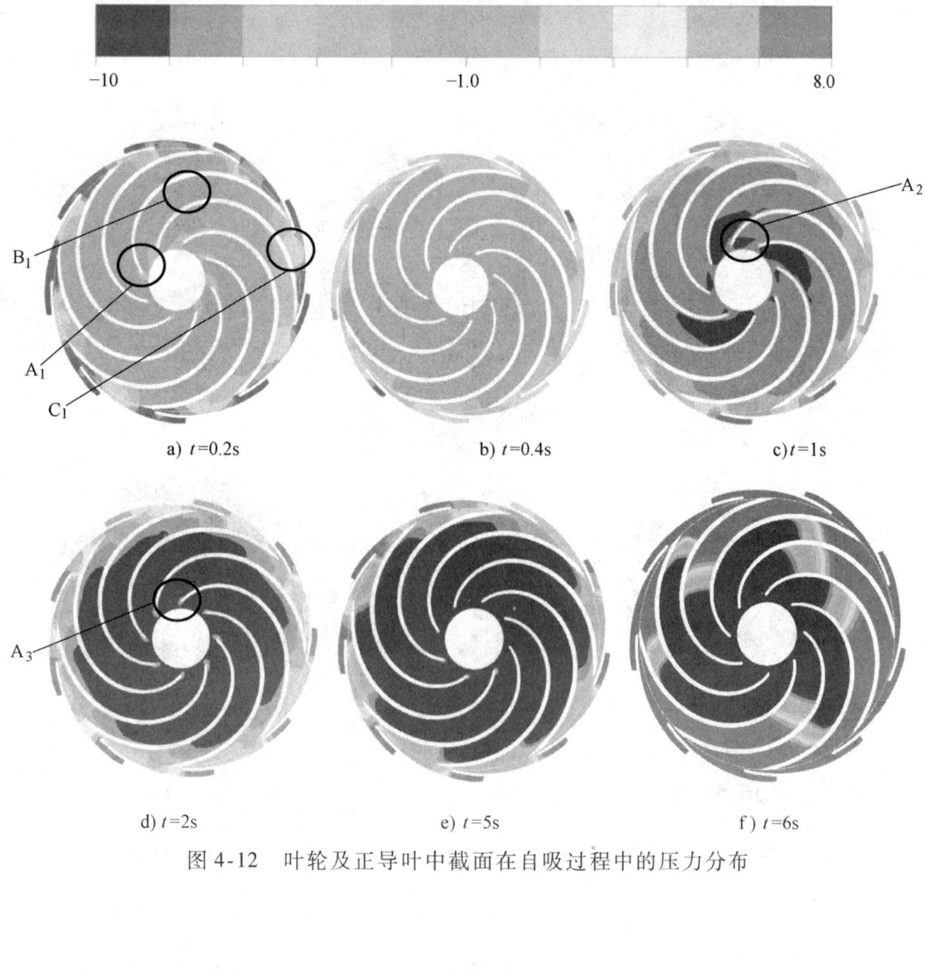

图 4-12　叶轮及正导叶中截面在自吸过程中的压力分布

迅速流出叶轮，进口段水平管道中的气体立刻涌入叶轮，进口段竖直管道中的气体及水柱在惯性的作用下立刻上升，在自吸初期较短时间内水柱的上升高度并不完全等同于叶轮进口处的真空度。

由图4-12c、d可知，在自吸中期，随着自吸时间 t 的增加，叶轮进口处的压力不断减小（见 A_2、A_3），进口段水柱的上升高度亦上升，这时其高度主要与叶轮进口处的真空度相关。由图4-12e、f可知，在自吸末期 $t=5s$ 时，进口段的水柱刚开始进入叶轮，叶轮内部的含气率比较高，叶轮及正导叶的压力分布规律与自吸中期相同，但其叶轮进口处的压力已经达到最小值；在自吸末期 $t=6s$ 时，进口段的水已大量进入叶轮，叶轮内部的含气率较低，从叶轮进口处到叶轮出口处的压力由小增大，压力梯度变化非常显著，这时泵已经基本完成自吸过程，进入正常抽水阶段。

4.3.5 单级自吸泵反导叶中截面流线、气水两相及压力分布

反导叶是正反导叶的重要组成部分，它不仅起着把液体引入下一级叶轮的作用，还起着降低速度及消除液体旋转分量的压水室作用。图4-13所示为反导叶中截面在三个自吸阶段不同时刻的流线及气水两相分布。由图4-13a、b可知，在自吸初期，反导叶中的含气率大幅上升（见 A_1、A_2），当 $t=0.4s$ 时反导叶中基本上被气体充满，而气体区域存在着较多的旋涡，主要是由于自吸初期是一个排水吸气的过程，叶轮及导叶中的气体含量上升。由图4-12c、d可知，由于自吸中期是一个排气过程，相对于自吸初期，其导叶中的含气率下降，含水率上升（见 A_3）。由图4-2e、f可知，在自吸末期，由于导叶中有大量的水进入，导叶的含气率进一步下降（见 A_4）。综上所述，在整个自吸过程中，反导叶中气水两相及流线并不沿着圆周均匀分布；气体最初聚集在靠近反导叶吸力面的区域（见 B_1），水体最初聚集在靠近反导叶压力面的区域（见 C_1），从叶轮及正导叶流来的气液混合物沿着反导叶压力面流动，这与叶轮中的气水两相分布规律一致。

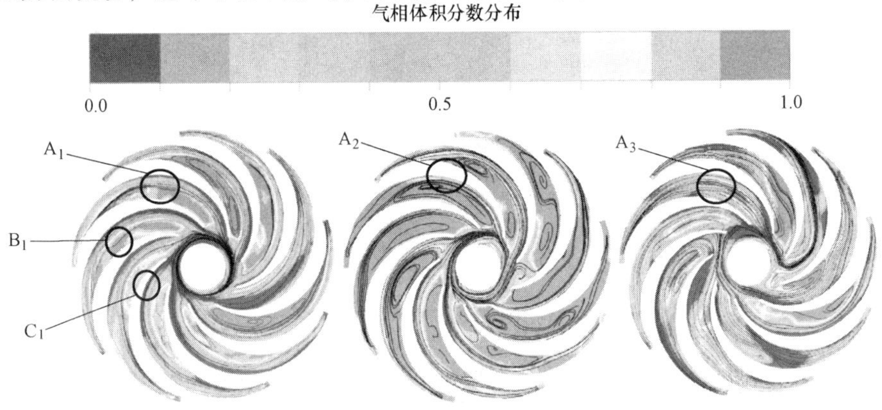

a) t=0.2s　b) t=0.4s　c) t=1s

图4-13　反导叶中截面在自吸过程中的流线及气水两相分布

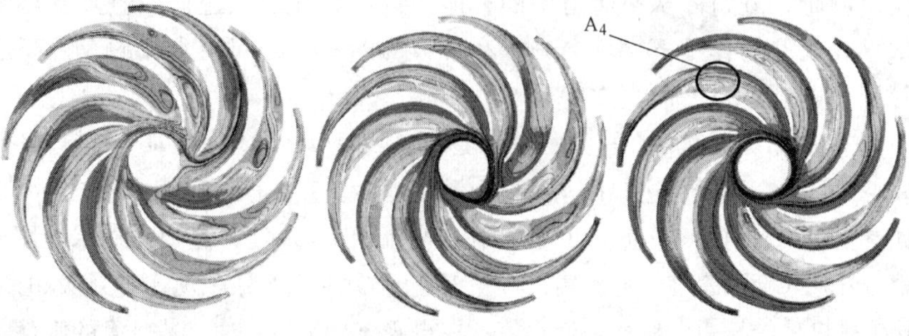

d) t=2s　　e) t=5s　　f) t=6s

图 4-13　反导叶中截面在自吸过程中的流线及气水两相分布（续）

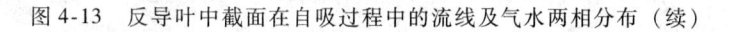

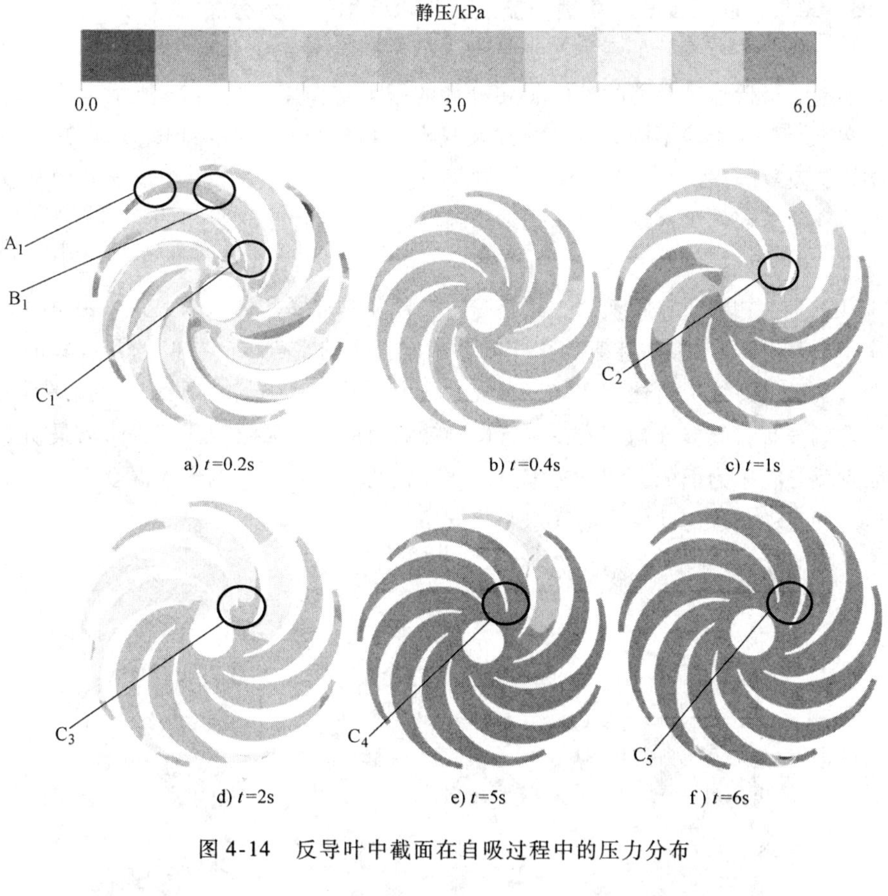

a) t=0.2s　　b) t=0.4s　　c) t=1s

d) t=2s　　e) t=5s　　f) t=6s

图 4-14　反导叶中截面在自吸过程中的压力分布

图 4-14 所示为自吸泵在三个自吸阶段不同时刻的反导叶中截面压力分布。由图 4-14a、b 可知，在自吸初期，同一半径处的压力在圆周方向呈非均匀分布，从反导叶进口到出口压力逐渐增大（见 A_1、B_1、C_1），充分表明导叶不仅对液

体起降速增压作用，对气体或气液混合物亦起作用。由图 4-14c、d 可知，在自吸中期，反导叶中的压力是大于自吸初期的（见 C_1、C_2），表明在自吸初期叶轮做功，且流体的压力增加；而在自吸中期叶轮的含气率及做功能力保持稳定，叶轮进口处的压力却不断降低，使叶轮出口及反导叶中的压力随之降低（见 C_2、C_3）。由图 4-14e、f 可知，在自吸末期，随着叶轮的含水率逐渐增高，叶轮的增压能力上升，致使反导叶中的压力又逐渐增高（见 C_3、C_4、C_5）。

4.3.6 单级自吸泵非定常计算数据分析

认定进口管进口面为 in 面，气液混合室的进口面为 in2 面，气液分离室的出口面为 out2 面，出口段的出口面为 out 面，图 4-15 所示为单级自吸泵初始自吸状态的气水两相分布。

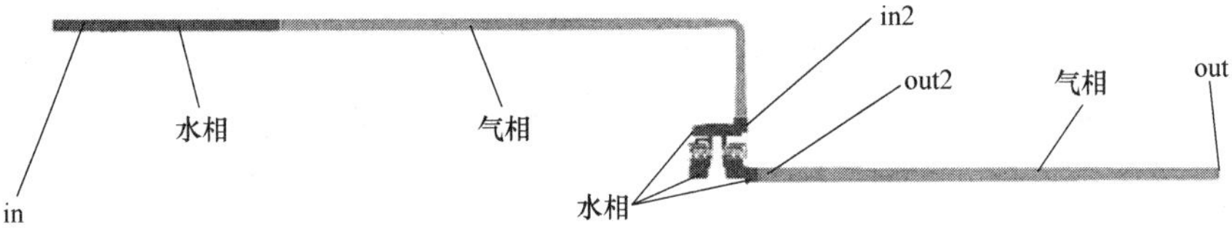

图 4-15　单级自吸泵中截面初始自吸状态的气水两相分布

为了更好地描述自吸泵的自吸能力，分别定义气体体积系数、气体流量系数及水体流量系数，如式（4-1）、式（4-2）及式（4-3）所示。自吸离心泵的自吸过程是一个将进口段气体吸入泵体并排出泵外的过程，因此进口段气体的流速及分布情况能够形象地反映自吸泵的自吸能力。

$$C_V = V_{air}/V_{air\_total} \tag{4-1}$$

$$C = Q_{air}/Q_{des} \tag{4-2}$$

$$C' = Q_{water}/Q_{des} \tag{4-3}$$

式中：C_V为泵内部的气体体积系数；V_{air}为泵内部的气体体积，等于扣除泵出口段（out2 以上部位）的泵各组件内部气体体积之和（m^3）；V_{air_total}为泵需要吸入的气体体积，即自吸末期开始时泵进口段的气体体积（m^3）；C 及 C'分别为泵内部气体及水体流量系数；Q_{air}及 Q_{water}分别为泵内部气体及水体流量（m^3/h）；Q_{des}为泵正常运行后额定点工况下的流量（m^3/h）。

图 4-16 所示为单级自吸泵在自吸过程中泵内气体体积系数 C_V及气液分离室出口面（out2）的气体流量系数 C_{out2}。其中，气体流量系数为负表示气体向外流出，为正表示气体向内流入。通过上一节的分析可知，单级自吸泵的自吸过程分为三个阶段：自吸初期（$t \leqslant 0.5s$）、自吸中期（$0.5s < t \leqslant 4s$）及自吸末期（$4s < t$），如图 4-16 中的Ⅰ、Ⅱ、Ⅲ所示。可以看出，当 $0s < t \leqslant 0.15s$ 时，C_{out2}为 0，而 C_V保持在 1 不变，表明当 $t = 0.15s$ 时，进口段的气体才开始到达 out2 面；当 $t > 0.15s$ 时，C_{out2}的分布呈现着强烈的波动性，体现了自吸泵自吸过程

的非定常特性；当 $0.15\text{s}<t\leqslant0.5\text{s}$ 时，C_{out2}的幅值呈现增大后减小的趋势，其幅值最大达到0.15；当 $0.5\text{s}<t\leqslant4\text{s}$ 时，其幅值呈减小的趋势，最小达到0.02；当 $4\text{s}<t\leqslant5.8\text{s}$ 时，其幅值又呈增大的趋势，最大达到0.34；当 $5.8\text{s}<t<8\text{s}$ 时，其又呈减小的趋势，最后接近于0，表明此时泵内部气体基本排出。

上述气体流量系数变化规律的原因如下，在自吸初期自吸泵以排水为主，气体混合着水一起排出泵外，而气体从进口段运动至出口段需要一定的时间（0.15s）。随着叶轮的含气率增大，自吸泵的排水能力减弱，其排气速度亦呈现着先快后慢的规律；进入自吸中期后，由于叶轮进口处形成较大的负压，在此基础上压力继续下降的速度也减慢，自吸泵吸气及排气的速度也减慢；自吸末期时进口段的水进入叶轮，水混合着气体快速流向泵出口，因此自吸泵排气速度明显上升并在某时刻（$t=5.8\text{s}$）达到最大；后面由于自吸泵内的含气率较低，排气越来越难，因此排气速度也越来越慢；最后当 C_V 接近于0时，C_{out2}亦接近于0，此时自吸过程基本结束。自吸泵内的气体体积系数 C_V 除自吸开始时进口段的气体还未运动至泵出口段时保持1不变外，其他时刻都是保持减小的趋势，其减小的速度受泵排气速度的影响。

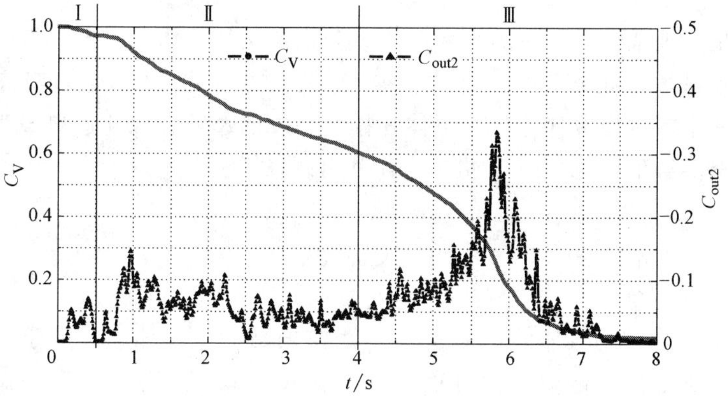

图4-16　单级自吸泵在自吸过程中气体体积系数 C_V 及 out2 面的气体流量系数 C_{out2}

自吸泵的自吸过程是一个气液两相流过程，其进、出口的吸水、排水过程是自吸过程的重要组成部分，图4-17所示为单级自吸泵在自吸过程中泵进口 in 面及气液分离室出口 out2 面的水体流量系数 C'_{in} 及 C'_{out2}。按照连续性方程的原理，在自吸前期及自吸中期，in 面的水体流量系数基本等于 in2 面的气体流量系数。当流量为正时，说明气水同时往里流动；当流量为负时，说明气水同时往外流动，两者基本完全同步。

可以看出，当 $0\text{s}<t\leqslant0.05\text{s}$ 时，C'_{in}由0.85增加到1.7，当 $0.05\text{s}<t<0.5\text{s}$ 时，C'_{in}逐渐降低至0，同时 C'_{in}与 C'_{out2}基本呈对称分布。即当 in 面进水时，out2 面则流出相同体积的水，主要是因为在自吸初期，充满水的叶轮开始旋转后，in

面及 out2 面的水体流量系数基本相同并在短时间内达到最大值；其后由于叶轮含气率增加，叶轮排水能力急剧减弱导致 in 面及 out2 面的水体流量迅速降低并接近为 0。

当 $0.5\text{s} < t \leqslant 2\text{s}$ 时，C'_{in} 的幅值先保持为 0 然后增大，而 C'_{out2} 由负变正并不断的波动，表明 out2 面水由向外流出改为向内流进。主要是因为在自吸初期，出口管的水柱高度一定程度上是由水柱向上运动的惯性造成的。当向上运动的速度为 0 时，在重力作用下，出口管水柱高度必然有下降的趋势，其内在体现就是 C'_{out2} 由正转为负。

当 $2\text{s} < t \leqslant 4\text{s}$ 时，C'_{in} 的幅值先减小后增大，C'_{out2} 不断地在正负之间波动，主要是因为随着叶轮进口压力的逐渐降低，进口管水柱逐渐增高，其进一步增高的难度逐渐增大，导致进口管气体进入泵体的难度亦增大，并导致 C'_{in} 的幅值减小；当 t 接近 4s 时，进口管已开始有少量的水进入泵体，叶轮做功能力加强，泵吸水及排气速度加快，C'_{in} 及 C'_{out2} 的幅值开始增大。

当 $t > 4\text{s}$ 时，由于叶轮的含气率不断减小，叶轮做功及排水能力却急剧增强，导致 C'_{in} 的幅值继续增大，其最大值达到 1.5（叶轮内部的含气率基本为 0），之后基本保持不变；C'_{out2} 亦不断增大，其变化规律跟 C'_{in} 基本相同，只是由于一些气体通过 out2 面排出泵外，导致在同一时刻 C'_{out2} 的幅值略小于 C'_{in} 的幅值，但最后两个幅值基本相同。

以上结果表明，在自吸初期，自吸泵的进口吸气速度大致等同于出口排水速度，且两者都是先急剧增大，然后迅速降低；在自吸中期，由于进口段的水柱逐渐增高，其进一步增高的难度逐渐增大，导致自吸泵的进口吸气速度较小并保持着下降的趋势，而出口排水速度在正负之间不断波动；在自吸末期，自吸泵进口段的水体开始进入泵内部，其进口吸气速度逐渐减小至 0。

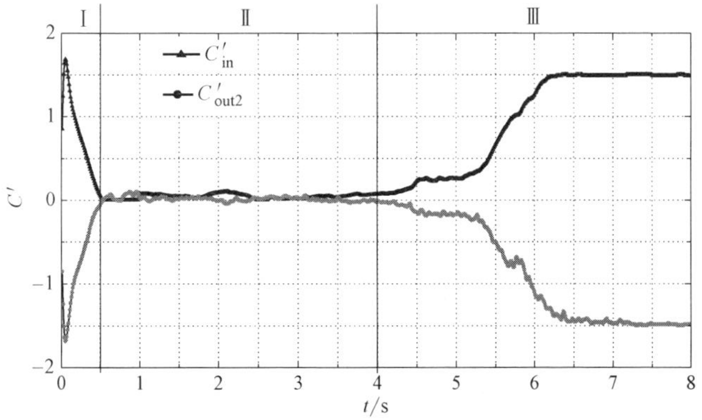

图 4-17　单级自吸泵在自吸过程中进口 in 面及出口 out2 的水体流量系数 C'

作为泵的关键过流部件，叶轮与导叶是自吸泵实现自吸功能的核心部件，图 4-18 所示为单级自吸泵在自吸过程中叶轮进、出口气体流量系数 C_{ip_in}及 C_{ip_out}。可以看出，当 $0s < t \leqslant 0.08s$ 时，叶轮进口气体流量系数 C_{ip_in}由 0 增加到 0.8；而当 $0s < t \leqslant 0.1s$ 时，叶轮出口气体流量系数 C_{ip_out}幅值由 0 增加到 0.65。主要是因为当 $0s < t \leqslant 0.05s$ 时，进口段的气体进入泵体的速度由 0.85 提高到 1.7（前面分析所得），由于泵体入口与叶轮进、出口有一定的空间距离，导致叶轮进、出口的气体流量系数变化产生了一定的时间滞后。此外，由于气液混合室、自吸盖板及叶轮都会留下一部分气体，因此泵入口、叶轮入口及叶轮出口的气体流量系数都是呈现递减的趋势。当 $0.08s < t \leqslant 0.5s$ 时，由于泵入口的气体流量系数不断减小并接近 0，叶轮进、出口的气体流量系数也随之减小并接近于 0，三者之间呈现一定的正相关性。

当 $0.5s < t \leqslant 4s$ 时，C_{ip_in}及 C_{ip_out}的幅值不断波动，其但整体上呈现增大后减小的趋势。增大的原因是在 $t = 0.5s$ 左右时，C_{ip_in}及 C_{ip_out}的幅值已接近最小值 0；减小的原因在于叶轮进口的压力越低，其进口段水柱的上升速度越慢，叶轮的吸气速度也就越慢。

当 $t > 4s$ 时，由于进口段的水大量流入叶轮，导致叶轮做功及排水能力急剧增强，C_{ip_in}及 C_{ip_out}的幅值不断增大，其最大值接近 0.2；之后又由于叶轮中的气体总量不断减小，C_{ip_in}及 C_{ip_out}的幅值又不断减小，最后接近于 0。

图 4-19 所示为单级自吸泵在自吸过程中导叶进、出口气体流量系数 C_{df_in}及 C_{df_out}。由图 4-19 可知，导叶进、出口的气体流量系数的变化规律基本与叶轮的相同，并在自吸初期、自吸中期及自吸末期都是呈现先增大后减小的规律，只是在时间上会滞后于叶轮。

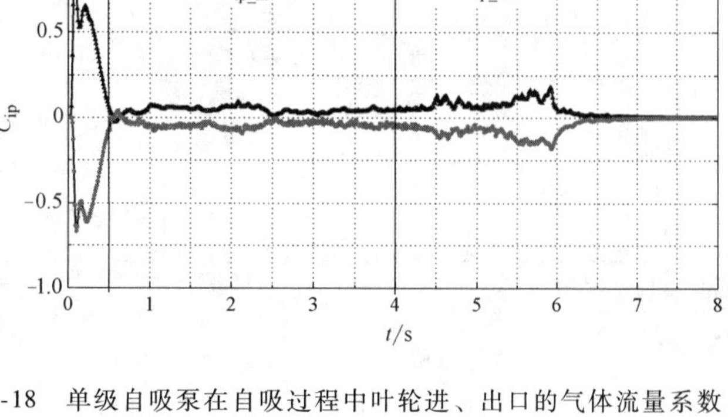

图 4-18　单级自吸泵在自吸过程中叶轮进、出口的气体流量系数 C_{ip}

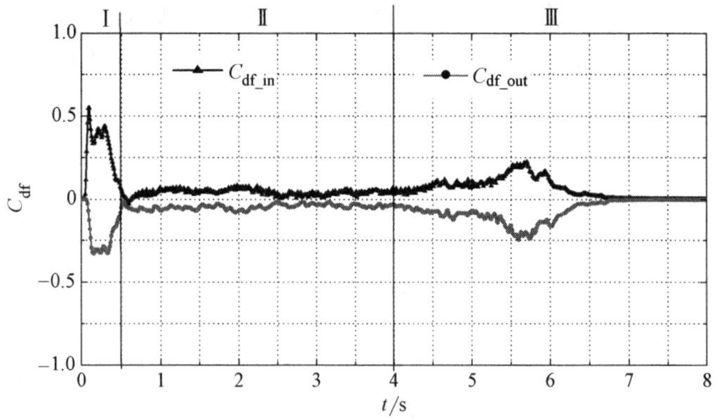

图 4-19 单级自吸泵在自吸过程中导叶进、出口的气体流量系数 C_{df}

上面分析了叶轮及导叶进、出口的气体流量系数的变化过程，为了进一步研究叶轮及导叶中气体的变化规律，分别定义了叶轮的含气率 Φ_{ip}及导叶的含气率 Φ_{df}，如式（4-4）及式（4-5）所示。

$$\Phi_{ip} = V_{air\_ip}/V_{ip} \tag{4-4}$$

$$\Phi_{df} = V_{air\_df}/V_{df} \tag{4-5}$$

式中：Φ_{ip}表示叶轮的含气率；V_{air_ip}表示叶轮内部的气体体积（m^3）；V_{ip}表示叶轮的体积（m^3）；Φ_{df}表示导叶的含气率；V_{air_df}表示导叶内部的气体体积（m^3）；V_{df}表示导叶的体积（m^3）。

图 4-20 所示为单级自吸泵在自吸过程中叶轮及导叶的含气率 Φ_{ip}及 Φ_{df}。可以看出，当 $0s < t \leqslant 0.4s$ 时，Φ_{ip}由 0 迅速增大到 0.9，Φ_{df}由 0 迅速增大到 0.75；当 $0.4s < t \leqslant 1s$ 时，Φ_{ip}由 0.9 减小到 0.85，Φ_{df}由 0.75 减小到 0.4；当 $1s < t \leqslant 4s$ 时，Φ_{ip}及 Φ_{df}基本保持稳定，其幅值有略微降低的趋势；当 $t > 4s$ 时，Φ_{ip}及 Φ_{df}不断下降并接近于 0。上述变化规律原因如下，自吸初期主要是排水吸气的过

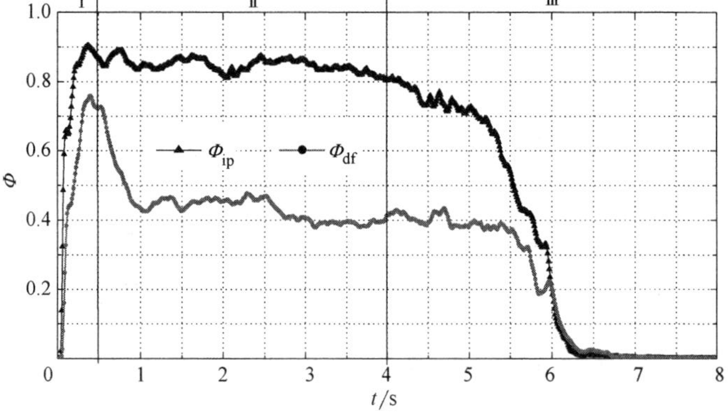

图 4-20 单级自吸泵在自吸过程中叶轮及导叶内部的含气率 Φ

程，在此期间 Φ_{ip}不断上升，但由于叶轮做功能力随之减弱，导致叶轮排气速度逐渐小于进气速度，使得 Φ_{ip}随后开始下降；随后在自吸中期达到一种动态平衡过程，Φ_{ip}及 Φ_{df}基本保持稳定。接着进口段的水开始进入叶轮，使得 Φ_{ip}急剧降低。随着降低速度越来越慢，Φ_{ip}慢慢接近于 0。此外，由于叶轮是旋转的，导叶是静止的，较重的水更容易被叶轮甩出去，因此在整个自吸过程中 Φ_{ip}总是大于 Φ_{df}，但是 Φ_{ip}及 Φ_{df}的变化规律基本相同。

作为泵的标准特征参数，压力是影响自吸泵自吸能力的重要因素之一。图 4-21 所示为单级自吸泵在自吸过程中泵进口 in 面及气液分离室出口 out2 面的压力 p_{in}及 p_{out2}。可以看到，p_{in}基本保持在 5kPa 不变，这主要是因为 in 面在水下 0.5m，其压力值受大气压影响，跟泵内的流动状态无关；在自吸初期 p_{out2}由 0kPa 快速增大至 5kPa，在自吸中期保持缓慢下降的趋势，在自吸末期迅速上升至 10kPa 最后保持稳定。

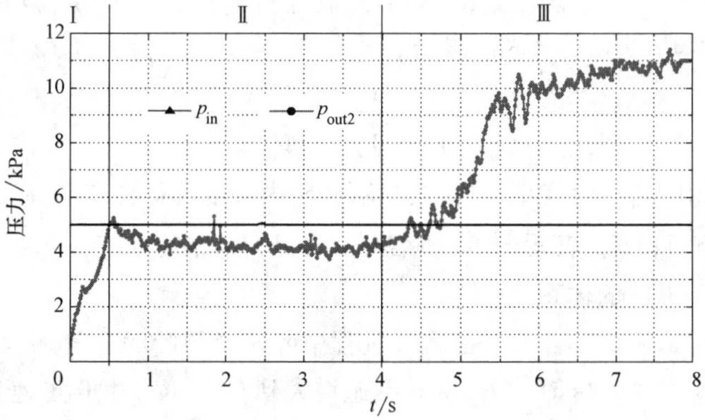

图 4-21　单级自吸泵在自吸过程中 in 面及 out2 面的压力 p_{in}及 p_{out2}

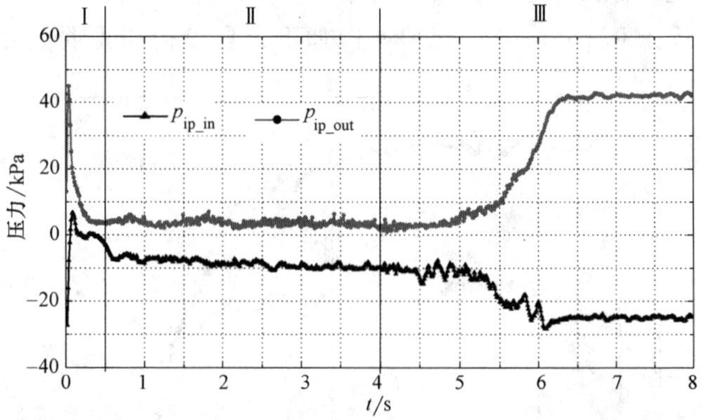

图 4-22　单级自吸泵在自吸过程中叶轮进、出口面的压力 p_{ip_in}及 p_{ip_out}

图 4-22 所示为单级自吸泵在自吸过程中叶轮进、出口面的压力 p_{ip_in}及

p_{ip_out}。可以看到，当 $0s<t\leqslant0.05s$ 时，充满着水的叶轮开始旋转后，叶轮进口压力 p_{ip_in}迅速由 0kPa 降低至 -27kPa，然后又不断上升至 7kPa，叶轮出口压力 p_{ip_out}由 0kPa 上升至 45kPa；当 $0.05s<t\leqslant0.5s$ 时，随着叶轮含气率的快速上升，叶轮做功能力急剧减弱，p_{ip_in}降至 -2.5kPa，p_{ip_out}则降至 3.5kPa。当 $0.5s<t\leqslant4s$ 时，由于进口段的气体缓慢排出泵外，进口管的水柱不断上升，p_{ip_in}呈现下降趋势，尽管在自吸中期叶轮的含气率略微降低导致叶轮的做功能力略微增强，但是 p_{ip_out}基本保持稳定；当 $4s<t\leqslant8s$ 时，由于叶轮的含气率又急剧下降，p_{ip_in}急剧下降，出口压力急剧上升，最后当叶轮含气率接近于 0 时，p_{ip_in}保持在 -25kPa 左右，p_{ip_out}保持在 42kPa 左右。

在自吸泵的自吸过程中，回流腔的回水功能是实现自吸的关键所在，而回流腔两端的压力差又是实现水回流功能的主要原因，图 4-23 所示为单级自吸泵在自吸过程中回流腔两端压力差 p_{rc_diff}及水体流量系数 C'_{rc}。可以看出，当自吸刚开始时，p_{rc_diff}最大达到 5kPa，然后迅速减小，随后在自吸中期慢慢升高，最后

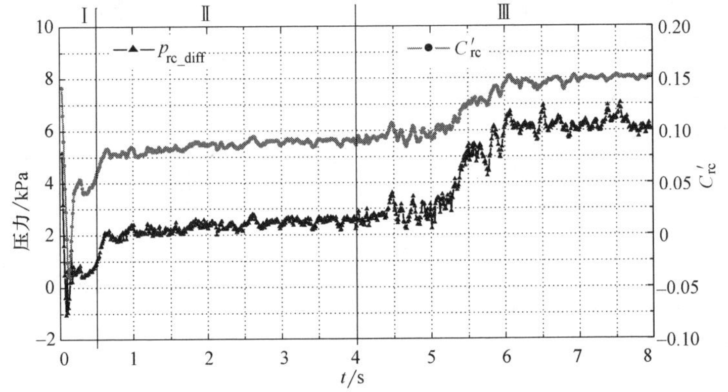

图 4-23　单级自吸泵在自吸过程中回流腔中的压力差 p_{rc_diff}及水体流量系数 C'_{rc}

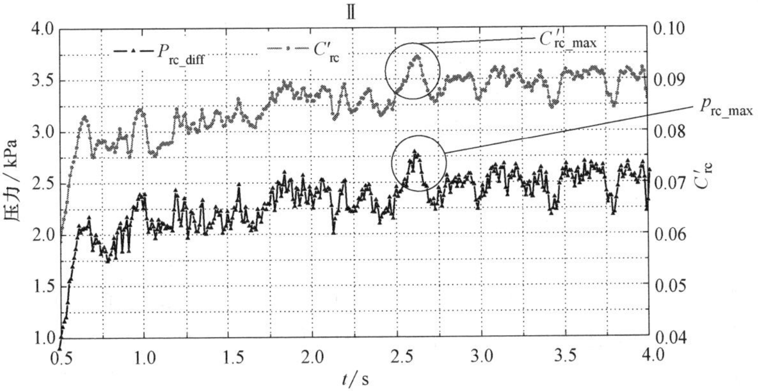

图 4-24　单级自吸泵在自吸中期回流腔中的压力差 p_{rc_diff}及水体流量系数 C'_{rc}

在自吸末期急剧上升，稳定在 6kPa 左右。C'_{rc}与 p_{rc_diff}呈现正相关关系，当 p_{rc_diff}增大时，C'_{rc}亦增大，p_{rc_diff}减小时，C'_{rc}亦减小，这一点尤其在自吸中期时体现得最为明显，如图 4-24 所示。可以看出，在自吸中期 $t=2.65s$，回流腔两端最大的压力差为 $p_{rc\_max}=2.8kPa$，最大的回水流量系数为 $C'_{rc\_max}=0.095$。

4.4 多级自吸喷灌泵计算结果分析

通过对单级自吸喷灌泵自吸过程的数值计算，分析了单级自吸泵自吸过程中内部的速度、压力及含气率的变化规律，获得单级自吸泵自吸过程中的气液两相流特点。为了验证自吸过程数值计算的可信性，并对比分析单级自吸泵与多级自吸泵在自吸过程中的流动规律差异性，在单级自吸泵的基础上进行四级自吸喷灌泵自吸过程的数值计算及摄影试验。

4.4.1 多级自吸泵出口段的自吸摄影试验

为了验证自吸泵自吸数值计算的可信性，作者在江苏大学国家水泵及系统工程技术研究中心的自吸泵试验台上做了自吸摄影试验，用来测量自吸时间及观测自吸过程中泵出口管段的流场。如图 4-25 所示，进口采用铁质弯管并安装一个球阀，其中进口弯管水上竖直高度 3m，水平方向长度 0.5m，出口采用 2m 长的透明塑料管。在自吸泵后边架一台高速摄影专用强光灯来保证光源强度，采用一台单反相机拍摄多级（四级）自吸泵出口段在自吸过程中的流场，结果如图 4-26 所示。

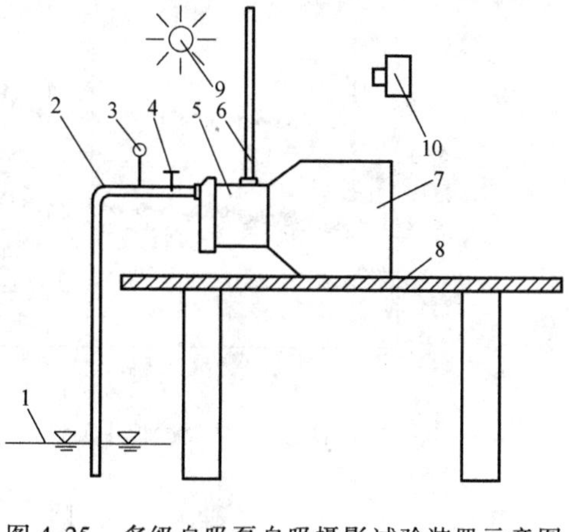

图 4-25 多级自吸泵自吸摄影试验装置示意图

1—试验台水池 2—进口弯管 3—真空表 4—球阀 5—自吸泵 6—出口直管 7—电动机 8—高台 9—强光灯 10—单反相机

图 4-26a ~ d 为多级自吸泵起动后 $t=0s$、0.4s、0.8s、1.2s 时刻出口段的流场，可以看出（请用 150% 比例观看照片），在这四个时刻时，自吸泵出口段水柱高度依次为 0.1m、0.55m、1.08m、1.03m（见 A_1、A_2、A_3、A_4）。自吸泵起动后 0.5s 内叶轮转速由 0r/min 迅速上升至 2800r/min，叶轮对水做功，泵内部的水快速流向出口段，进口段的气体急速流进泵体内部；随着自吸时间 t 的增大，一方面叶轮的转速逐渐增高，另一方面叶轮内部的含气率逐渐增大，前者对水柱的上升速度起积极促进作用，后者则反之；由于叶轮含气率越来越高，叶轮对气水混合物做功越来越

少，出口段的水柱上升速度越来越慢，当 $t=0.8s$ 时水柱高度达到最大值。通过对比 $t=0s$、0.4s、0.8s 时出口段水柱高度，发现前 0.4s 内叶轮含气率对水柱上升速度的影响作用更为显著，后 0.4s 内叶轮转速的影响作用则更为显著。由于在自吸前泵内部就不可避免地存在着少量的气体，在自吸泵起动后的 1.2s 内这部分气体随着流动的水不断进入出口段水柱（见 D_1、E_1、F_1），导致水柱“虚高”。随着这部分气体越来越少，其进入出口段水柱的速度越来越慢，当 $t>0.8s$ 后，一部分气体开始逸出水柱，逸出气体的速度必定大于进入水柱的气体速度，导致水柱高度降低，这也是当 $t=1.2s$ 时出口段水柱高度降低 0.05m 的原因。

图 4-26e ~ k 为多级自吸泵起动后 $t=1.5s$、2.0s、2.5s、3.0s、3.5s、4.0s、4.8s 时刻出口段的流场，可以看出，当 $t=1.5s$ 时，出口段下端 0.2m 处开始出现第一股大气泡团（见 B_1，图像清晰度不够，可以放大视图 200% 观看，颜色较深的区域是气泡区域），导致出口段的水柱高度由 1.03m（见 A_4）增大至 1.13m（见 A_5），这主要是因为自吸泵起动 1.2s 后进口段的气体开始进入到出口段，其气体进入出口段水柱的流量远大于从水柱中逸出气体的流量，自吸过程已经由自吸初期进入到自吸中期。当 $t=2.0s$、2.5s、3.0s、3.5s 时，第一股气泡团的上升高度依次为 0.65m、0.95m、1.21m、1.45m（见 B_2、B_3、B_4、B_5），出口段的水柱高度依次为 1.24m、1.32m、1.4m、1.45m（见 A_6、A_7、A_8、A_9），当 $t=3.5s$ 时第一股气泡团即将逸出出口段水柱。通过观察 B_1 到 B_5 的位置变化，可以发现气泡在出口段水柱中呈现越往上速度越慢的运动规律，主要是由于整个水柱的压力从下到上逐渐减小，而气泡的上升速度受压力的影响较大。

$$V_{in} = V + V_{out}$$

式中：V_{in} 为通过气液分离室进入到出口段水柱的气体体积；V 为出口段水柱上升的体积；V_{out} 为逸出出口段水柱的气体体积。

通过观察 A_4 到 A_9 的位置变化可以发现，当 $1.2s<t<3.5s$ 时，水柱的上升速度逐渐减慢即单位时间内 V 逐渐减小。此外，当 $0s<t<1.2s$ 时，泵内部自带的气体不断地进入出口段水柱，导致当 $0.8s<t<3.5s$ 时，这部分气体不断地逸出出口段水柱并且速度越来越慢，即单位时间内 V_{out} 逐渐减小。因此，可以知道在 $1.2s<t<3.5s$ 时，V_{in} 逐渐减小，即进口段气体的排出速度越来越慢，多级自吸泵的自吸速度逐渐减小。

当 $t=2.5s$ 时，出口段下端 0.25m 处开始出现第二股大气泡团（见 C_1）；当 $t=3.0s$、3.5s、4.0s、4.8s 时，第二股气泡团的上升高度依次为 0.65m、0.95m、1.18m、1.55m（见 C_2、C_3、C_4、C_5），如图 4-27 所示。可以看出，第一股气泡团与第二股气泡团的运动轨迹基本平行，由于压力的原因，气泡团越往上运动速度越慢，第二股气泡团的运动时间及运动距离超过了第一股气泡团。当 $t=3.5s$ 时，第一股气泡团即将逸出出口段水柱，导致 $t=4.0s$ 时出口段水柱高度由 1.45m（见 A_9）下降至 1.4m（见 A_{10}）；不过 $t=4.8s$ 时，第二股大气泡团又将逸出出口段水柱，水柱高度又增加至 1.55m（见 A_{11}）。通过以上分析可知，每隔一秒多钟就有一股新的气泡团逸出水柱。

图 4-26l ~ p 为自吸泵起动后 $t=7.1s$、9.3s、10.6s、12.8s、14.5s 时刻气泡团即将逸出出口段水柱时的流场，可以知道，在这些时刻出口段水柱的高度分别为 1.43m、1.41m、1.38m、1.3m、1.29m。综上可知，气泡团即将逸出出口段水柱时其高度呈现先增大后减小的变化规律（见 A_9、A_{11}、A_{12}、A_{13}、A_{14}、A_{15}、A_{16}、A_{17}）。

图 4-26q 为多级自吸泵起动后 $t=15.5s$ 时刻出口段的流场，可以知道，当 $t>14.5s$ 后，进口段的水已经进入泵体并流向出口段，表明此时自吸中期已经完成，自吸过程开始进入自吸末期，即泵体内部不断进水排气，尽管这个过程很短，但是会排出大量的气体（接近气体总量的一半）。由于在自吸末期水会从出口管喷出，该试验过程没有完成。

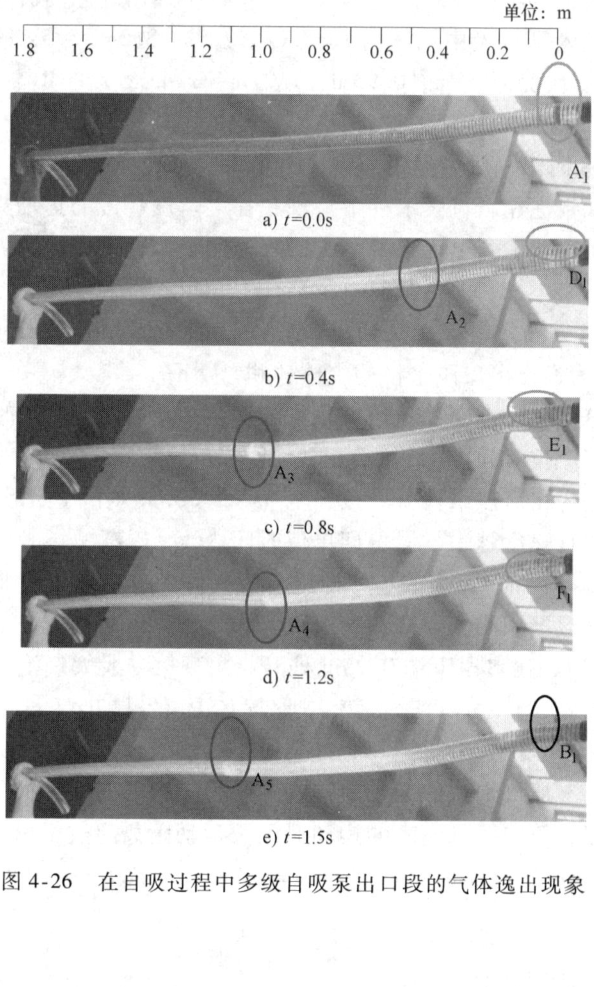

图 4-26　在自吸过程中多级自吸泵出口段的气体逸出现象

f) t=2.0s

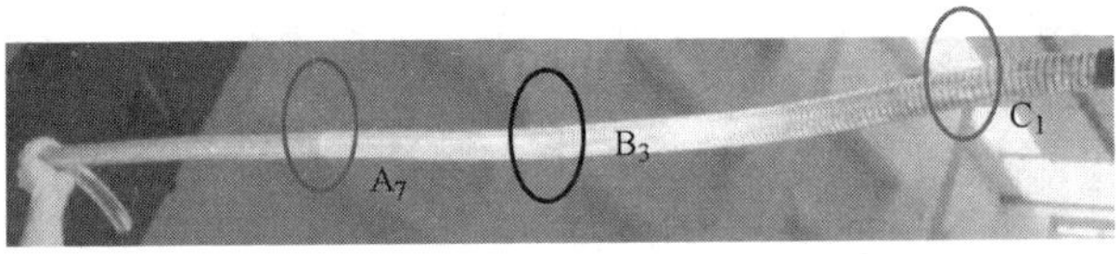

g) t=2.5s

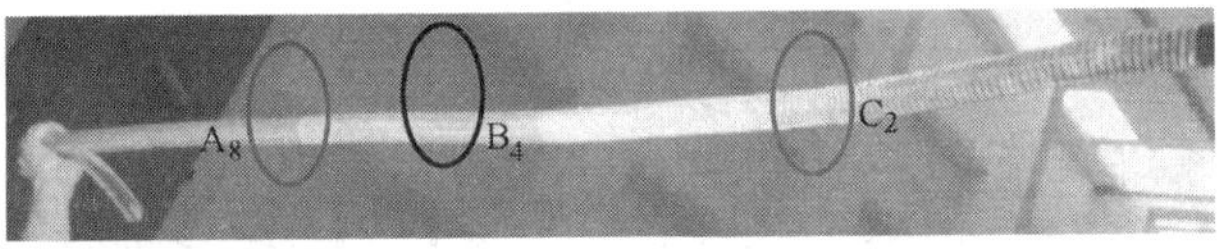

h) t=3.0s

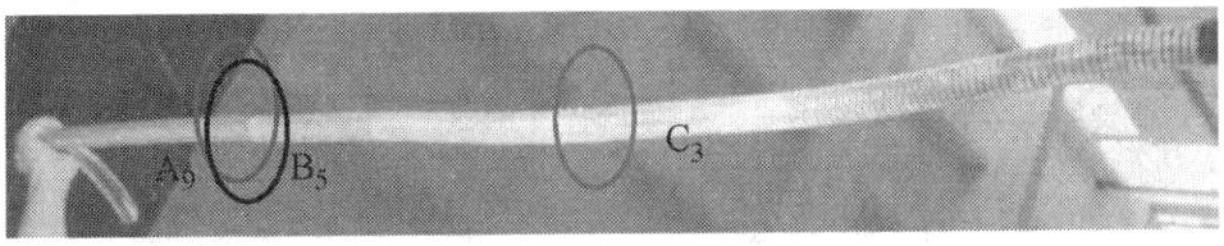

i) t=3.5s

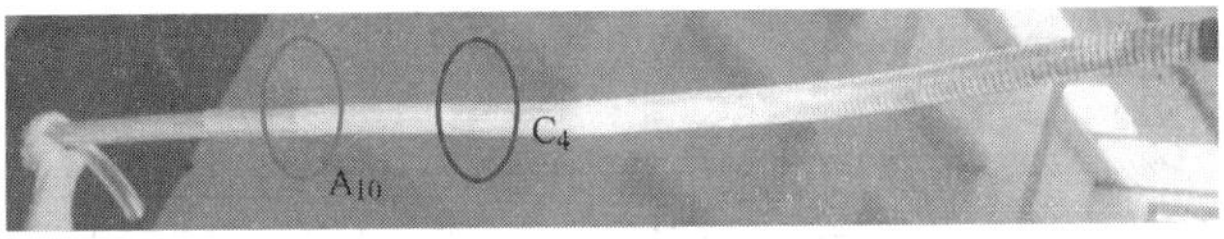

j) t=4.0s

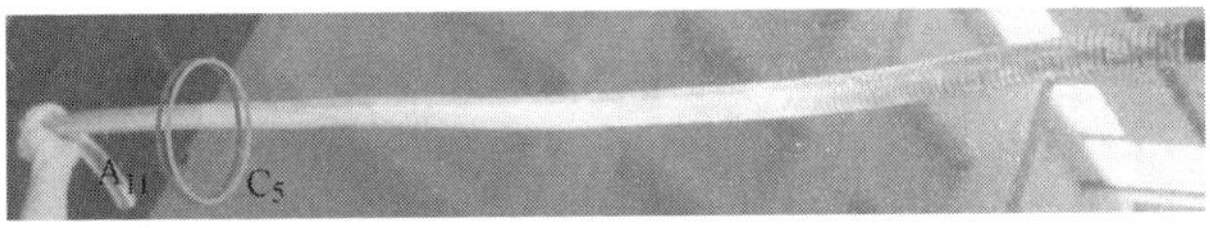

k) t=4.8s

l) t=7.1s

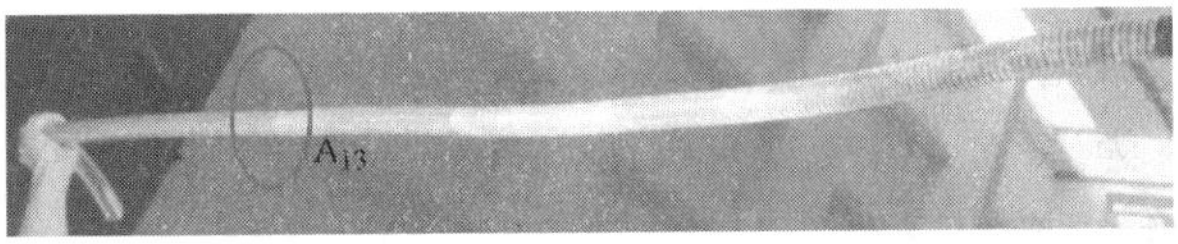

m) t=9.3s

图 4-26　在自吸过程中多级自吸泵出口段的气体逸出现象（续）

n) t=10.6s

o) t=12.8s

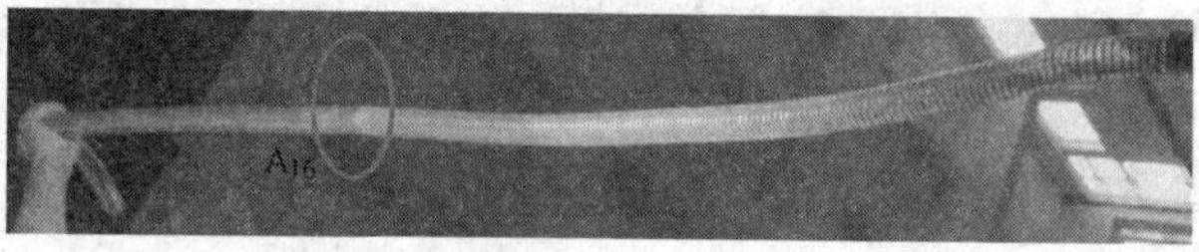

p) t=14.5s

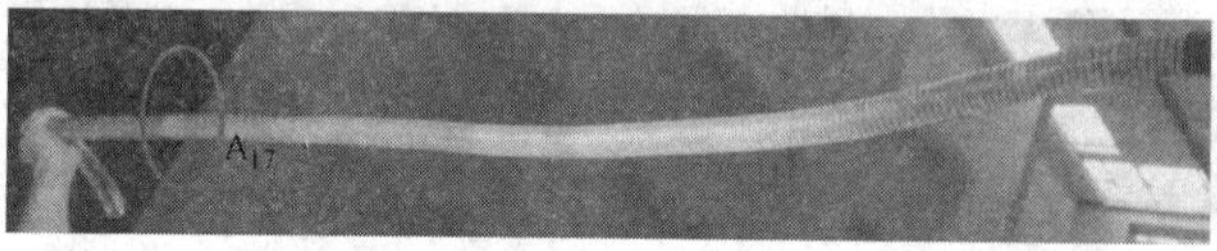

q) t=15.5s

图 4-26　在自吸过程中多级自吸泵出口段的气体逸出现象（续）

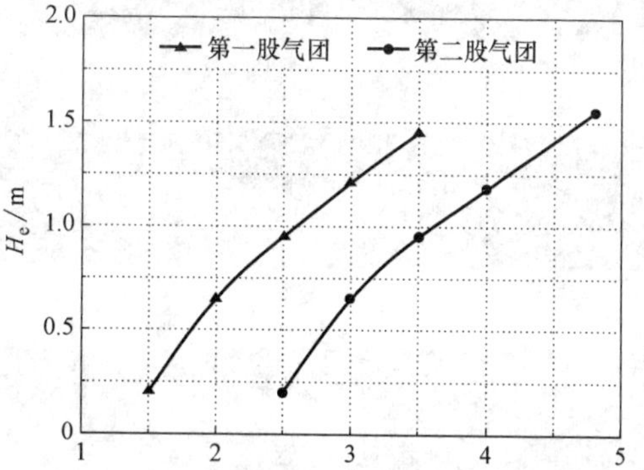

图 4-27　第一股气泡团与第二股气泡团的运动轨迹

4.4.2　多级自吸泵出口段中截面的气水两相分布

图 4-28 所示为多级（四级）自吸泵出口段在自吸过程中一些代表性时刻泵出口段中截面的气水两相分布云图，其中红色区域代表气体，蓝色区域代表水。根据前面可知，本章的数值计算全部采用恒定转速 2800r/min，主要是因为自吸泵起动时间的不确定性会干扰自吸速度的变化规律，有的自吸泵起动时间较短

(1s)，仅仅在自吸初期就完全达到额定转速，这样对自吸中期的自吸速度影响较小；有的自吸泵起动时间较长（1~3s），横跨自吸初期与自吸中期。由于转速的提升必定会加快自吸速度，因此就无法研究自发的自吸速度变化规律。

图4-28a~h 为多级自吸泵起动后 $t=0s$、0.1s、0.2s、0.3s、0.4s、0.5s、0.6s、0.7s 出口段中截面气水两相分布云图。可以看出，出口段水柱的高度分别为0m、0.18m、0.35m、0.5m、0.63m、0.75m、0.83m、0.89m，即多级自吸泵起动后的0~0.7s，出口段水柱不断上升，但上升速度越来越慢（见 $A_0 \sim A_7$）；在 $t=0.7s$ 时基本保持稳定，这个过程可以定义为自吸初期；在 $t=0.5s$ 时，进口段的气体开始出现在出口段（见 B_1）。相对于图4-7a~g 所示的单级自吸泵在自吸初期出口段水柱高度变化规律，多级自吸泵在自吸初期的时间比单级自吸泵多0.2s（0.7s－0.5s＝0.2s），进口段气体开始进入到出口段的时间比单级自吸泵多0.3s（0.5s－0.2s＝0.3s），水柱高度约等于单级自吸泵的2倍（0.89/0.45＝1.98），表明级数的增加虽然对自吸初期的时间影响不大，但是不仅大幅提升出口段的最大水柱高度，还会增加进口段气体进入出口段的时间。相对于图4-26a~d所示的多级自吸泵在自吸初期出口段的真实流场，可以知道，数值计算得出的自吸初期时间较试验少0.5s（1.2s－0.7s＝0.5s），进口段气体开始进入出口段的时间较试验少1s（1.5s－0.5s＝1s），出口段水柱高度较试验小0.06m（1.03m－0.1m－0.87m＝0.06m），水柱高度相差很小基本可以忽略不计，自吸初期时间及进口段气体开始进入出口段的时间的数值计算结果与试验结果相差较大。我们认为自吸初期时间相差较大的原因如下：一是数值计算采用的是恒定转速，必定会缩短自吸初期的时间；二是在自吸试验中泵内部不可避免地存在少量气体，导致在自吸初期出现了一个水柱下降的过程（$0.8s<t<1.2s$），而这个过程在数值计算中并不存在。如果按照出口段水柱上升速度急剧下降的时刻来定义自吸初期，那自吸试验中自吸初期的时间应该由1.2s缩短至0.8s，则数值计算结果与试验结果就非常接近。进口段气体开始进入出口段的时间相差较大的原因如下：一是数值计算采用的是恒定转速，也会加快进口段的气体进入出口段的速度；二是多级泵在进行自吸试验时进口段的球阀距离气液混合室0.3m，这段管道内也应该充满水，而在数值计算时则忽略了这段距离，0.3m接近于整个泵体的轴向长度，变相地增加了自吸试验时进口段的气体进入出口段的时间。

图4-28i~o 为多级自吸泵起动后 $t=0.8s$、0.9s、1s、2s、3s、4s、5s 时出口段中截面气水两相分布云图。可以看出，在这些时刻出口段水柱的高度分别为0.9m、0.91m、0.92m、1.13m、1.31m、1.46m、1.6m（见 $A_8 \sim A_{14}$），表明出口段的水柱不断上升，但其上升速度呈现由高向低的趋势。由于在 $t=4s$ 时气泡才开始逸出水柱，表明当 $1s<t<4s$，自吸泵的排气速度是逐渐降低的；当 $4s<t<5s$，出口段水柱进一步升高，其变化规律与自吸试验中第一股气泡团逸出后水

柱继续上升的变化规律一致，如图 4-26i 所示。当 $t=0.5\text{s}$ 时，第一股气泡团出

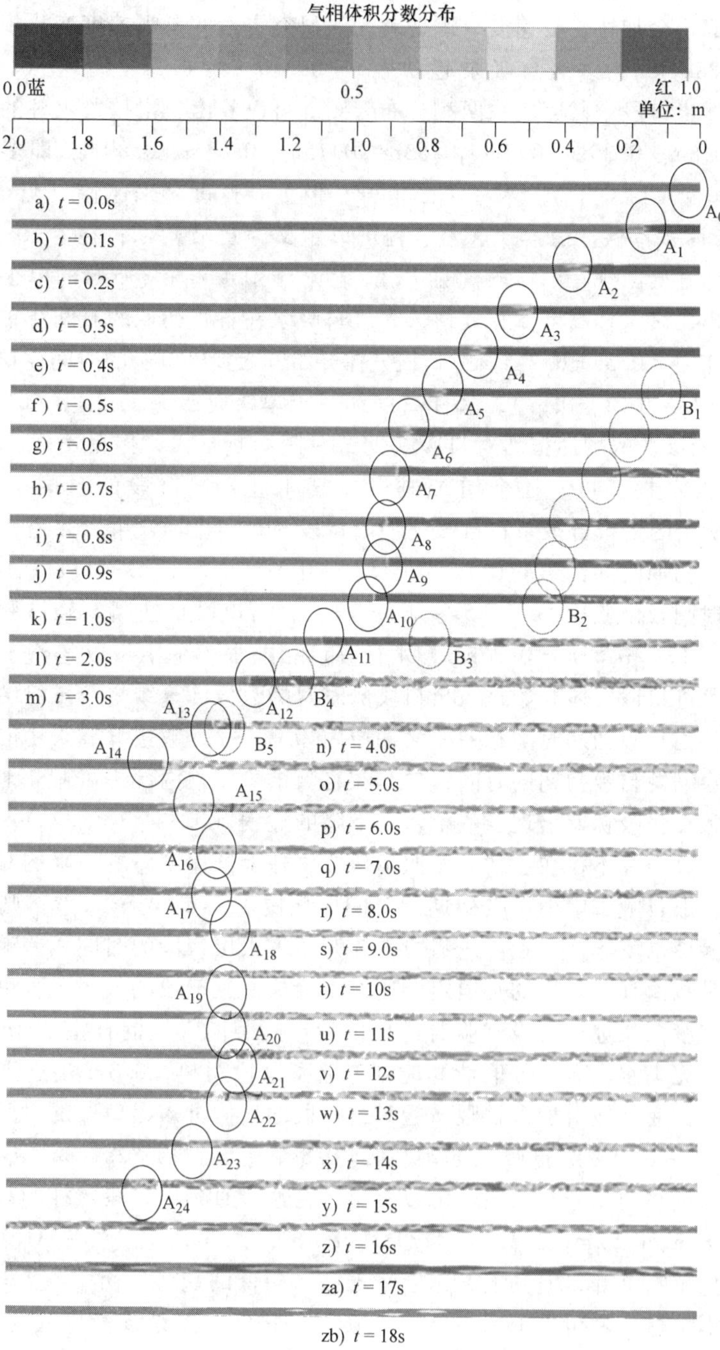

图 4-28　多级自吸泵出口段中截面在自吸过程的气水两相分布云图

现在进口 0.13m 处（见 B_1），之后不断上升；当 $t=1s$、2s、3s、4s 时，第一股气泡团的上升高度依次为 0.38m、0.82m、1.18m、1.46m（见 $B_2 \sim B_5$），表明气泡在水柱中的上升速度逐渐降低。在前面的自吸试验中，气泡的上升速度也是逐渐降低，当第一股气泡团即将逸出水柱时，水柱高度为 1.45m，这相当接近数值计算中的 1.46m。

图 4-28p ~ w 为多级自吸泵起动后 $t=6s$、7s、8s、9s、10s、11s、12s、13s 时出口段中截面气水两相分布云图。可以看出，当 $5s<t<9s$ 时，随着时间 t 的增加，出口段的水柱高度呈现降低的趋势（见 $A_{15} \sim A_{18}$），当 $9s<t<13s$ 时，出口段的水柱高度基本保持不变（见 $A_{19} \sim A_{22}$），表明当 $5s<t<13s$ 时，自吸泵的排气速度先逐渐降低然后保持稳定。

图 4-28x ~ zb 为多级自吸泵起动后 $t=14s$、15s、16s、17s、18s 时出口段中截面气水两相分布云图。可以看出，随着时间 t 的增加，出口段的水柱开始上升，其上升速度也逐渐增大，表明自吸中期已结束并进入自吸末期，进口段的水已经开始进入泵体并随后排出泵外，随着叶轮含气率降低，其排出速度越来越快，相比于自吸中期，自吸末期时间较短。

通过前面图 4-26 中的自吸试验结果可知，当 $t>14.5s$ 时出口段水柱开始上升；而通过图 4-28 中数值计算结果可知，当 $t>13s$ 时出口段水柱开始上升，即自吸中期时间的数值计算结果较试验结果少 1.5s，扣除前面自吸初期 0.5s 的误差，其自吸中期的误差仅为 1s，充分表明数值计算具有相当的可信性。

综合图 4-26 及图 4-28，可以得到多级自吸泵在自吸初期及中期泵出口段水柱高度的试验及数值计算结果，如图 4-29 所示。可以看出，在整个自吸初期及中期，试验结果与数值计算结果非常相近，不仅两者的变化规律基本相同，而且两者结果相差不会超过 0.1m。在自吸初期，由于充满着水的叶轮不断旋转，导致出口段的水柱高度由 0m 迅速增大至 1.0m；在自吸中期，由于泵内部的气泡流入出口段水柱，导致水柱继续上升，但其上升速度减慢且最大水柱高度约为 1.6m，之后由于气泡从水柱内逸出导致水柱下降，其水柱高度约为 1.3m。以上结果表明，采用数值计算来模拟自吸泵的自吸过程具有一定的可信度。

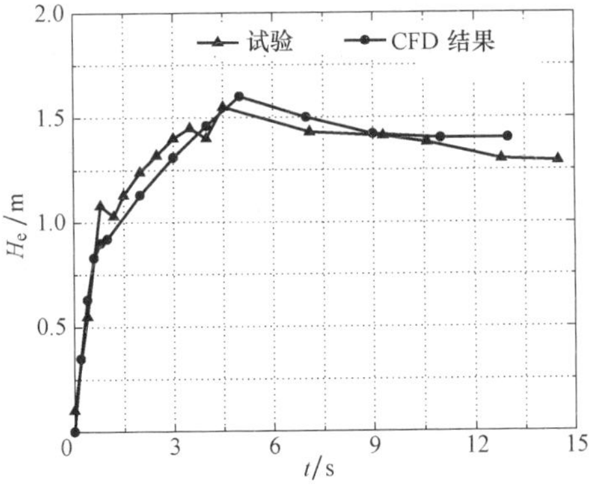

图 4-29　自吸初期及中期多级自吸泵出口段水柱高度的试验与数值计算结果

4.4.3 多级自吸泵中截面流线、气水两相及压力分布

通过观察出口段的流场变化，可以获取多级自吸泵在自吸过程中气液逸出的变化规律，但是出口段毕竟只是多级自吸泵的一个组成部件，而气液逸出也只是自吸过程中气液混合、气液分离及气液逸出三个重要过程之一。因此，为了更全面地研究多级自吸泵在自吸过程中的气液流动，选取最能体现多级自吸泵流动特征的泵中截面流场，图 4-30 所示为多级自吸泵在整个自吸过程中不同时刻的泵中截面流线及气水两相分布。前面已经通过数值计算得到了多级自吸泵的三个自吸阶段：自吸初期（$t\leqslant0.7$s）、自吸中期（$0.7\text{s}<t\leqslant13$s）及自吸末期（$t>13$s），每一个自吸过程选取两到三个时刻进行分析。

图 4-30a ~ c 为多级自吸泵中截面在自吸初期 $t=0.1$s、0.2s、0.4s 时流线及气水两相分布。可以看出，在自吸初期，多级自吸泵进口段的气体快速通过气液混合室及自吸盖板，然后逐级经过各级叶轮及导叶，最后通过气液分离室流向出口段，随着自吸时间 t 的增加，气体的运动速度越来越慢。当 $t=0.1$s 时，气体从进口段流入第二级导叶进口处（见 A_1）；当 $t=0.2$s 时，气体流入第三级导叶的中部（见 A_2）；当 $t=0.4$s 时，气体刚从第四级导叶流出（见 A_3）。相对于图 4-8 所示的单级自吸泵中截面在自吸初期的流线及气水分布，可以发现，当 $t=0.1$s 时，单级自吸泵进口段气体刚流入第一级导叶出口处，而多级自吸泵进口段气体则已经流入第二级导叶的进口处，表明在自吸初期自吸泵级数的增加会加快进口段气体进入泵体的速度。

图 4-30d ~ f 为多级自吸泵中截面在自吸中期 $t=2$s、8s、12s 时流线及气水两相分布。可以看出，相比于自吸初期，在自吸中期多级自吸泵中截面的含气率明显上升且气水两相分布基本保持稳定，而流线分布差异较大，表明自吸中期在整个自吸过程中相对比较稳定；重复地吸气、排气，但自吸过程是一个非定常过程，其流线分布随时间变化而变化。相对于图 4-8 所示的单级自吸泵中截面在自吸中期的流线及气水分布，可以发现，多级自吸泵气液分离室的上半部分含气率明显高于单级自吸泵。在同样的升力作用下，含气率的增加必定会加快气体的逸出速度，从而表明在自吸中期，自吸泵级数的增加会增大自吸泵的排气速度并缩短自吸时间。

图 4-30g ~ h 为多级自吸泵中截面在自吸末期 $t=16$s、18s 时流线及气水两相分布。可以看出，在自吸末期，整个泵体内以水相为主，在较短的时间内泵体内部大量的气体被排出泵外，同一时刻各级叶轮，导叶的含气率不大相同。与单级自吸泵类似，回流腔的上半部分充满着气体，这部分气体被水封住并很难排走。

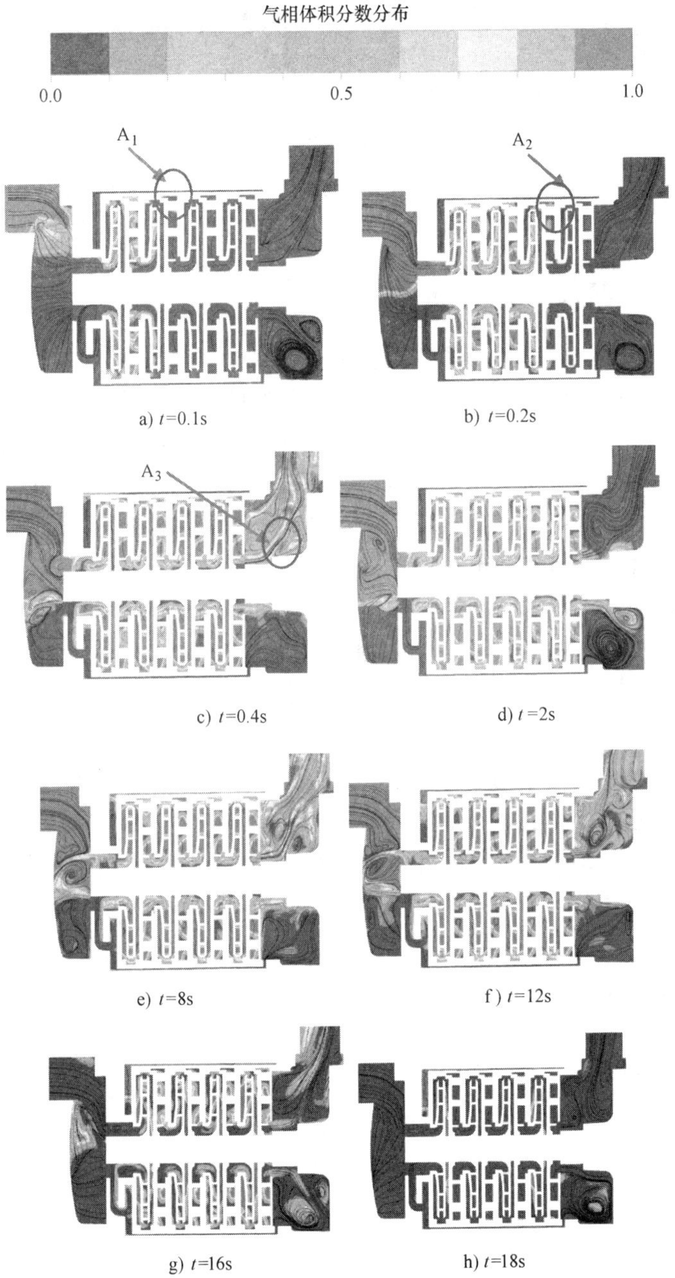

a) t=0.1s　b) t=0.2s

c) t=0.4s　d) t=2s

e) t=8s　f) t=12s

g) t=16s　h) t=18s

图 4-30　多级自吸泵中截面在自吸过程的流线及气水两相分布

图 4-31 所示为多级自吸泵中截面在整个自吸过程中不同时刻的压力分布。可以看出，经过叶轮的增压作用，气液分离室的压力远大于气液混合室，而不同时刻多级自吸泵的压力分布各不相同。由图 4-31a～c 可知，在自吸初期，当 t =

0.1s 时，随着级数的增加，叶轮进口的压力先减小后增大，叶轮出口的压力则不断增大，叶轮进、出口的压力差亦不断增大，主要是由于在 $t=0.1$s 时进口段的气体已开始进入第二级叶轮，导致第一级叶轮内部含气率较高，第二级叶轮内部含气率较低，而第三、四级叶轮含气率为 0；随着级数的增加，叶轮做功能力增强，叶轮进、出口的压力差增大。叶轮出口压力不断增大的原因是前一级叶轮的增压作用；叶轮进口压力先减小后增加的原因是第一级叶轮做功能力较弱，在叶轮进口处无法形成很大的负压，尽管第一级叶轮进行增压作用，但第二级叶轮进口处的负压仍大于第一级，之后在第二、三级叶轮的增压作用下，第三、四级叶轮进口处的负压逐渐减小。此外，由于叶轮的增压作用，随着级数的增加，导叶的整体压力也随之增大。当 $t=0.2$s 时，多级自吸泵中截面的压力分布与当 $t=0.1$s 时极为相似，前一时刻各级叶轮、导叶的压力分布整体向右平移一级就变成后一时刻的叶轮、导叶的压力分布。主要由于 0.1s 的时间让进口段的气体从第二级叶轮、导叶运动至第三级叶轮、导叶。当 $t=0.4$s 时，气液混合室的压力整体降低，气液分离室及出口段的压力整体升高。图 4-31d ~ f 为多级自吸泵在自吸中期 $t=4$s、8s、12s 的泵中截面压力分布云图。可以看出，随着自吸时间 t 的增大，气液混合室的压力进一步降低，气液分离室的压力有下降的趋势，但幅度较小，其变化规律跟单级自吸泵相似，表明在自吸中期，进口段的气体不断上升；在 $t=12$s 时已到进、口弯管的水平部分，出口管道的水量则基本稳定。图 4-31g、h 为多级自吸泵在自吸末期 $t=16$s、18s 的泵中截面压力分布云图。可以看出，泵的进、出口段压力差明显增大。综上所述，在整个自吸过程中，相比于单级自吸泵，多级自吸泵的进口处压力更低，出口处压力更高，其变化的幅度与级数呈正相关性，但不呈简单的线性关系；随着整个自吸过程的不断发展，多级自吸泵的进口处压力不断降低，出口处压力不断上升，整个多级自吸泵内部的压力分布具有显著的连贯性。

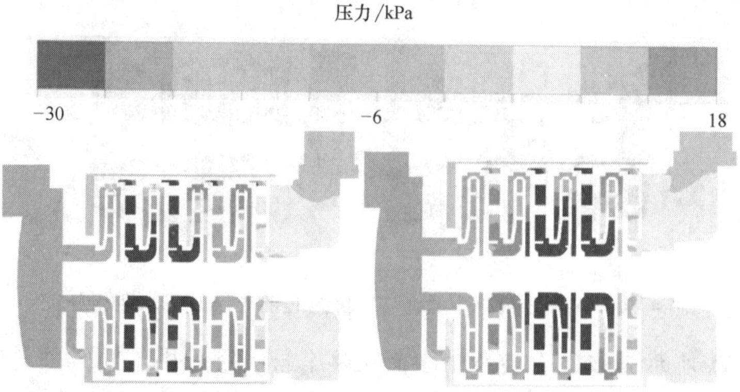

a) t=0.1s　　b) t=0.2s

图 4-31　多级自吸泵中截面在自吸过程的压力分布

c) t=0.4s　　d) t=2s

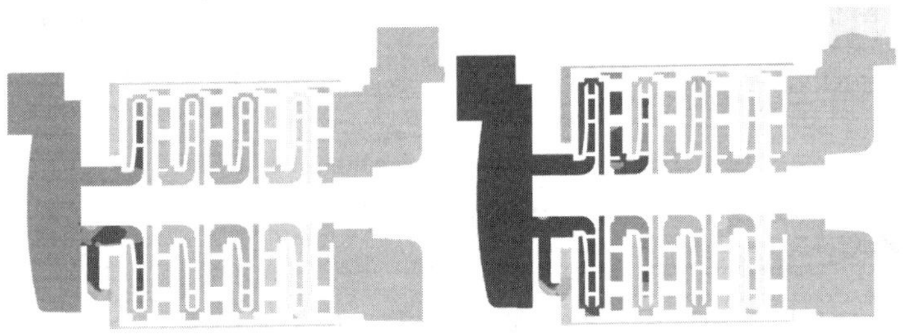

e) t=8s　　f) t=12s

g) t=16s　　h) t=18s

图 4-31　多级自吸泵中截面在自吸过程的压力分布（续）

4.4.4　多级自吸泵叶轮及正导叶中截面流线、气水两相及涡量分布

图 4-32 所示为多级自吸泵各级叶轮及正导叶中截面在整个自吸过程中的流线及气水两相分布。由图 4-32a、d、g、j 可知，在自吸初期，叶轮及正导叶的含气率上升较快，而且随着级数的增加，叶轮及正导叶的含气率逐渐降低，主要由于自吸开始后进口段的气体先进入首级叶轮及正导叶，然后依次进入下一级。当 t=0.4s 时，首级叶轮及正导叶的大部分空间被气体充满，末级叶轮及正导叶的含气率大约为 0.7，且叶轮及正导叶整体的含气率呈现非均匀分布，叶片进口与靠近叶片工作面的含气率较低，叶片背面的含气率较高，这与单级自吸泵在自吸初期的气体分布规律相似。首级叶轮中旋涡区域较多，而末级叶轮中基本无旋涡，表明在自吸初期旋涡更容易出现在气体区域。由图

4-32b、e、h、k 可知，在自吸中期 $t=0.4$s 时，各级叶轮及正导叶的含气率达到最大值，大部分空间被气体充满，只有叶片进口与靠近叶片压力面的小部分区域存在着少部分水，表明由叶轮进口处的水混合着叶轮中的气体沿着叶片压力面流动至叶轮出口处。相比于图 4-11d、e 所示，在自吸中期，多级自吸泵各级正导叶的含气率明显高于单级自吸泵，表明多级自吸泵的排气速度更快。由图 4-32c、f、i、l 可知，相比于自吸中期，在自吸末期叶轮及正导叶中含气率迅速降低。此外，不同级数的叶轮内部含气率分布大不相同。综上所述，多级自吸泵叶轮及正导叶的流线及气液两相分布规律与单级自吸泵基本一致，即叶轮的旋转作用迫使叶轮进口处少量的水混合着一部分气沿着叶轮叶片压力面流动至叶轮出口处并进入正导叶，不同的是多级自吸泵叶轮的排气速度明显大于单级自吸泵。

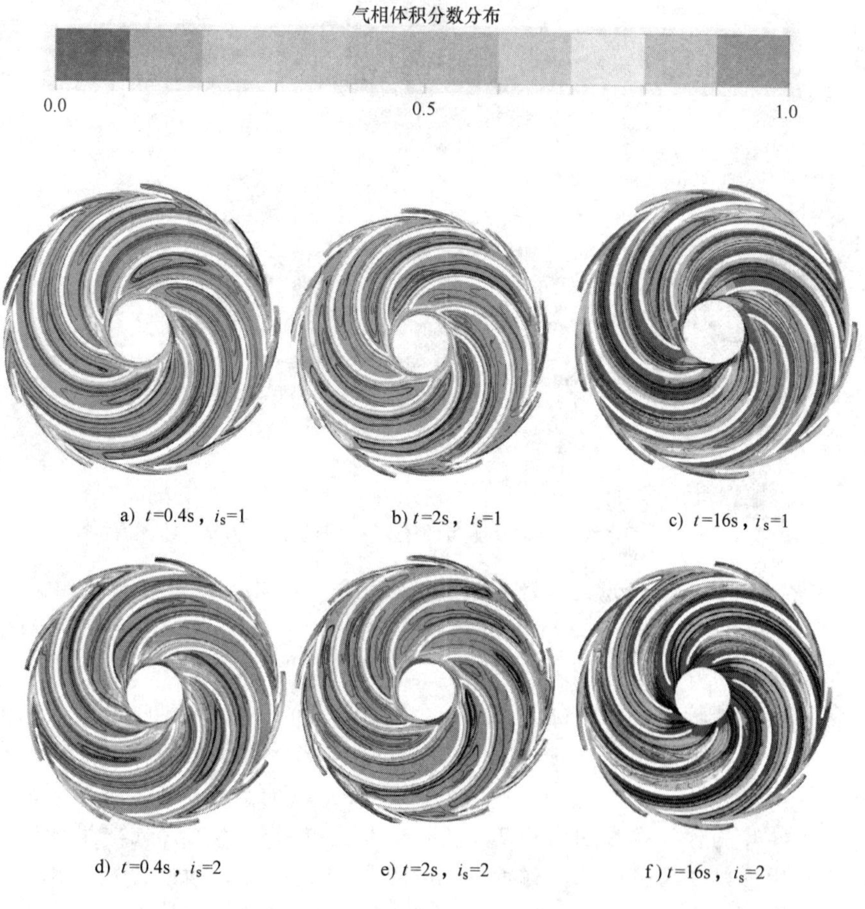

图 4-32　多级自吸泵各级叶轮及正导叶中截面在自吸过程中的流线及气水两相分布

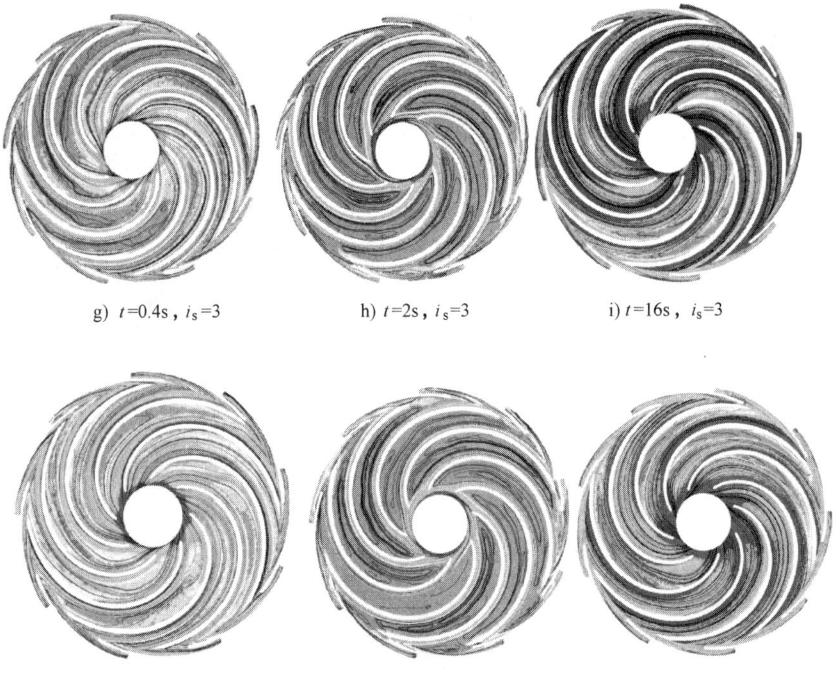

g) t=0.4s, i_s=3　h) t=2s, i_s=3　i) t=16s, i_s=3

j) t=0.4s, i_s=4　k) t=2s, i_s=4　l) t=16s, i_s=4

图 4-32　多级自吸泵各级叶轮及正导叶中截面在自吸过程中的流线及气水两相分布（续）

涡量是一个描述旋涡运动常用的物理量，用来定义为速度场的旋度。在 CFX-POST 中定义平面涡量 $\overline{\Omega}_p$ 为

$$\overline{\Omega}_p=\overline{\Omega}\cdot\overline{n}_p=(\Omega_x i,\Omega_y j,\Omega_z k)$$

式中：Ω_x、Ω_x、Ω_x 为涡量在三个坐标轴上的分量；$\bar{n}_p$ 为所在平面的法向量（i，j，k）。在本研究中，涡量正值表示选择方向与叶轮旋转方向一致，涡量负值则相反。

图 4-33 所示为多级自吸泵各级叶轮及正导叶中截面在整个自吸过程中的涡量分布。由图 4-33a、d、g、j 可知，在自吸初期，叶轮中的涡量值远大于正导叶，表明旋涡更易存在于转子部件；在叶轮流道中部区域（叶片工作面与背面之间）存在着较大的旋涡，其旋转方向与叶轮旋转方向一致。通过前面的叶轮流线及气水两相分布可知，这部分区域充满着大量的气体旋涡，而这些旋涡相对于叶轮基本静止。随着级数的增加，叶轮的含气率逐渐降低，叶轮流道中部区域的涡量值也随之降低，表明旋涡更易存在于气体区域。

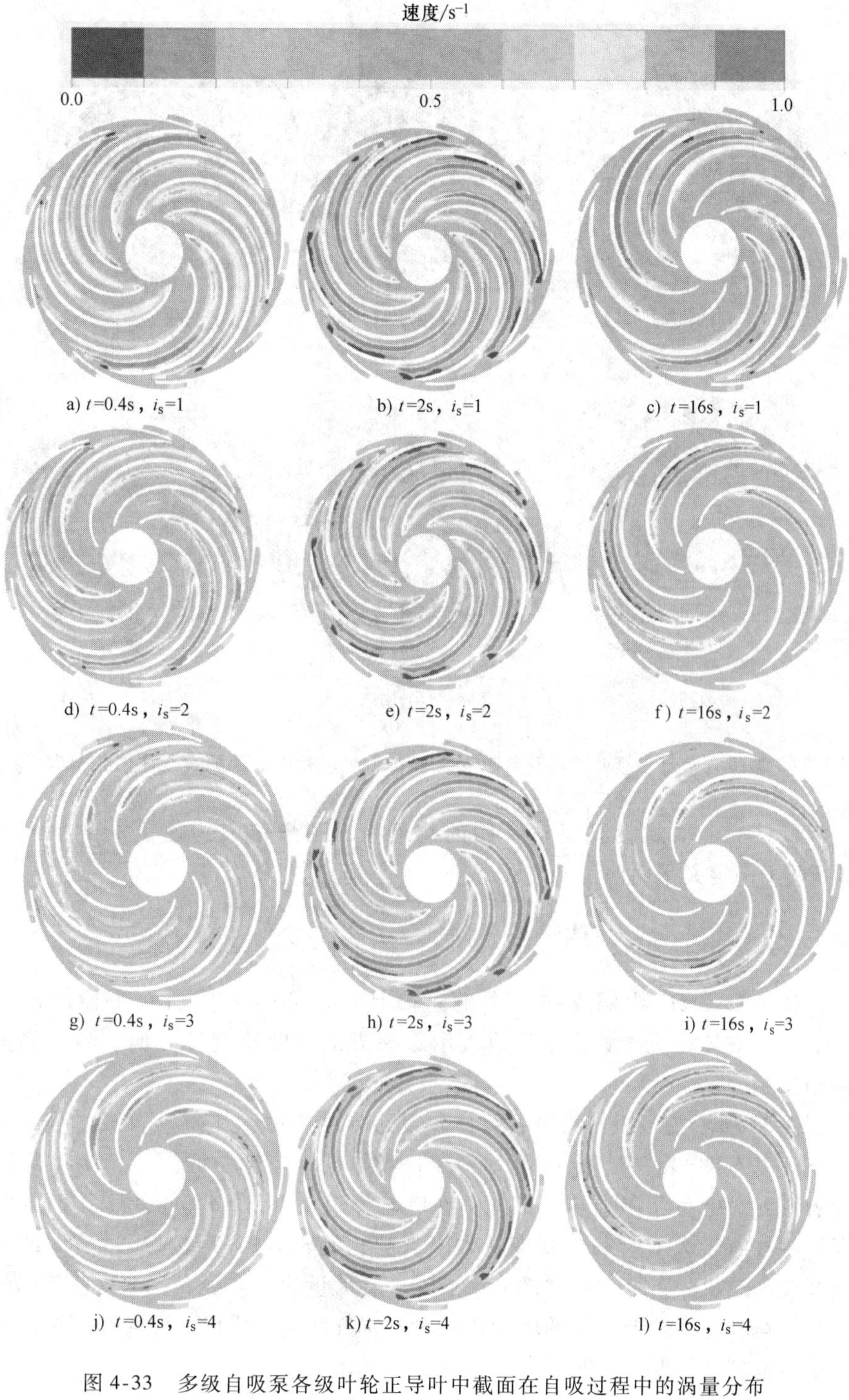

图 4-33　多级自吸泵各级叶轮正导叶中截面在自吸过程中的涡量分布

由图 4-33b、e、h、k 可知，相对于自吸初期，在自吸中期叶轮的含气率进一步升高，叶轮中部的涡量值更大。此外，靠近叶片背面的广大区域存在着较大的负旋涡，而负旋涡的涡量值从叶片进口到出口逐渐增大，即负旋涡更易产生于叶轮内的尾流区域。随着级数的增加，叶轮内的涡量分布基本相同，再次证明涡量分布与气水两相分布的关联性极高。由图 4-33c、f、i、l 可知，相比于自吸中期，自吸末期叶轮内部的涡量值显著降低，不同级数的叶轮内部涡量分布不尽相同，这与图 4-32 所示的自吸末期叶轮的气液两相分布类似，含气率较高的叶轮流道则涡量分布偏高。

4.4.5 多级自吸泵反导叶中截面流线、气水两相及涡量分布

图 4-34 所示为多级自吸泵反导叶中截面在整个自吸过程中的流线及气水两相分布。由图 4-34a、d、g、j 可知，在自吸初期，反导叶中的含气率是大幅上升的，当 $t=0.4\text{s}$ 时反导叶基本被气体充满；随着级数的增加，各级反导叶的含气率逐渐降低，表现为靠近反导叶叶片工作面的含气区域的明显减小，这是由于自吸初期进口段的气体最先进入首级反导叶，然后沿着反导叶叶片工作面依次进入各级反导叶。由图 4-34b、e、h、k 可知，在自吸中期 $t=2\text{s}$ 时，相比于自吸初期，各级反导叶的含气率进一步上升，旋涡区域进一步增大，并呈现非均匀分布规律。相比于单级自吸泵，多级自吸泵反导叶的含气率明显上升，旋涡区域明显增大，体现出多级自吸泵反导叶排气量亦会增大。由图 4-34c、f、i、l 可知，相比于自吸中期与自吸初期，在自吸末期反导叶的含气率迅速降低。但随着级数的增加，反导叶的含气率有升高的趋势，表现为靠近反导叶叶片吸力面的含气区域明显增大。以上结果表明，在整个自吸过程中，首级反导叶最先进入气体，而末级反导叶最后排出气体。

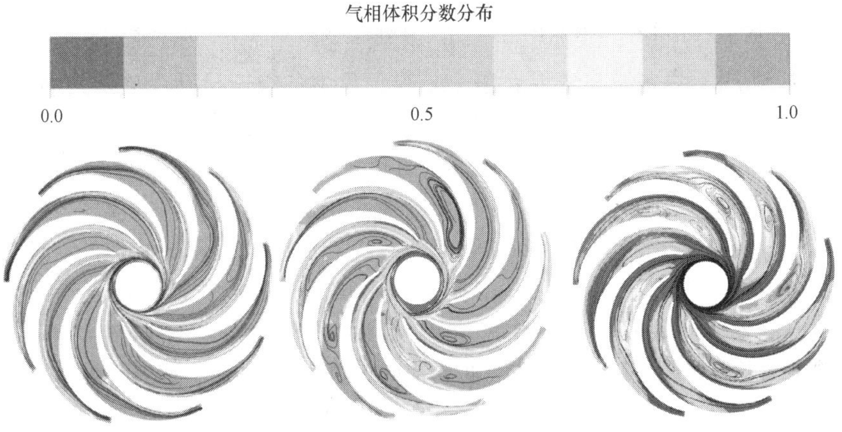

a) t=0.4s，i_s=1　　b) t=2s，i_s=1　　c) t=16s，i_s=1

图 4-34　多级自吸泵各级反导叶中截面的流线及气水两相分布

图 4-34　多级自吸泵各级反导叶中截面的流线及气水两相分布（续）

图 4-35 所示为多级自吸泵在整个自吸过程中各级反导叶中截面的涡量分布。从整体上看，反导叶中的涡量绝对值远小于叶轮。由图 4-35a、d、g、j 可知，在自吸初期，反导叶进口处存在着较大的负旋涡区域，从进口处延向出口处方向，负旋涡的涡量值逐渐减小；在反导叶中部靠近工作面的区域存在着较大的正旋涡区域。随着级数的增加，反导叶内部的正旋涡区域从反导叶中部向反导叶出口处逐渐增大。由图 4-35b、e、h、k 可知，相对于自吸初期，在自吸中期反导叶内部的涡量值明显减小，不过正负旋涡所在的位置跟自吸初期基本相同，只是涡量的绝对值减小，表明在自吸中期反导叶内部的旋涡强度减弱；随着级数的增加，各级反导叶内部的涡量分布变化不大。由图 4-35c、f、i、l 可知，相比于自吸中期与自吸初期，自吸末期反导叶内部的正旋涡涡量值显著升高，表明反导叶含气率的降低会增大涡量绝对值，与叶轮内部的涡量分布规律相反。

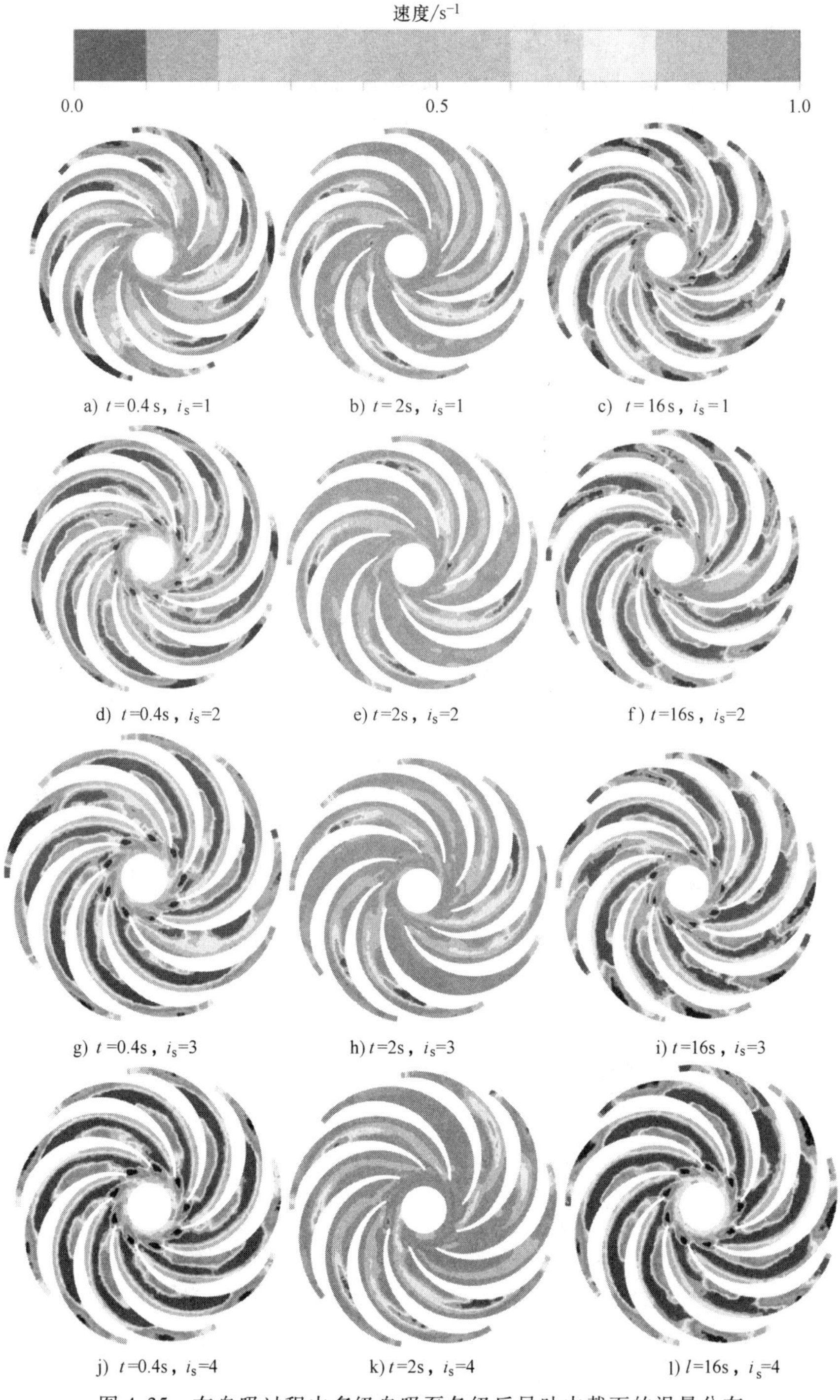

a) t=0.4 s，i_s=1　b) t=2s，i_s=1　c) t=16 s，i_s=1

d) t=0.4s，i_s=2　e) t=2s，i_s=2　f) t=16s，i_s=2

g) t=0.4s，i_s=3　h) t=2s，i_s=3　i) t=16s，i_s=3

j) t=0.4s，i_s=4　k) t=2s，i_s=4　l) l=16s，i_s=4

图 4-35　在自吸过程中多级自吸泵各级反导叶中截面的涡量分布

4.4.6 自吸泵气液混合室中截面速度及气水两相分布

气液混合室作为自吸泵的重要部件，主要是提供空间促进气液的混合。图 4-36 所示为单级自吸泵及多级自吸泵的气液混合室中截面在自吸过程中的速度及气水两相分布。由图 4-36a、b 可知，在自吸初期，气液混合室中有明显的分界层，气在上，水在下，单级自吸泵的分界层高于多级自吸泵，表明在自吸初期多级自吸泵的进气速度大于单级自吸泵；此外，当 $t=0.4s$ 时，在单级自吸泵的气液混合室内部，从进口处涌进大量的气体并分成三个方向向下流动（见 A_1、B_1、C_1），中间方向的气体直接向下流动，左右方向气体则沿着气液混合室的壁面向下流动，一部分沿着分界层向气液混合室的中间部位回流过去（见 B_2、C_2），最后与中间方向的来流气体汇合（见 A_2），另一部分在分界层处与水混合起来进入水体（见 B_3、C_3）；相比于单级自吸泵，多级自吸泵气液混合室的流动分布更为对称，在中间部位形成两个对称的大旋涡带。由图 4-36c、d 可知，在自吸中期（$t=2s$），气水分界层开始扩散；在混合室内部，从进口处涌进的气体直接从中间方向向下流动（见 D_1），一部分在分界层处与水混合（见 D_2），另一部分则向左右方向回流（见 D_3、D_4），形成大量旋涡；由于自吸中期的进气速度远小于自吸初期，故自吸初期是三股气体在混合室中部合一，而自吸中期则是一股气体在混合室中部分成三部分。由图 4-36e、f 可知，在自吸末期，进口处开始进水，气水分界层已经消失；相对于水域，气体区域的流场更为紊乱，表明旋涡更易产生于气体区域。

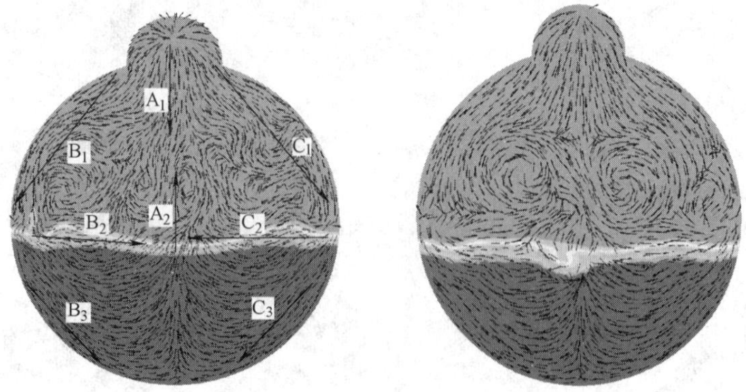

a) t=0.4s，单级　　b) t=0.4s，多级

图 4-36　在自吸过程中自吸泵气液混合室中截面的速度及气水两相分布

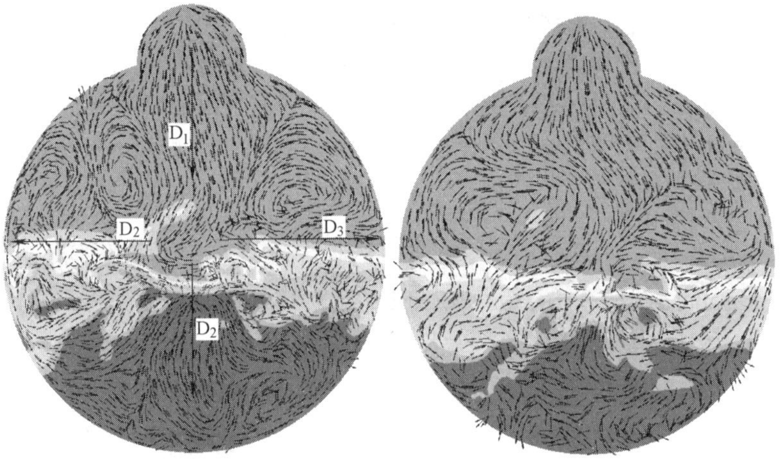

c) t=2s，单级　　d) t=2s，多级

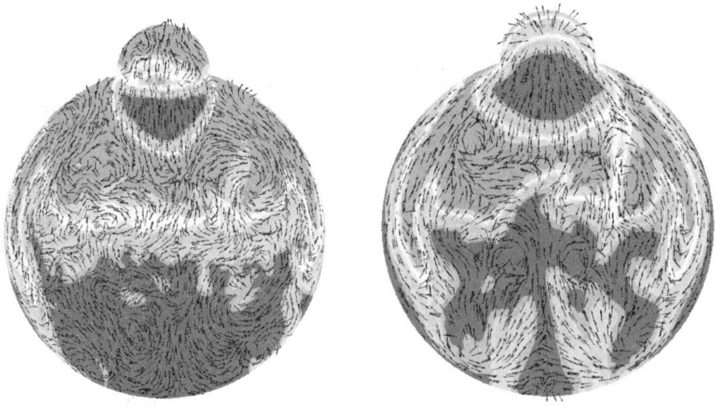

e) t=5s，单级　　f) t=16s，多级

图 4-36　在自吸过程中自吸泵气液混合室中截面的速度及气水两相分布（续）

4.4.7　自吸泵气液分离室中截面速度及气水两相分布

气液分离室作为自吸泵的重要部件，主要是提供空间促进气液的分离。图 4-37 所示分别为单级自吸泵与多级自吸泵的气液分离室中截面在自吸过程中速度及气水两相分布。由图 4-37a、b 可知，在自吸初期，气液分离室内部的含气率整体不高，并呈现非均匀分布；由于多级自吸泵的轴向长度大于单级自吸泵，故在 $t=0.4$s 时，多级自吸泵气液分离室内部的含气率小于单级自吸泵；受叶轮的旋转作用及反导叶的出口安放角非 90°影响，气水混合物在气液分离室的环形腔内呈逆时针旋转一圈后逸出分离室（与叶轮旋转方向一致，见 A_1、B_1、C_1、D_1）；由于多级自吸泵气液分离室的含气率更低，其内部的环状流动形态更为显著。由图 4-37c、d 可知，在自吸中期，气液分离室中起着排气回水的作用，受

重力作用的影响，气体基本分布在气液分离室的上半部分；虽然整个气液分离室的内部流场比较紊乱，但还是保持着环形腔内呈逆时针旋转的流动趋势；在 t = 2s 时，多级自吸泵气液分离室内的含气率明显高于单级自吸泵，表明多级自吸泵的排气量更大。由图 4-37e、f 可知，在自吸末期，由于进口段开始进水，大量具有速度环量的气水混合物在分离室环形腔内流动，不仅导致气液分离室内部的含气率降低，还使得气体遍布在气液分离室内。

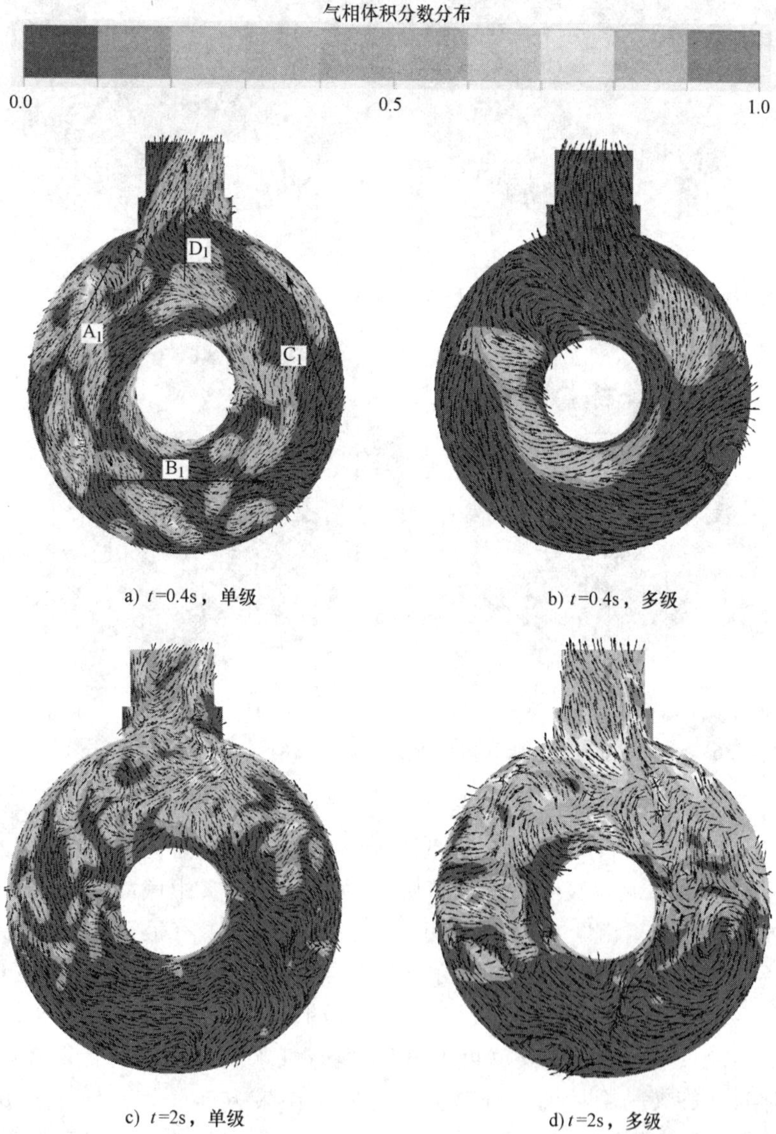

a) t=0.4s，单级　　b) t=0.4s，多级

c) t=2s，单级　　d) t=2s，多级

图 4-37　在自吸过程中自吸泵气液分离室中截面的速度及气水两相分布

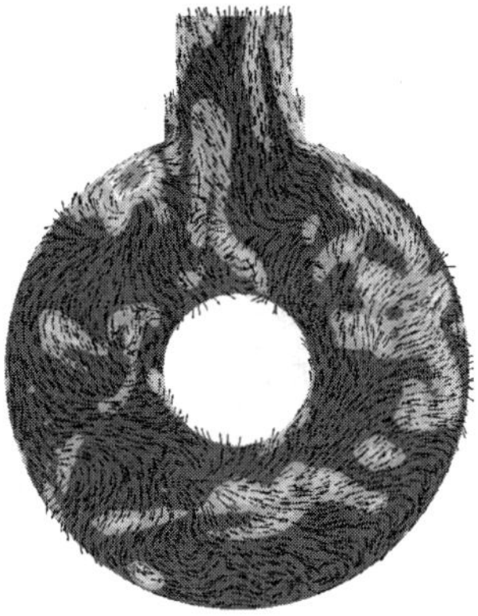

e) t=5s，单级

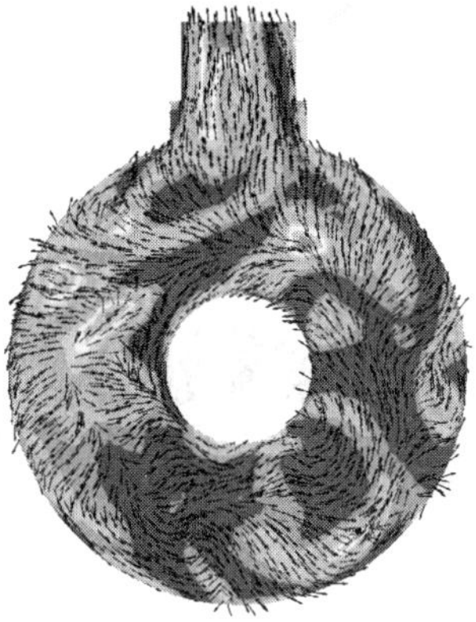

f) t=16s，多级

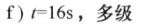

图 4-37　在自吸过程中自吸泵气液分离室中截面的速度及气水两相分布（续）

4.4.8　多级自吸泵非定常计算数据分析

图 4-38 所示为多级自吸泵在自吸过程中泵内部气体体积系数 C_V 及气液分离室出口 out2 面的气体流量系数 C_{out2}，其中横、纵坐标定义与图 4-16 一致。可以看出，当 $0s < t < 20s$ 时，C_V 不断减少最后接近于 0 并基本保持不变，表明泵体内部有极少部分气体排不出去；随着时间 t 的增加，C_{out2} 的幅值呈现着极其复杂的变化趋势，而 C_V 幅值的降低速度又与 C_{out2} 保持一致；整体上看来，多级自吸泵的 C_{out2} 的幅值远高于单级自吸泵，表现出其排气速度亦远大于单级自吸泵，即多级自吸泵的自吸能力强于单级自吸泵。

当 $0s < t \leqslant 0.4s$ 时，C_{out2} 的幅值接近于 0，泵内部气体体积系数保持在 1 不变，表明当 $t = 0.4s$ 时，进口管的气体才开始到达 out2 面；相比于单级自吸泵的 0.15s，多级自吸泵进口段气体进入到出口段的时间明显增大。当 $t > 0.4s$ 时，C_{out2} 呈现着强烈的波动性，其波动幅度远超单级自吸泵，体现了多级自吸泵自吸过程的非定常特性更为显著。当 $0.4s < t \leqslant 0.7s$ 时，C_{out2} 的幅值呈先增大后减小的趋势，最大达到 0.3；当 $0.7s < t \leqslant 13s$ 时，其幅值亦呈现先增大后减小的趋势，最小达到 0.1；当 $13s < t \leqslant 16.3s$ 时，其幅值又呈增大的趋势，最大达到 0.56；当 $16.3s < t \leqslant 20s$ 时，其又呈减小的趋势，最后接近于 0；上述气体流量变化的原因与单级自吸泵完全一致，这里不再重复。综上所述，多级自吸泵气体排出速度的变化规律与单级自吸泵基本相同，但其变化的幅值是单级自吸泵的数倍。

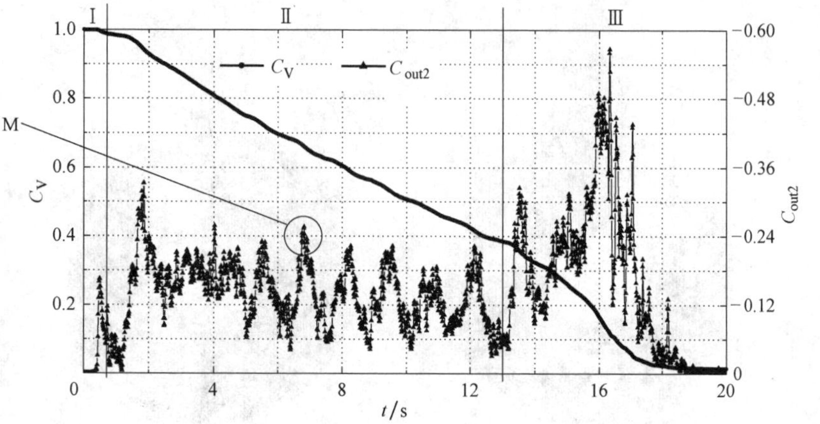

图 4-38　在自吸过程中多级自吸泵气体体积系数 C_V 及 out2 面的气体流量系数 C_{out2}

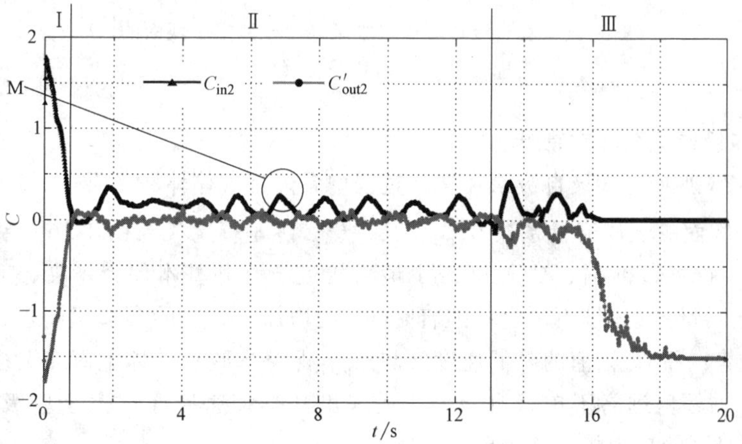

图 4-39　多级自吸泵在自吸过程中 in2 面气体流量系数 C_{in2} 及 out2 面的水体流量系数 C'_{out2}

图 4-39 所示为多级自吸泵在自吸过程中进口 in2 面的气体流量系数 C_{in2} 及出口 out2 面的水体流量系数 C'_{out2}。可以看出，当 $0s < t \leqslant 0.7s$ 时，C_{in2} 的幅值由 1.8 迅速降低至 0.2，同一时间内 C'_{out2} 也逐渐降低，主要是因为充满水的叶轮开始旋转后，in2 及 out2 面的流量在短时间内达到最大值，其后由于叶轮的含气率增加，叶轮排水能力急剧减弱导致 in2 及 out2 面的流量迅速降低。当 $0.7s < t \leqslant 13s$ 时，C_{in2} 保持着减小的趋势，C'_{out2} 不断地在正负之间波动，其平均值接近于 0。主要是因为随着叶轮进口压力的降低，进口管水柱不断升高，其重量不断增大，使得水柱进一步升高的难度越来越大，导致 C_{in2} 幅值减小；当 $t = 1.2s$ 时，C_{in2} 由正变负，C'_{out2} 由负变正，表明 in2 面气体由流进改为流出，out2 面水由流出改为流进。当 $t > 13s$ 时，C_{in2} 的幅值先增大后减小；当 t

接近 13s 时，进口管已开始有少量的水开始进入泵体，叶轮做功能力加强，泵吸气速度加快，C_{in2}的幅值开始增大；随后进口段的气体越来越少，C_{in2}幅值越来越小并接近于 0。

图 4-40 所示为多级自吸泵在自吸过程中各级叶轮的含气率 Φ_{ip}。可以看出，在自吸初期，Φ_{ip}由 0 急剧增大至 0.9 以上，但其增大速度并不同步，在同一时刻 t，后面叶轮的含气率低于前面叶轮，随着时间 t 增加，其滞后性更加显著；然而，后面叶轮的含气率最大值却高于前面叶轮。在自吸中期，Φ_{ip}表现为周期性的波动，基本保持在 0.82 上下，其幅值小于单级自吸泵，表明多级自吸泵的做功能力大于单级自吸泵，这也是多级自吸泵的自吸速度大于单级自吸泵的关键所在。在自吸末期，由于进口段的水开始进入叶轮，Φ_{ip}开始下降；随着时间 t 增加，随着进入泵体的水量越来越多，Φ_{ip}下降速度越来越快，最后其值接近于 0；同自吸初期类似，Φ_{ip}的下降速度也不同步，末级叶轮含气率的下降速度明显滞后，表明末级叶轮的气体最后排出。

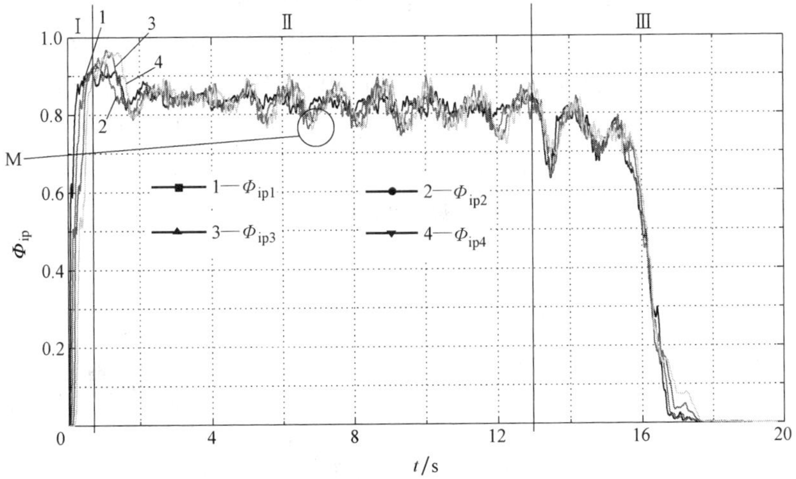

图 4-40　多级自吸泵在自吸过程中的各级叶轮的含气率 Φ_{ip}

图 4-41 所示为多级自吸泵在自吸过程中各级导叶的含气率 Φ_{df}。可以看出，多级自吸泵导叶含气率的变化规律与叶轮相似，两者都是在自吸初期急剧上升，在自吸中期不断波动，在自吸末期急剧下降；在整个自吸过程中，Φ_{df}的幅值小于 Φ_{ip}，但在自吸中期，Φ_{df}的波动幅度大于 Φ_{ip}，表明 Φ_{df}的非定常特性更为显著。此外，随着级数的增加，多级自吸泵的 Φ_{df}波动幅度降低，与 Φ_{ip}的变化规律相反；相比于单级自吸泵，在自吸中期，多级自吸泵 Φ_{df}的幅值有所提高，由于多级自吸泵的自吸速度大于单级自吸泵，表明导叶的含气率并不影响自吸泵的自吸能力。

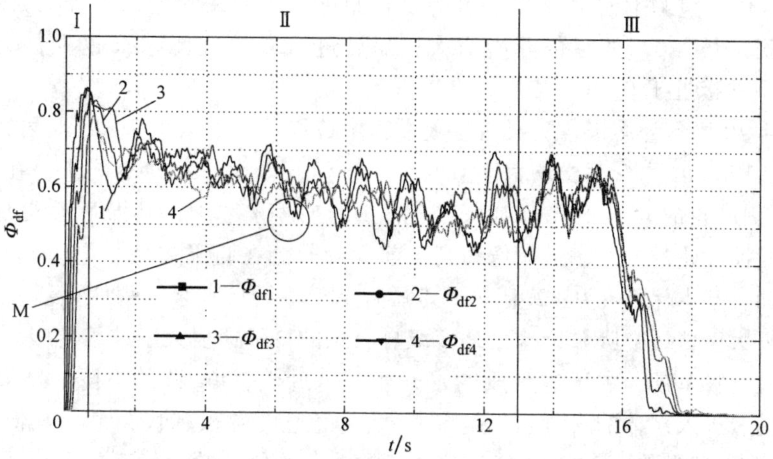

图 4-41　多级自吸泵在自吸过程中的各级导叶的含气率 Φ_{df}

图 4-42 所示为多级自吸泵自吸过程中回流腔中两侧压力差 p_{rc_diff}及水体流量系数 C'_{rc}。可以看出，在自吸初期，p_{rc_diff}最大达到 4kPa 以上，C'_{rc}最大达到 0.12；随着叶轮的含气率增加，叶轮做功能力减弱，p_{rc_diff}与 C'_{rc}迅速减小。在自吸中期，p_{rc_diff}及 C'_{rc}不断地波动并呈正相关关系；相比于单级自吸泵，多级自吸泵回流腔的压力差从 3kPa 左右提高至 8kPa 左右，回流腔的流量从 0.1 左右提高至 0.15 左右。在自吸末期，p_{rc_diff}与 C'_{rc}急剧上升，最后基本保持不变。

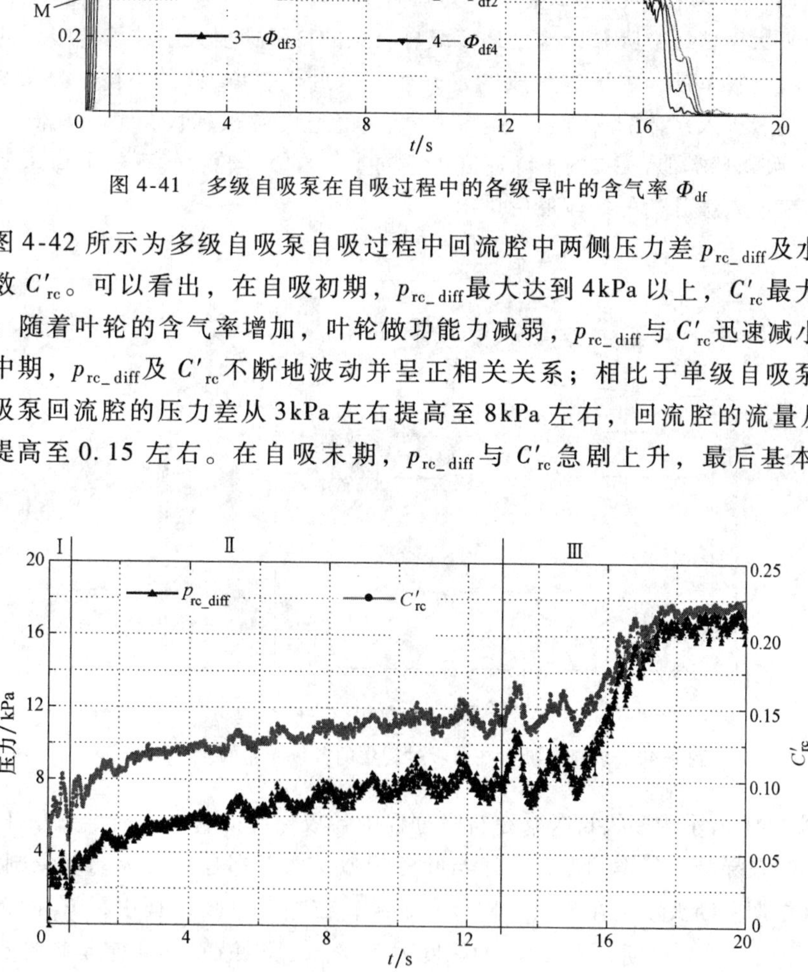

图 4-42　多级自吸泵在自吸过程中回流腔中的压力差 p_{rc_diff}及水体流量系数 C'_{rc}

结合图 4-38 ~ 图 4-41 可知，在自吸中期，当叶轮及导叶的含气率 Φ_{ip}及 Φ_{df}处于波谷时（见图 4-40 及图 4-41 中 M），in2 面气体流量系数 C_{in2}及 out2 面气体

流量系数 C_{out2}处于波峰（见图 4-38 及图 4-39 中 M），即当 Φ_{ip}及 Φ_{df}降低时，叶轮的做功能力增强，回流腔中两侧压力差 p_{rc_diff}增大，回流腔的回流能力增强，自吸泵的吸气及排气速度增大，导致 C_{in2}及 C_{out2}增大。通过这样不断地相互作用，导致 Φ_{ip}及 Φ_{df}与 C_{in2}及 C_{out2}在自吸中期不断地进行周期性变化，该过程具有强烈的非定常特性。在自吸中期，自吸泵吸气及排气速度的非定常脉动机理如图 4-43 所示。

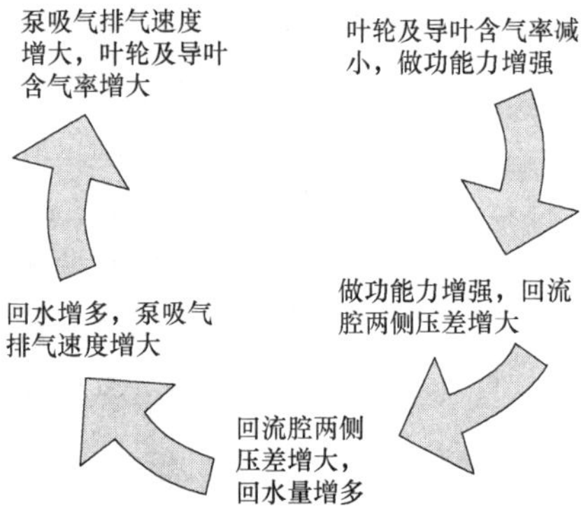

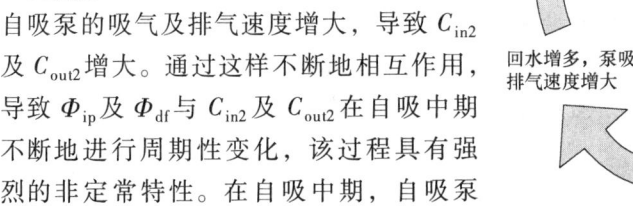

图 4-43　在自吸中期自吸泵吸气及排气速度的非定常脉动机理

4.5　本章小结

采用 ANSYS CFX 软件，分别进行了真正意义上仿真单级自吸泵与多级自吸泵（4 级）自吸过程的气液两相流数值计算，在多级自吸泵出口处安装透明塑料管，采用摄影技术观测多级自吸泵自吸过程中的气液逸出现象，并与数值计算结果进行对比分析。

1）自吸泵的整个自吸过程分为三个阶段，即自吸初期，由叶轮旋转作用排水产生的吸气阶段；自吸中期，由气水混合及气水分离作用产生排气功能的吸气阶段；自吸末期，由进口段的水进入泵体内部产生排气功能的吸气阶段。其中，自吸初期及自吸末期在整个自吸过程中所占的时间比例较小，但其自吸速度较快；自吸中期是自吸过程中的主要阶段，决定着整个自吸过程的长短。

2）在自吸初期，自吸泵以排水为主，气体混合着水一起排出泵外，而气体从进口段运动至出口段需要一定的时间。随着叶轮的含气率增大，自吸泵的排水能力减弱，其吸气速度亦呈现着先快后慢的规律。进入自吸中期后，由于叶轮进口处形成较大的负压，进口管水柱不断升高，其重量不断增大，使得水柱进一步升高的难度越来越大，导致自吸泵的吸气及排气速度减慢。在自吸末期，进口段的水进入叶轮，叶轮的做功能力显著增强，水混合着气体快速流向泵出口，因此自吸泵排气速度明显上升并在某时刻达到最大。后面由于自吸泵的气体越来越少，其吸气及排气速度越来越慢，最后接近于 0。

3）自吸泵叶轮的含气率在自吸初期急剧增大，然后在自吸中期略微下降，最后在自吸末期迅速逐渐减小至 0。在自吸初期，叶轮内部靠近叶片背面的区域（低压区）容易被气体占据，气体区域存在着大量的旋涡；在自吸末期，叶轮内部靠近工作面的区域（高压区）容易被水占据；在自吸中期，叶轮的含气率非常高，只是在紧贴着叶轮叶片压力面的一小块区域及叶轮出口处存在着少量的气水混合物。自吸的关键，就是叶轮的旋转迫使叶轮进口处少量的水混合着一部分气体，沿着叶轮叶片压力面流动至叶轮出口处，并进入正导叶。

4）自吸泵导叶的含气率变化规律与叶轮相同，但其整体幅值比叶轮低。在整个自吸过程中，反导叶中气水两相及流线并不沿着圆周均匀分布；气体最初聚集在靠近反导叶工作面的区域，水体最初聚集在靠近反导叶背面的区域，从叶轮及正导叶流来的气水混合物沿着反导叶叶片压力面流动，这一点与叶轮中的气水两相分布规律一致，表明在自吸泵中气体总是沿着较高的压力面流动。

5）多级自吸泵吸气及排气速度的变化规律与单级自吸泵基本相同，但其幅值是单级自吸泵的数倍。相对于单级自吸泵，多级自吸泵叶轮的含气率更低，导叶的含气率更高。前者表明多级自吸泵叶轮做功能力大于单级自吸泵，这也是多级自吸泵的自吸速度大于单级自吸泵的关键所在；后者表明导叶内部的气体不影响自吸泵的自吸能力。

6）采用摄影技术观测多级自吸泵自吸过程中的气液逸出现象，发现在整个自吸初期及中期，试验结果与数值计算结果非常相近，不仅两者的变化规律基本相同，而且两者结果相差不会超过0.1m。在自吸初期，由于充满着水的叶轮不断旋转，导致出口段的水柱高度由0m迅速增大至1.0m；在自吸中期，由于泵内部的气泡流入出口段水柱，导致水柱继续上升，但其上升速度减慢且最大水柱高度约为1.6m，之后由于气泡从水柱内逸出导致水柱下降，其水柱高度约为1.3m。以上结果表明，采用数值计算来模拟自吸泵的自吸过程具有一定的可信度。

参考文献

[1] 黄思，桑迪科，彭少华，等. 基于CFD的冲压式多级离心泵性能预测 [J]. 水泵技术，2009（2）：11-14.

[2] 黄思，桑迪科，彭少华，等. 冲压式多级泵水力性能的数值模拟及实验验证 [J]. 节水灌溉，2009（12）：48-50.

[3] 刘元义，王广业. 冲压焊接多级离心泵叶轮内部流场的计算机辅助分析 [J]. 机械工程学报，2007，43（8）：207-211.

[4] 刘元义，王广业. 低比速冲压多级泵叶轮内三维流动数值模拟 [J]. 农业机械学报，2006，37（11）：60-62.

[5] M Golcu，Pancar Y，Sekmen Y. Energy saving in a deep well pump with splitter blade [J]. Energy Conversion and Management，2006，47（5）：638-651.

[6] Miyano M，Kanemoto T，Kawaashima D，et al. Return vane installed in multistage centrifugal pump [J]. International Journal of Fluid Machinery and System，2008，1（4）：57-62.

[7] 潘兵辉，王万荣，江伟. 离心泵气液两相流数值分析［J］. 石油化工应用，2011，30（12）：101-104.

[8] 刘建瑞，苏起钦. 自吸泵气液两相流数值模拟分析［J］. 农业机械学报，2009，40（9）：73-76.

[9] 刘建瑞，苏起钦，徐永刚，等. 射流式自吸喷灌泵内部流场的数值分析［J］. 排灌机械，2009，27（6）：347-351.

[10] 李红，徐德怀，李磊，等. 自吸泵自吸过程瞬态流动的数值模拟［J］. 排灌机械工程学报，2013，31（7）：565-569.

第5章　多级自吸喷灌泵的能量损失研究

多级自吸喷灌泵的关键技术指标包括自吸性能及泵效率，前者直接影响着泵机组正常的运行，后者决定了整个泵机组的能耗。前面通过采用自吸试验与数值计算相结合的方法对多级自吸喷灌泵的自吸性能进行了深入分析，为多级自吸泵自吸性能的大幅度改善及准确预测提供了一定的指导意义。本章采用外特性试验与数值计算相结合的方法对多级自吸喷灌泵的能量损失特性进行研究，建立一种多级自吸泵正常运行后的完全意义上的全流场数值计算方法，包括考虑叶轮、导叶及泵腔水力损失、圆盘摩擦损失、口环泄漏损失及级间泄漏损失在内的各种能量损失，把各种能量损失全部计算出来，从而获得各种能量损失的相互影响关系，为多级自吸喷灌泵的性能优化提供一定的指导依据。

5.1　数值计算方法的研究

随着商用CFD软件在旋转机械流场方面专业性的不断增强，已有越来越多的研究人员开始使用这类软件计算叶轮内的流动，并取得了良好的计算效果。然而，虽然利用商用CFD软件进行旋转机械的内部流场数值计算广义上是适用的，但是针对具体的几何模型必须得选择合适的数值计算方法，这样才能保证数值计算的可信度[1-5]。因此，针对MH90型多级自吸喷灌泵，本节采用不同的网格数、表面收敛精度、表面粗糙度及湍流模型对多级自吸泵模型进行数值计算，进行了一些数值计算设置方法的研究，为今后类似的多级自吸泵模型的数值计算提供一些参考。

在前面进行多级自吸泵自吸过程的非定常数值计算时，作者并没有进行类似的数值计算方法研究，主要是因为自吸过程的气液两相流非定常数值计算极其占用计算机资源。以一台20线程的计算机服务器（64G物理内存）为例，非定常数值计算一次，即便所有CPU全部并联计算，也得耗时月余。因此，自吸过程的非定常数值计算采用常用的数值设置方法，最后将数值计算结果与自吸试验结果对比，两者相当接近，作者则认为自吸过程的非定常数值计算是可信的。

5.1.1　计算模型的建立

计算模型是CFD数值计算的基础，其构建的完整性及准确性对计算结果的准确性影响十分显著。本章选取的研究对象为MH90型多级自吸喷灌泵，由于气液混合室及气液分离室中液体速度较小，其局部能量损失占多级泵的总压比例极小，为了便于划分结构化网格，这里把气液混合室及气液分离室简化为进、出口圆柱段，盖板也进行了细微的调整。目前，对于多级离心泵的数值计算，其主要过流部件一般有图 5-1 所示的以下四种组合模型：叶轮及导叶；叶轮、导叶及泵腔；前后口环中的某一个、叶轮、导叶及泵腔；前口环、后口环、叶轮、导叶及泵腔。

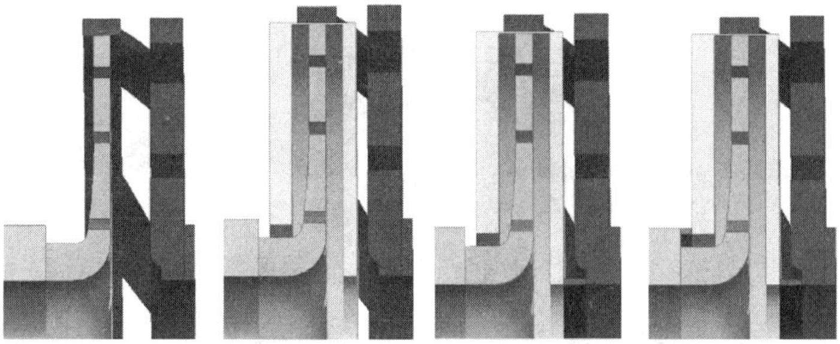

a) 无泵腔　　b) 无前、后口环　　c) 无前口环　　d) 全流场

图 5-1　计算模型

对于组合模型（图 5-1a)，只考虑了叶轮及导叶，导致数值计算中完全忽略了圆盘摩擦损失及容积泄漏损失；对于组合模型（图 5-1b)，相对于第一种组合模型增加了泵腔，但忽略了全部的泄漏损失；对于组合模型（图 5-1c)，考虑了前、后口环中的一个，忽略了一部分泄漏损失；组合模型（图 5-1d）考虑了多级泵的全流场，其数值计算的预测结果必定比前三种组合模型更接近于事实。

5.1.2　计算区域的确定

多级自吸喷灌泵属于多级泵系列，级数根据客户的需求确定。如果对全部级数的模型进行数值计算，必定会导致网格数过大，从而对计算机配置要求过高，无法满足实际工程应用的需求。此外，相对于单级离心泵，多级离心泵的流动特点更为复杂。由于受导叶出口流动的影响，多级离心泵的首级叶轮进口一般为无旋流入，其他各级叶轮进口则为有旋流入。考虑到级数增加带来的网格总数递增，而网格数的增加又会对计算机性能提出更高要求，因此选取两级全流场模型来进行研究。

根据以上分析，确定由两级泵的参数预测多级泵的外特性如下

$$H = H_{in} + H_1 + (N-1)H_2 + H_{out} \tag{5-1}$$

$$P = P_1 + (N-1)P_2 \tag{5-2}$$

$$\eta = \frac{\rho g Q H}{3600P} \tag{5-3}$$

式中：H 为多级泵总扬程（m）；H_{in} 为进口段损失扬程（m）；H_1 为首级泵段扬程（m）；H_2 为次级泵段扬程（m）；H_{out} 为出口段损失扬程（m）；Q 为多级泵流量（m^3/h）；P 为多级泵轴功率（W）；P_1 为首级泵段轴功率（W）；P_2 为次

级泵段轴功率（W）；η 为多级泵效率（%）。由于前面第 2 章有一台五级泵的外特性试验数据，因此本章数值计算全部转化为五级泵计算结果。

图 5-2 所示为两级泵的计算区域，包括进口段、两级叶轮、两级泵腔、两级导叶、两级前口环、两级后口环及出口段，其中进口段水体的长度为叶轮直径的 5 倍，出口段水体的长度为叶轮直径的 4 倍。

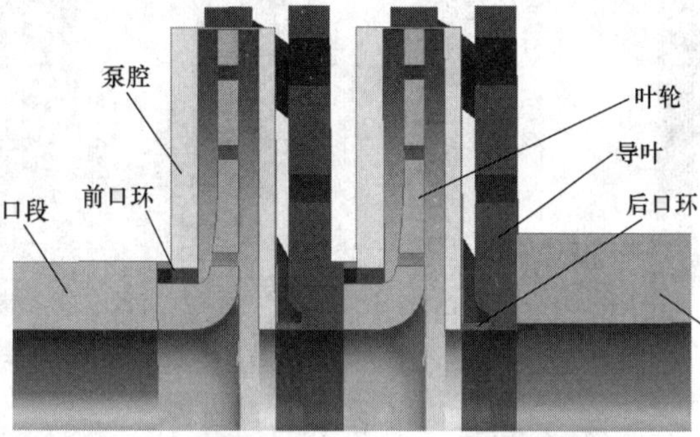

图 5-2　两级模型泵的计算区域

在对计算模型进行数值计算前，首先要将计算区域离散化，而网格是离散的基础，网格节点是离散化物理量的存储位置，网格在离散过程中起着关键作用。网格的形式和密度，对数值计算结果有着重要影响。一般说来，由于结构化网格形式比较规整，在大多数情况下，如果对不是很复杂的几何模型划分结构网格，其质量较高，计算时间较短、精度较高，本章的数值计算是通过 ICEM CFD 软件划分结构网格。此外，理论上讲，随着网格数的增加，由网格数量引起的计算误差会逐渐减小，直至消失，但是网格数量过多，会大大提高计算机的配置需求与计算时间，所以网格数也不宜过多。为了确定合适的网格数，本节在相同的数值计算设置条件下选择了五种不同的网格尺寸（G 值）进行网格无关性分析，其额定流量下的计算结果见表 5-1 及图 5-3 所示。其中，叶轮、导叶及泵腔等主要过流部件网格尺寸发生变化，而进、出口段及前、后口环网格尺寸保持不变。

表 5-1　网格无关性分析

网格尺寸 G/mm	1.5	1.2	1.0	0.8	0.7
网格数	1321154	1773142	2399892	3674514	4839030
节点数	1146888	1537022	2091526	3233200	4289372
效率 η(%)	42.186	41.790	41.434	41.127	41.151
五级扬程 H/m	42.106	41.994	41.623	41.621	41.643

由表 5-1 及图 5-3 可知，从总体上看，网格尺寸 G 对泵性能的数值计算结果

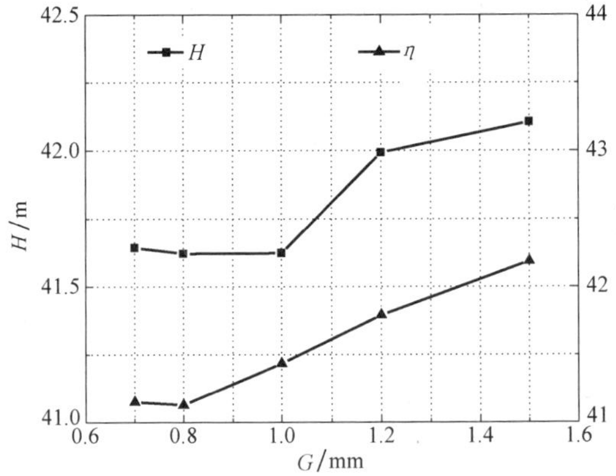

图 5-3　额定流量工况下不同网格尺寸 G 的泵总扬程 H 及效率 η

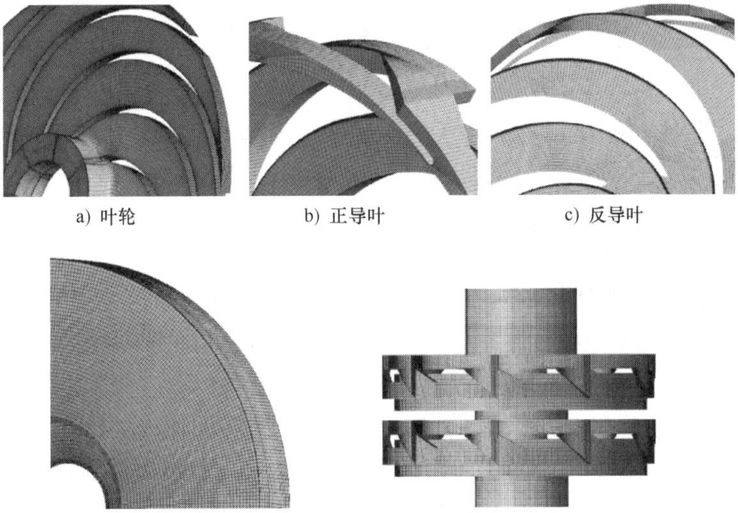

a) 叶轮　b) 正导叶　c) 反导叶

d) 泵腔　e) 整体计算域

图 5-4　计算区域的结构网格

影响不大，整体相差在 2% 以内。当网格尺寸较大，即网格数较少时，额定点效率 η 及总扬程 H 偏高；当 $G \leqslant 0.8$mm 时，额定点效率及总扬程基本稳定。考虑到计算精度与计算时间的协调，确定 $G = 0.8$mm 并进行网格划分。图 5-4 所示为网格尺寸为 0.8mm 时的叶轮、泵腔、导叶及整体计算区域的结构网格。

5.1.3　湍流模型的选择

对于简单的层流运动可以通过流体力学中的基本方程组进行求解，但是对于湍流运动，基本方程组无法求解过多的未知量，必须引入新的湍流模型（方程）才能使基本方程组封闭，而旋转机械内流流动是一种十分复杂的湍流运动。目前，没有一种湍流模型对所有的问题是通用的，学者们通过选择不同的湍流模型对不同的湍流运动进行数值计算。对于商用 CFD 软件，其内置了许多适用性较广的湍流模型来供用户使用。通过 ANSYS CFX 软件进行数值计算，该软件提供了大量的湍流模型，其中以 $k-\varepsilon$ 及与 $k-\omega$ 两种湍流模型最适用于旋转机械的内部流动。为了选择合适的湍流模型，本节在相同的数值计算设置条件下选择了标准 $k-\varepsilon$ 模型、RNG$k-\varepsilon$ 模型、BSL$k-\omega$ 模型，标准 $k-\omega$ 模型和 SST$k-\omega$ 模型进行数值计算，并将计算结果与试验结果进行对比，其额定流量工况下的对比结果见表 5-2。

表 5-2 额定流量工况下不同湍流模型下的数值计算结果与试验结果对比

湍流模型	标准 $k-\varepsilon$	RNG $k-\varepsilon$	BSL $k-\omega$	标准 $k-\omega$	SST $k-\omega$	试验值
效率 η(%)	41.127	41.282	44.955	44.547	44.589	40.730
五级扬程 H/m	41.621	41.121	43.544	43.458	43.498	41.870

可以发现，采用标准 $k-\varepsilon$ 模型与 RNG$k-\varepsilon$ 模型的计算结果与试验值最为接近，而采用其他三种 $k-\omega$ 湍流模型的计算结果远高于试验值，其中采用标准 $k-\varepsilon$ 模型的数值计算结果与试验值更为接近，因此，在本模型的定常数值计算中均采用标准 $k-\varepsilon$ 模型。

5.1.4 收敛精度的选择

由于全流场数值计算相对复杂，额定流量工况下采用以上设置条件的数值计算收敛精度最小只能达到 3×10^{-5}。为了找到合适的收敛精度，分别选择 10^{-3}、10^{-4} 及 3×10^{-5} 三种残差收敛精度进行数值计算，并将计算结果与试验结果进行对比，其额定流量工况下的对比结果见表 5-3。可以看出，当收敛精度为 10^{-3} 时，计算结果与试验结果相差甚大，其值偏小；当收敛精度小于 10^{-4} 时，计算结果趋于稳定。为了提高计算精度，选择 3×10^{-5} 作为计算模型的收敛精度。

为了进一步说明收敛精度对计算结果的重要影响，读取三种收敛精度下第一级叶轮某工作面与叶轮中截面交线（图 5-5）的静压，结果如图 5-6 所示。可以看出，当收敛精度为 10^{-3} 时，叶轮工作面上的静压明显偏低，最大静压偏差约为 5000Pa；当收敛精度为 10^{-4} 与 3×10^{-5} 时，叶轮工作面上的静压基本重合，表明叶轮内部压力不再波动，收敛精度小于 10^{-4} 即可。

表 5-3 额定流量工况下不同求解收敛精度下的数值计算结果

收敛精度	10^{-3}	10^{-4}	3×10^{-5}	试验结果
效率 η(%)	37.210	41.015	41.127	40.730
五级扬程 H/m	40.617	41.602	41.621	41.870

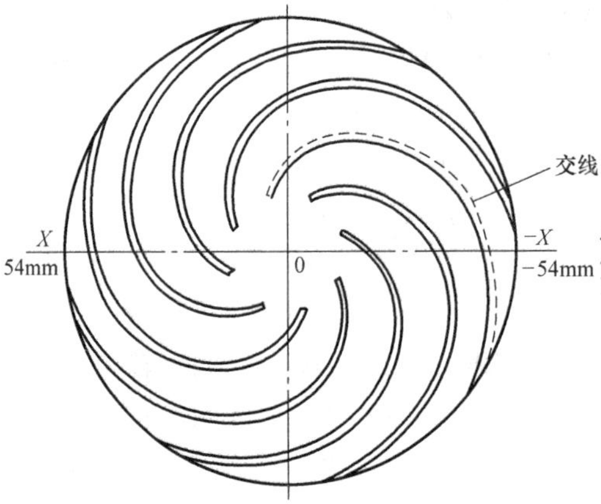

图 5-5　第一级叶轮中截面与某叶片工作面的交线

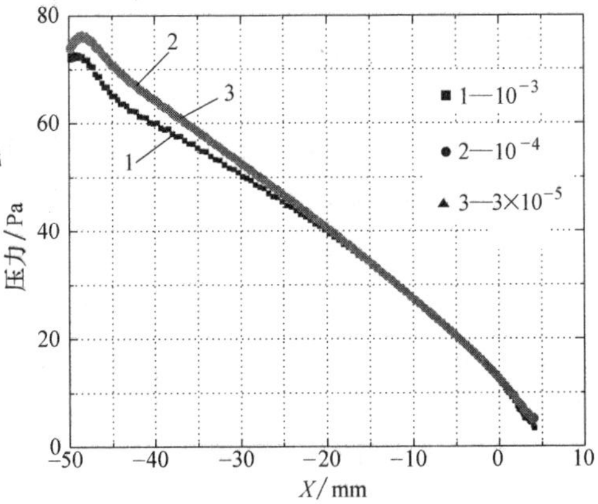

图 5-6　三种收敛精度的交线上的压力分布

5.1.5　边界条件的设置

在 CFX 的数值计算过程中，最常用的边界设置方法有两类：质量入流配合开放式出口（压力出口）及质量出流配合开放式进口（压力进口）。在计算过程中，前者计算的出口压力与初始设置值保持一致，后者计算的进口压力与初始设置值保持一致。在泵的运行过程中，泵出口压力绝对值一般远大于入口压力绝对值。在不知道泵出口压力的前提下，采用质量出流配合开放式进口（压力进口），初始压力设定为标准大气压，这样泵内的压力分布更符合实际情况。由于以上两种设定的计算结果其进、出口压力差基本相同，如果仅仅计算外特性，两种设置的计算结果基本无差异。

在整个计算域中，叶轮子域与泵腔子域中的盖板采用旋转参考坐标系，其他子域部件都是采用静止参考坐标系，各个子域之间是通过 Interface 面连接，叶轮子域与相邻子域的 Interface 面设定为“Frozen Rotor”方式，其他的 Interface 面设定为“General Connection”方式，壁面设定为 Non-slip 边界。

5.1.6　表面粗糙度对泵性能的影响

表面粗糙度 *Ra* 对泵的效率影响很大，文献［6］认为对于小型离心泵，仅仅清理一下蜗壳流道，即可使泵效率提高 2% ~4%；文献［7］给出一个实际例子，一台大型铸造泵的过流部件表面经过抛光后，其最高效率由 78% 增大至 89%；文献［8］做了关于表面粗糙度对轴流泵性能影响的数值计算，发现当表面粗糙度由 0mm 增大至 0.6mm 时，其最高效率由 84% 降低至 70%。由此可见，表面粗糙度对泵的效率影响很大，因此关于表面粗糙度对离心泵数值计算结果影响的研究很有必要。

在相同的数值计算设置条件下，分别选择 0μm（≈∇14）、1μm（≈∇7）、

10μm（≈∇4）、20μm（≈∇3）、40μm（≈∇2）及 80μm（≈∇1）六种不同等级的表面粗糙度，两级泵模型的各组成部件均设置表面粗糙度，其额定流量的计算结果如表 5-4 及图 5-7 所示。可以看出，随着表面粗糙度的增加，泵的五级总扬程 H 和效率 η 不断降低，而效率降低的幅度明显大于扬程降低的幅度，表明泵的轴功率亦不断增大；当表面粗糙度较小时，两者降低的幅度较大，而表面粗糙度较大时，两者降低的幅度明显减小；当表面粗糙度由 0μm 增大至 80μm 时，额定点效率由 42.01% 降低至 28.963%，扬程由 41.847m 降低至 35.908m，两者下降的幅度分别为 31.057% 及 14.192%，充分表明表面粗糙度对低比转速离心泵数值计算结果的影响极其剧烈，在进行数值计算的过程中，一定要根据材料的特性，选择正确的表面粗糙度，不然数值计算结果相差巨大。本多级自吸喷灌泵由 PPO 材料或者不锈钢材料组成，根据加工工艺的不同，其表面粗糙度一般在 1μm 以内，根据数值计算结果与试验结果的对比分析，最终选择 1μm 作为计算模型的表面粗糙度值。

表 5-4　额定流量工况下不同表面粗糙度的泵扬程及效率

表面粗糙度 Ra/μm	0	1	10	20	40	80	试验值
效率 η(%)	41.668	41.127	37.709	35.343	32.458	28.963	40.730
五级扬程 H/m	41.830	41.621	40.268	39.246	37.827	35.908	41.870

为了弄明白表面粗糙度影响低比转速多级自吸泵性能如此剧烈的原因，把低比转速多级自吸泵的外特性参数进一步细分，其轴功率与效率的各组成分量的详细参数见表 5-5。在不考虑轴承轴封处的机械摩擦损失功率的前提下，则

$$P = P_m + P_h \tag{5-4}$$

$$P_m = P_{1m} + (N-1)P_{2m} \tag{5-5}$$

$$P_h = P_{1h} + (N-1)P_{2h} \tag{5-6}$$

$$q = \frac{q_1 + (N-1)q_2}{N} \tag{5-7}$$

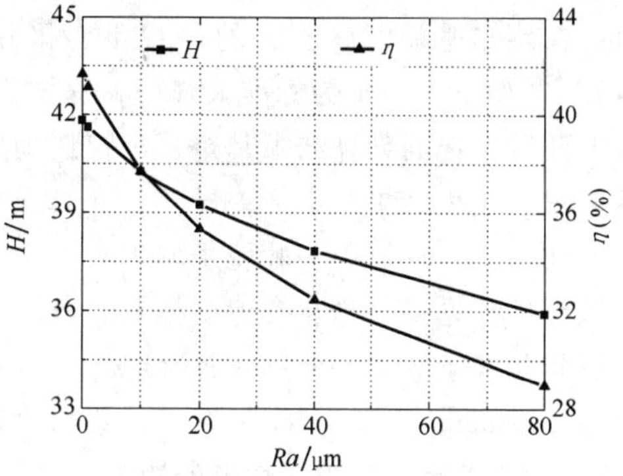

图 5-7　额定流量工况下不同表面粗糙度 Ra 的泵扬程 H 及效率 η

由以上公式得

$$\eta_m = 1 - \frac{P_m}{P} \tag{5-8}$$

$$\eta_v = \frac{Q}{Q+q} \tag{5-9}$$

$$\eta_h = \frac{\eta}{\eta_m \eta_v} \tag{5-10}$$

式中：P_m 为多级泵圆盘摩擦损失功率（W）；P_h 为多级泵水力功率（W）；P_{1m} 为首级泵段圆盘摩擦损失功率（W）；P_{2m} 为次级泵段圆盘摩擦损失功率（W）；P_{1h} 为首级泵段水力功率（W）；P_{2h} 为次级泵段水力功率（W）；q 为多级泵前口环液体平均泄漏量（m^3/h）；q_1 为首级泵段前口环液体泄漏量（m^3/h）；q_2 为次级泵段前口环液体泄漏量（m^3/h）；η_m 为多级泵机械效率（%）；η_v 为多级泵容积效率（%）；η_h 为多级泵水力效率（%）。

表 5-5　额定流量工况下不同表面粗糙度的泵性能参数

Ra /μm	P_m /W	P_h /W	P /W	Q /(m^3/h)	q /(m^3/h)	η_m (%)	η_v (%)	η_h (%)
0	184.160	717.660	901.820	3.3	0.677	79.579	82.981	63.099
1	189.549	719.570	909.119	3.3	0.687	79.150	82.777	62.772
10	226.385	732.914	959.299	3.3	0.749	76.401	81.504	60.557
20	255.434	742.110	997.544	3.3	0.782	74.394	80.851	58.759
40	291.929	755.008	1046.937	3.3	0.828	72.116	79.948	56.296
80	341.498	772.241	1113.738	3.3	0.876	69.338	79.029	52.862

图 5-8 所示为额定流量工况下不同表面粗糙度 Ra 的泵圆盘摩擦损失功率 P_m、水力功率 P_h 及轴功率 P。结合表 5-5 可以看出：随着表面粗糙度的增加，三种功率不断增大，但其增大的幅度却不断减小；当表面粗糙度由 0μm 增大至 80μm 时，圆盘摩擦损失功率由 184.160W 增大至 341.498W，水力功率由 717.660W 增大至 772.241W，两者增大的幅度分别为 85.435% 及 7.605%，表明表面粗糙度对圆盘摩擦损失功率的影响远大于对水力功率的影响。

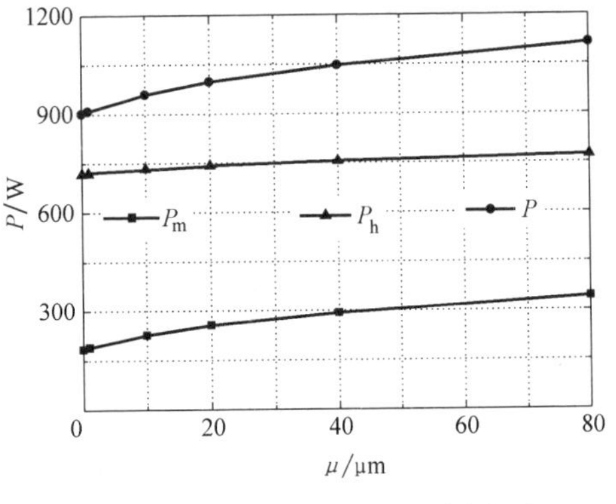

图 5-8　额定流量工况下不同表面粗糙度 Ra 的泵圆盘摩擦损失功率 P_m、水力功率 P_h 及轴功率 P

图 5-9 所示为额定流量工况下不同表面粗糙度 Ra 的泵机械效率 η_m、水力效率 η_h 及容积效率 η_v。结合表 5-5 可以看出，三个分效率从大到小的排列顺序依次为容积效率、机械效率及水力效率；随着表面粗糙度的增加，三个分效率不断

降低，但其降低的幅度不断减小；当表面粗糙度由 0μm 增大至 80μm 时，机械效率由 79.579% 减小至 69.338%，水力效率由 63.099% 减小至 52.862%，容积效率由 82.981% 减小至 79.029%，三者降低的幅度依次为 12.869%、16.224% 及 4.763%，表明表面粗糙度主要通过降低水力效率及机械效率来实现低比转速多级自吸泵总效率的大幅度降低。

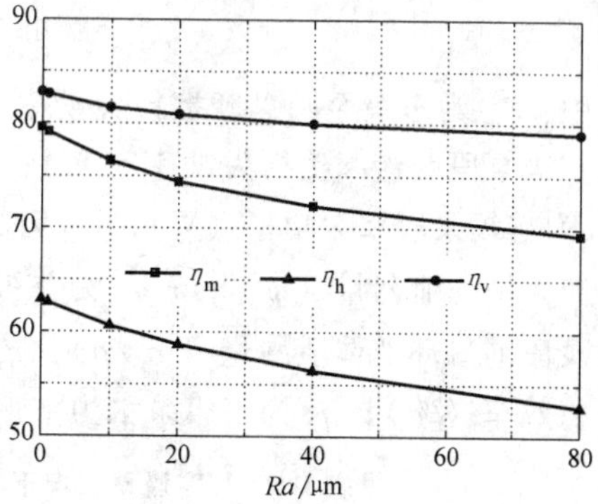

图 5-9　额定流量工况下不同表面粗糙度 Ra 的泵机械效率 η_m、水力效率 η_h 及容积效率 η_v

为了研究低比转速多级自吸泵各过流部件的表面粗糙度对泵性能的影响，选取叶轮（包括叶轮叶片及叶轮内壁）、导叶（包括导叶叶片及导叶内壁）、盖板外壁、泵腔内壁四个主要过流部件位置设置表面粗糙度作为研究对象，分成不同的组合，并分别设置 40μm 的表面粗糙度，其中所有过流部件光滑设为组合 1，所有过流部件粗糙设为组合 7，计算结果见表 5-6。

表 5-6　额定流量工况下不同过流部件表面粗糙度下的泵性能参数

部件	组合 A	H /m	P_m /W	P_h /W	q /(m^3/h)	η_m (%)	η_v (%)	η_h (%)	η (%)
全部光滑	1	41.830	184.160	717.660	0.677	79.579	82.981	63.099	41.668
叶轮粗糙	2	40.857	185.585	735.983	0.642	79.862	83.721	59.566	39.827
导叶粗糙	3	40.024	181.942	724.428	0.710	79.922	82.292	60.327	39.677
盖板粗糙	4	39.265	275.203	714.864	0.585	72.204	82.981	64.016	39.265
泵腔粗糙	5	39.322	195.054	729.612	0.944	78.905	77.755	62.266	38.202
盖板及泵腔粗糙	6	40.133	294.312	727.864	0.846	71.207	79.560	62.226	35.270
全部粗糙	7	37.827	291.929	755.008	0.828	72.116	79.948	56.296	32.458

图 5-10 所示为额定流量工况下不同表面粗糙度组合 A 的泵扬程 H 及效率 η。结合表 5-6 可以看出，在各过流部件分别设置相同的表面粗糙度后，扬程及效率同时减小，其中过流部件全部光滑的扬程及效率最高（$A=1$），过流部件全部表面粗糙度的扬程及效率最低（$A=7$）；叶轮、导叶、盖板外壁及泵腔内壁等部件的表面粗糙度对效率的影响作用依次增强，而对扬程的影响作用从小到大的顺序为叶轮、导叶、泵腔内壁及盖板外壁；当盖板外壁与泵腔内壁同时设置表面粗糙

度时（$A=6$），两者共同对扬程的影响作用反而小于其中单一部件设置表面粗糙度，表明各过流部件的表面粗糙度对泵性能的影响并不独立作用，而是彼此相互影响。

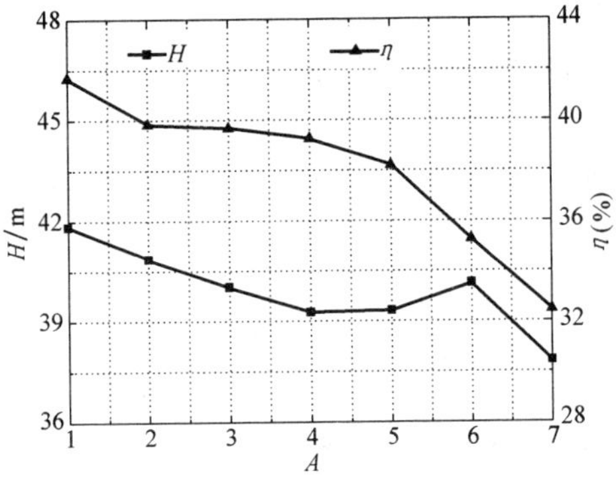

图 5-10 额定流量工况下不同表面粗糙度组合 A 的泵扬程 H 及效率 η

图 5-11 所示为额定流量工况下不同表面粗糙度组合 A 的泵圆盘摩擦损失功率 P_m、水力功率 P_h 及轴功率 P。结合表 5-6 可以看出，在各过流部件分别设置相同表面粗糙度后，泵的圆盘摩擦损失功率及轴功率都是增加的，而水力功率基本保持稳定，其中盖板外壁对泵的圆盘摩擦损失功率影响作用最为显著（$A=4$）。当 $A=1\sim A=4$ 时，圆盘摩擦损失功率由 184.160W 增加至 275.203W；当 $A=1\sim A=7$ 时，圆盘摩擦损失功率由 184.160W 增加至 291.929W，轴功率由 901.820W 增加至 1046.937W。因此，盖板外壁表面粗糙度增加的圆盘摩擦损失功率占所有过流部件表面粗糙度增加圆盘摩擦损失功率的 84.480%，而所有过流部件表面粗糙度增加的圆盘摩擦损失功率占增加轴功率的 74.264%，表明表面粗糙度增加的轴功率主要是由增加的圆盘摩擦损失功率组成，而增加的圆盘损失功率主要是由盖板外壁的表面粗糙度决定。

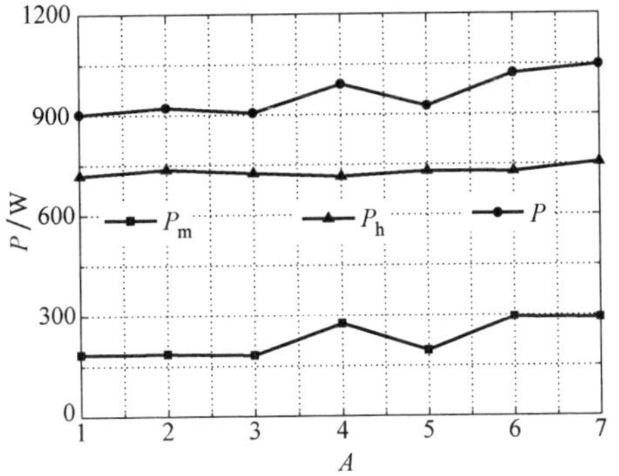

图 5-11 额定流量工况下不同表面粗糙度组合 A 的泵圆盘摩擦功率 P_m、水力功率 P_h 及轴功率 P

图 5-12 所示为额定流量工况下不同表面粗糙度组合 A 的泵机械效率 η_m、水力效率 η_h 及容积效率 η_v。结合表 5-6 可以看出，叶轮及导叶的表面粗糙度主要影响泵的水力效率，盖板外壁的表面粗糙度主要是影响泵的机械效率，泵腔内壁的表面粗糙度主要影响泵的容积效率；各个部件表面粗糙度共同对三个分效率的影响作用小于各个部件表面粗糙度单独对三个分效率影响作用之和，再次表明各个部件表面粗糙度对泵性能的作用是相互影响的。

功率过大及效率过低是低比转速离心泵的特点，而上述研究表明表面粗糙度对泵的效率及功率具有很大的影响，尤其减小盖板外壁及泵腔内壁的表面粗糙度能显著提高泵的效率及降低泵的轴功率。因此，在加工低比转速离心泵的过程中，由于工艺问题难以对叶轮及导叶的内部进行精加工，因此抛光盖板外壁及泵腔内壁是提高泵效率及降低泵轴功率的有效方法之一。

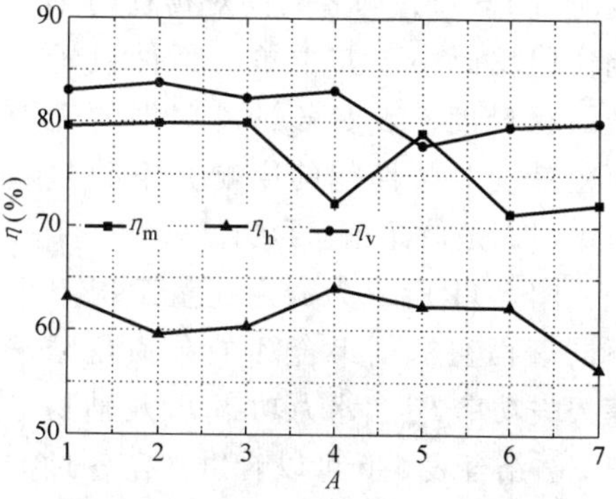

图 5-12　额定流量工况下不同表面粗糙度组合 A 的泵机械效率 η_m、水力效率 η_h 及容积效率 η_v

泵在实际使用中不会在一个固定的工况下运行，根据使用场合的不同其运行工况会不断变化。上述主要是研究了额定工况下表面粗糙度对低比转速多级自吸泵性能的影响，且为了进一步研究表面粗糙度对不同流量工况泵性能的影响，分别选择在五种流量工况下（$Q=1.65m^3/h$、$2.64m^3/h$、$3.3m^3/h$、$3.96m^3/h$ 及 $5.4m^3/h$）对所有过流部件设置两种不同表面粗糙度（$Ra=0$ 及 40μm）的模型泵进行数值计算，计算结果见表 5-7。

表 5-7　不同流量工况及表面粗糙度下的模型泵数值计算结果

Q/(m^3/h)	Ra/μm	H/m	P_m/W	P_h/W	q/(m^3/h)	η_m(%)	η_v(%)	η_h(%)	η(%)
1.65	0	56.001	201.962	585.696	0.865	74.359	65.608	65.460	31.935
2.64	0	47.880	190.685	668.668	0.742	77.811	78.060	65.924	40.041
3.3	0	41.830	184.160	717.660	0.677	79.579	82.981	63.099	41.668
3.96	0	35.282	176.660	754.078	0.628	81.019	86.315	58.434	40.864
5.4	0	15.133	155.232	756.217	0.474	82.969	91.924	32.001	24.406
1.65	40	53.717	318.040	623.150	1.038	66.209	61.379	63.082	25.636
2.64	40	44.460	302.011	704.599	0.901	69.997	74.554	60.826	31.742
3.3	40	37.827	291.929	755.008	0.828	72.116	79.948	56.296	32.458
3.96	40	30.429	281.507	798.079	0.756	73.925	83.977	48.944	30.384
5.4	40	7.814	260.572	787.510	0.509	75.138	91.390	15.601	10.960

图 5-13 所示为在两种表面粗糙度下不同流量 Q 的泵扬程 H 及效率 η。结合表 5-7 可以看出，在过流部件设置表面粗糙度后，扬程及效率都减小，随着流量的增加，表面粗糙度对扬程及效率影响作用不断增大；当 $Q=1.65m^3/h$ 时，40μm 的表面粗糙度导致扬程及效率分别降低了 2.284m 及 6.299 个百分点，当 $Q=5.4m^3/h$ 时，40μm 的表面粗糙度则导致扬程及效率分别降低了 7.319m 及

13.466 个百分点，表明流量越大，雷诺数越高，则由减小表面粗糙度带来泵扬程及效率的提升越为显著。

图 5-14 所示为在两种表面粗糙度下不同流量 Q 的泵圆盘摩擦损失功率 P_m、水力功率 P_h 及轴功率 P。结合表 5-7 可以看出，随着流量的增加，圆盘摩擦损失功率不断减小，而水力功率与轴功率呈现先增大后减小的趋势，表明本模型泵的轴功率在运行工况内有极大值，可以实现泵的无过载特性；当过流部件设置表面粗糙度后，三种功率都增大，其增大的幅度随流量的增加基本保持稳定，表明随着雷诺数的增加，表面粗糙度对三种功率的影响基本保持不变。

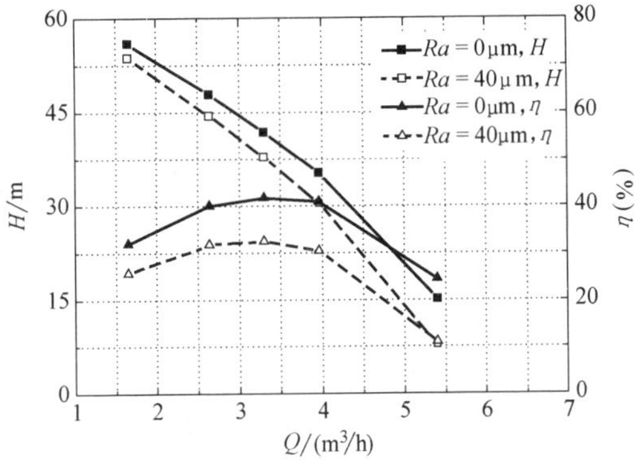

图 5-13　在两种表面粗糙度下不同流量 Q 的泵扬程 H 及效率 η

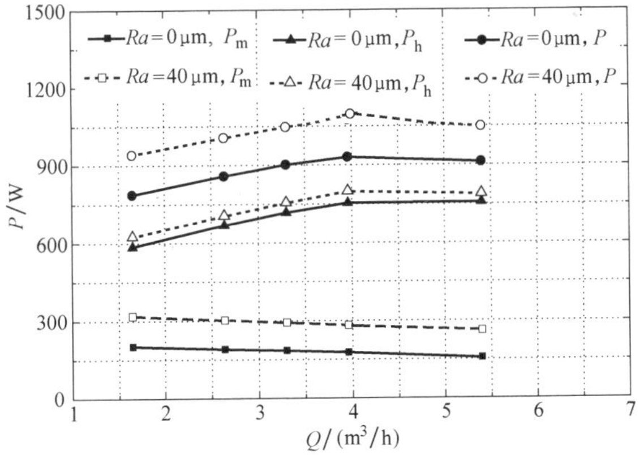

图 5-14　在两种表面粗糙度下不同流量 Q 的泵圆盘摩擦损失功率 P_m、水力功率 P_h 及轴功率 P

图 5-15 所示为在两种表面粗糙度下不同流量 Q 的泵机械效率 η_m、水力效率 η_h 及容积效率 η_v。结合表 5-12 可以看出，随着流量的增加，泵的机械效率及容积效率增大，但其增大的幅度不断减小，泵的水力效率减小，但其减小的幅度不

断增大；泵的机械效率及容积效率增大的原因在于泵的圆盘摩擦损失功率及前口环泄漏量随着流量的增加而减小，泵的水力效率减小的原因在于小流量工况下泵的前口环泄漏量很大，导致泵的理论流量已经接近叶轮最佳流量，故小流量工况泵的水力效率较高，之后则不断减小。当过流部件设置表面粗糙度后，泵的三个分效率都减小；随着流量的增加，由表面粗糙度导致圆盘摩擦损失功率增大的幅度基本保持不变，故由表面粗糙度导致泵机械效率减小的幅度基本保持稳定；随着流量的增加，前口环泄漏量减小，泄漏量在理论流量中占的比例不断减小，表面粗糙度导致的泄漏量变化亦逐渐减小，故由表面粗糙度导致泵容积效率减小的幅度降低；随着流量的增加，泵内的沿程阻力损失不断增大，故由表面粗糙度导致水力效率减小的幅度反而升高。

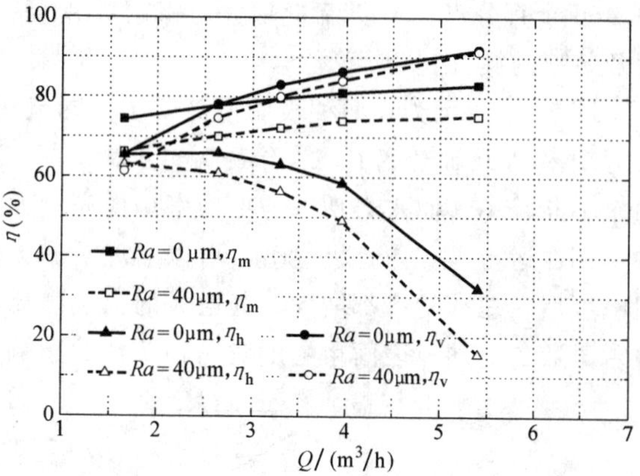

图 5-15　在两种表面粗糙度下不同流量 Q 的泵机械效率 η_m、水力效率 η_h 及容积效率 η_v

表面粗糙度的增加导致泵内各过流部件的水力摩擦系数增大，造成泵内部的沿程阻力损失急剧升高，从而降低泵的水力效率，则

$$\eta_h = 1 - \frac{K}{\left(1.74 + 2\lg\frac{r}{Ra}\right)} \tag{5-11}$$

式中：K 为常数系数；r 为圆管半径（m）；Ra 为绝对表面粗糙度（m）。

当 Ra 增大时，水力效率 η_h 减小。机械效率主要是由圆盘摩擦损失功率决定的，目前关于圆盘摩擦损失功率的计算公式很多，在这里列举三个经典的计算公式[9-11]。

$$P_m = 0.133 \times 10^{-3} \rho R_d^{0.134} \omega^3 (D_2/2)^3 D_2^2 \tag{5-12}$$

$$P_m = 0.35 \times 10^{-2} \times k\rho\omega^3 (D_2/2)^5 \tag{5-13}$$

$$P_m = 1.1 \times 75 \times 10^{-6} \times \rho g {u_2}^3 D_2^2 \tag{5-14}$$

式中：$R_d = 10^6 \times \omega (D_2/2)^2$；$\rho$ 为液体密度（kg/m^3）；ω 为角速度（rad/s）；D_2 为叶轮外径（m）；$k = 0.8 \sim 1$；g 为重力加速度（m/s^2）；u_2 为叶轮出口圆周速度（m/s）。

可以发现，在这些经典经验计算公式中，圆盘摩擦损失功率主要与液体密度 ρ、叶轮转速 n 的三次方及叶轮外径 D_2 的五次方呈正比，且全部忽略了圆盘表面

粗糙度 Ra 的影响。文献［122］进行了封闭空腔内旋转圆盘运动的试验研究，发现当圆盘转速 $n>1400$r/min 时，粗糙圆盘的摩擦损失功率大于光滑圆盘；当 $n\leqslant1400$r/min 时，两者基本相同，表明表面粗糙度对圆盘摩擦损失功率的影响仅在较高转速下具有明显的增阻效果。

为了进一步研究表面粗糙度对泵性能的影响，分别选择在三种转速下（$n=$700r/min、1400r/min、2800r/min）对两种不同表面粗糙度（$Ra=0\mu$m、40μm）的模型进行数值计算，计算结果见表 5-8 及图 5-16 所示。可以看出，在三种转速下，粗糙圆盘的摩擦损失功率 P_m 及水力功率 P_h 均大于光滑圆盘，随着转速的增加，两者增大的幅度不断上升。当 $n=700$r/min 时，40μm 的表面粗糙度导致圆盘摩擦损失功率由 3.557W 增大至 4.698W，其增大幅度为 32.078%，当 $n=$2800r/min 时，其增大幅度为 58.519%，表明转速的增加能够强化表面粗糙度对圆盘摩擦损失功率的影响作用。

当 $Ra=40\mu$m 时，随着转速的增加，泵的总效率与三个分效率整体保持稳定的趋势，充分体现了泵相似定律的准确性；当 $Ra=0\mu$m 时，泵的总效率 η 与三个分效率整体增大，随着转速的增加，其增大的幅度不断上升。当 $n=700$r/min 时，40μm 的表面粗糙度导致泵的总效率降低了 5.462 个百分点，当 $n=$700r/min时，其降低 9.210 个百分点，表明表面粗糙度在高转速下对泵的效率具有更显著的抑制作用。

上述的结论与文献［12］有所差别，主要是因为文献［12］的研究对象是封闭空腔内的旋转圆盘，这种圆盘运动与真实泵腔内部的旋转叶轮运动不完全一致，但其关于表面粗糙度对圆盘摩擦损失功率的影响在较高转速下具有明显增阻效果的结论在本研究中得到了证明。

表 5-8　在两种表面粗糙度下不同转速的泵性能参数

n/(r/min)	Ra/μm	P_m/W	P_h/W	Q/(m³/h)	q/(m³/h)	η_m(%)	η_v(%)	η_h(%)	η(%)
700	0	3.557	11.524	0.825	0.196	76.414	80.786	60.070	37.082
1400	0	25.754	90.885	1.650	0.364	77.920	81.917	61.528	39.274
2800	0	184.160	717.66	3.300	0.677	79.579	82.981	63.099	41.668
700	40	4.698	11.858	0.825	0.216	71.623	79.236	55.921	31.736
1400	40	36.944	94.610	1.650	0.420	71.917	79.724	55.903	32.052
2800	40	291.929	755.008	3.300	0.828	72.116	79.948	56.296	32.458

5.1.7　数值计算与试验结果对比分析

通过以上对数值计算方法适用性的研究，选取了 0.8mm 的网格尺寸、标准

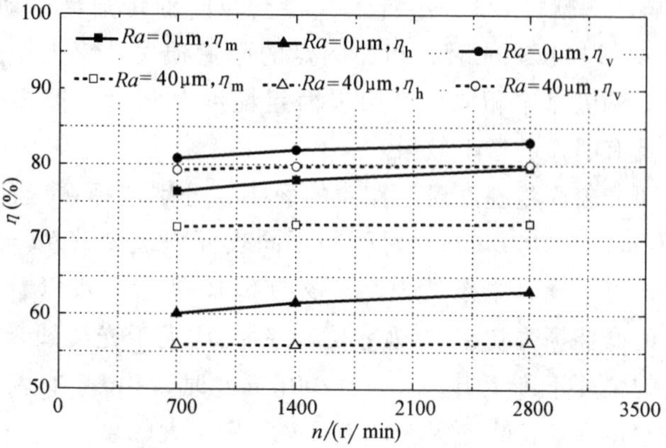

图 5-16　在两种表面粗糙度下不同转速 n 的泵机械效率 η_m、水力效率 η_h 及容积效率 η_v

$k-\varepsilon$ 湍流模型、3×10^{-5} 收敛精度及 1μm 的表面粗糙度值对带前、后口环的两级模型泵进行全流场数值计算，分别得到五个流量工况下（Q = 1.65m³/h、2.94m³/h、3.3m³/h、3.96m³/h、5.4m³/h）的数值计算结果，其与试验结果对比如图 5-17 所示。可以看出，在不同的流量工况下，数值计算得出的扬程 H 及效率 η 与试验结果非常吻合，在额定流量工况下即 Q = 3.3m³/h，两者几乎重合；在非额定流量工况下，由于泵的过流部件容易产生一些回流或脱流，流场相当紊乱，数值计算值与试验值产生一定的偏差，但是偏差还是保证在 3% 以内。结果表明，在考虑完整的计算模型及合适的数值计算设置方法基础上，采用 CFD 对多级自吸泵进行性能预测具有较高的可信度。

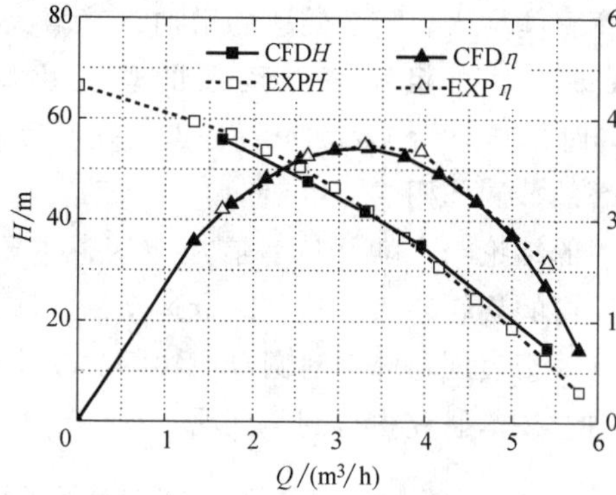

图 5-17　泵扬程 H 及效率 η 的数值计算与试验结果对比

5.2　基于数值计算的泵能量损失研究

上节主要是针对低比转速多级自吸泵的数值计算方法及表面粗糙度对泵性能影响进行研究，在上节研究的基础上，本节建立一种基于数值计算的损失模型法，并获取低比转速多级自吸泵内部各种损失之间的相互影响关系。

$$P_h = P_v + P_u + \Delta P_h = \rho g(Q + q)H_t \tag{5-15}$$

$$P_v = \rho g q H_t = \rho g q(H + h) \tag{5-16}$$

$$P_u = \rho g Q H \tag{5-17}$$

$$\Delta P_h = \rho g Q h \tag{5-18}$$

$$h = H_{in} + h_{ip} + h_{df} + h_{ca} + H_{out} \tag{5-19}$$

把式（5-19）代入式（5-18）中，得

$$\Delta P_h = \rho g Q(H_{in} + h_{ip} + h_{df} + h_{ca} + H_{out}) = \Delta P_{in} + \Delta P_{ip} + \Delta P_{df} + \Delta P_{ca} + \Delta P_{out} \tag{5-20}$$

把式（5-15）及式（5-20）代入式（5-4）中，得

$$P = P_m + P_v + P_u + \Delta P_{in} + \Delta P_{ip} + \Delta P_{df} + \Delta P_{ca} + \Delta P_{out} \tag{5-21}$$

式中：P_v 为容积损失功率（W）；P_u 为输出功率（W）；ΔP_h 为水力损失功率（W）；ΔP_{in}为进口段水力损失功率（W）；ΔP_{ip}为叶轮水力损失功率（W）；ΔP_{df}为导叶水力损失功率（W）；ΔP_{ca}为泵腔水力损失功率（W）；ΔP_{out}为出口段水力损失功率（W）；H_t 为多级泵理论扬程（m）；h 为单位液体流经泵内部损失能量（m）；h_{ip}为单位液体流经叶轮损失能量（m）；h_{df}为单位液体流经导叶损失能量（m）；h_{ca}为单位液体流经泵腔损失能量（m）。

查看图 5-1 中所示的四种不同的计算模型（无泵腔、无前后口环、无前口环、前口环间隙 1mm），逐步考虑了水力损失、圆盘摩擦损失、后口环级间泄漏损失及前口环容积泄漏损失。为了研究计算模型 M（1，2，3，4，5，6）对泵性能的重要影响及各种损失之间的相互影响关系，选取图 5-1 中四种计算模型作为模型 1、模型 2、模型 3 及模型 6，再额外选取前口环间隙 0.25mm 及 0.5mm 的模型作为模型 4 及 5，额定流量工况下泵性能参数的计算结果见表 5-9 及表 5-10。

表 5-9　额定流量工况下不同计算模型的泵性能参数

部件	模型 M	H /m	P /W	q/ (m^3/h)	η_m (%)	η_v (%)	η_h (%)	η (%)
无泵腔	1	50.967	707.040	0	100	100	64.756	64.756
无前后口环	2	53.292	875.961	0	79.399	100	68.833	54.653
无前口环	3	50.210	919.386	0	75.478	100	64.999	49.060
前口环 0.25mm	4	45.463	921.565	0.455	78.342	87.893	64.361	44.317
前口环 0.5mm	5	42.675	915.911	0.620	79.050	84.180	62.899	41.856
前口环 1mm	6	41.621	909.119	0.687	79.150	82.777	62.772	41.127

表 5-10　额定流量工况下不同计算模型的泵轴功率组成成分

模型 M	P_m /W	P_v /W	P_u /W	ΔP_{in} /W	ΔP_{ip} /W	ΔP_{df} /W	ΔP_{ca} /W	ΔP_{out} /W
1	0	0	457.851	0.0230	63.117	184.684	0	1.370
2	180.454	0	478.740	0.0224	54.648	149.119	11.674	1.304
3	225.452	0	451.053	0.0241	50.341	164.941	25.867	1.707
4	199.593	87.411	408.411	0.252	52.024	158.695	13.393	1.786
5	191.882	114.541	383.366	0.140	57.730	156.222	10.241	1.788
6	189.549	123.933	373.894	0.0575	59.863	154.993	5.074	1.755

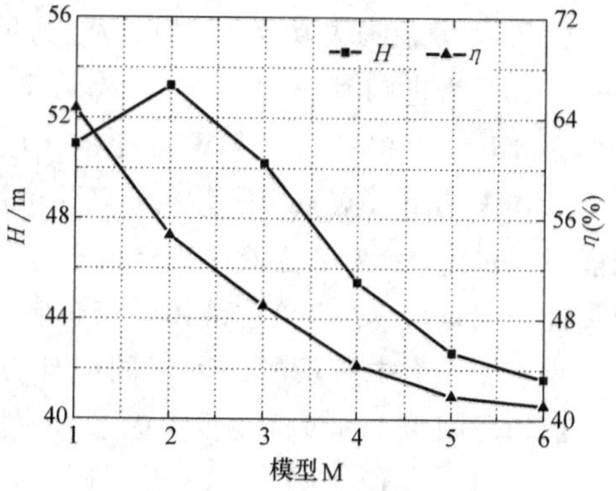

图 5-18　不同计算模型 M 的泵扬程 H 及效率 η

图 5-18 所示为额定流量工况下不同计算模型 M 的泵扬程 H 及效率 η。结合表 5-9 可知，随着计算模型的完整性逐渐增加，计算得出的效率不断降低，最大差值超过 23.5 个百分点，其偏差达 50% 以上；扬程先增大后减小，其主要原因在于模型 2 考虑了泵腔，其内部的旋转圆盘增大了泵的扬程，而考虑了级间泄漏及口环容积泄漏后泵的扬程大幅度降低，最大差值接近 12m，其偏差达到 30%。由此可见，在低比转速离心泵的数值计算过程中，保证计算模型的完整性是数值计算准确的重要前提。

图 5-19 所示为额定流量工况下不同计算模型 M 的泵机械效率 η_m、水力效率 η_h及容积效率 η_v。结合表 5-10 可知，在不考虑前口环泄漏的前三种模型中（M＝1、2、3），泵的容积效率为 100%。随着前口环间隙的增大，容积效率不断降低，但其降低的速度显著减慢。主要原因为前口环间隙增大导致了泵的扬程大幅度降低，进而前口环两端的压力差快速减小，致使前口环泄漏量的增长速度明显减慢。考虑圆盘摩擦损失后，模型 2 的机械效率下降了 20%；在考虑级间泄漏后，模型 3 的机械效率继续下降了 4 个百分点，表明级间泄漏的部分能量是由圆盘摩擦损失功率转化的；在继续考虑前口环容积泄漏后，模型 4 的机械效率增加了 3 个百分点，表明容积泄漏的增加反而减少了圆盘摩擦损失；在继续增大前口环间隙后，模型 5 及模型 6 的机械效率继续增大，但增大幅度显著降低，主

要是由容积泄漏量的增大速度明显降低引起的。考虑圆盘摩擦损失后，模型2的水力效率上升了4个百分点，主要是因为旋转圆盘提高了泵的扬程；在考虑级间泄漏后，模型3的水力效率又下降了4个百分点。在这一加一减过程中，表明级间泄漏的剩余能量也是由圆盘摩擦损失功率转化。在继续考虑前口环容积泄漏后，由于叶轮的实际通过流量上升，其运行工况向大流量偏移，泵的水力效率之后不断降低，但其降低速度逐渐减小。

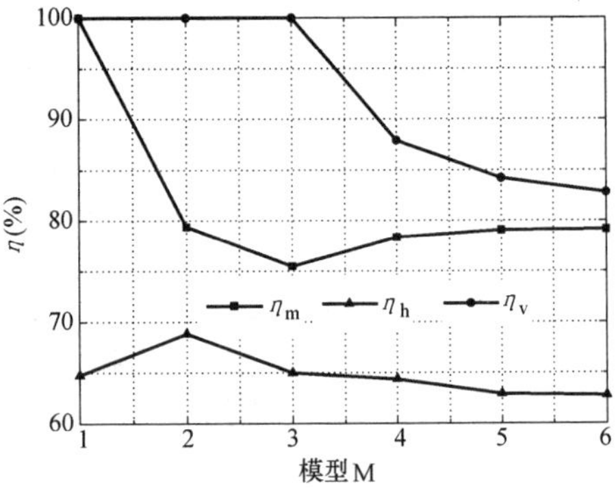

图5-19　不同计算模型M的泵机械效率 η_m、水力效率 η_h 及容积效率 η_v

图5-20所示为额定流量工况下不同计算模型M的泵轴功率组成成分。结合表5-10可知，出口段的水力损失功率明显大于进口段的水力损失功率，主要是由于导叶叶片出口安放角并非90°，导致泵的出口流动具有一定的环量，而旋转运动流体的水力损失明显增加。相比于整体损失功率，进、出口段的水力损失功率基本可以忽略不计，因此并没有计入图5-20中。模型1中，仅仅考虑了叶轮及导叶的水力损失功率，泵的轴功率明显偏低；模型2中，考虑了泵腔流动，泵的圆盘摩擦损失功率及输出功率大幅度增加；模型3中，考虑了级间泄漏损失，泵的圆盘摩擦损失功率及水力损失功率上升；模型4中，考虑了前口环容积泄漏，泵的容积泄漏损失功率大幅度增加，而圆盘摩擦损失功率小幅度减小，由于泵的轴功率基本稳定，导致泵的输出功率大幅度下降；模型5及模型6中，随着前口环间隙的增大，容积泄漏损失功率继续上升，圆盘摩擦损失功率及输出功率继续减小，但其变化速度逐渐减慢。在本模型泵的轴功率组成成分中，圆盘摩擦损失功率、导叶水力损失功率及容积泄漏损失功率分别占21%、17%及13%，而泵的输出功率仅占40%。表明了大幅度提高泵效率的前提就是降低这三种损失功率的比例，而圆盘摩擦损失功率及容积泄漏损失功率相互制约，因此降低导叶的水力损失功率是增加低比转速离心泵的重要方法之一，而学者们过去更注重改善叶轮的水力性能。

为了深入研究泵三大分效率之间的相互影响关系，再次选择模型2、模型3及模型6三种计算模型（模型2考虑了圆盘摩擦损失，模型3在模型2的基础上考虑了后口环级间泄漏，模型6在模型3的基础上考虑了前口环容积泄漏，前后口环间隙均为1mm)，并得到三种计算模型在不同流量工况下的泵性能参数，计算结果见表5-11及表5-12，其中 q_b 为级间泄漏量。

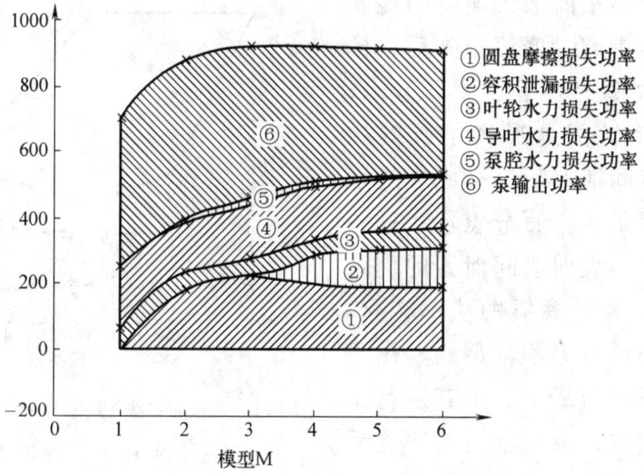

图 5-20 不同计算模型 M 的泵轴功率 P 组成成分

表 5-11 不同流量工况下三种计算模型的泵性能参数计算结果

Q/ (m^3/h)	模型 M	H /m	P /W	q/ (m^3/h)	q_b/ (m^3/h)	η_m (%)	η_v (%)	η_h (%)	η (%)
1.65	2	69.220	744.197	0	0	73.663	100	56.716	41.778
2.64	2	60.033	817.668	0	0	77.244	100	68.309	52.764
3.3	2	53.292	875.961	0	0	79.399	100	68.833	54.653
3.96	2	45.627	934.265	0	0	80.787	100	65.167	52.647
5.4	2	21.914	969.653	0	0	81.404	100	40.271	32.782
1.65	3	67.093	776.027	0	0.247	68.093	100	57.030	38.833
2.64	3	56.866	859.269	0	0.210	72.696	100	65.425	47.561
3.3	3	50.210	919.386	0	0.178	75.478	100	64.999	49.060
3.96	3	42.912	967.503	0	0.134	77.776	100	61.475	47.813
5.4	3	21.449	971.336	0	0.00602	81.269	100	39.942	32.460
1.65	6	55.916	796.626	0.877	0.224	73.830	65.291	65.711	31.528
2.64	6	47.682	866.520	0.752	0.190	77.329	77.826	65.881	39.546
3.3	6	41.621	909.119	0.687	0.156	79.150	82.777	62.772	41.127
3.96	6	35.019	937.653	0.636	0.114	80.616	86.154	57.968	40.261
5.4	6	14.784	917.088	0.479	0.00351	82.565	91.859	31.245	23.697

图 5-21 所示分别为三种计算模型（M2，M3，M6）在五个流量工况下（$Q=1.65m^3/h$、$2.94m^3/h$、$3.3m^3/h$、$3.96m^3/h$ 及 $5.4m^3/h$）的泵扬程 H 及效率 η。结合表 5-11 可知，在分别考虑前口环容积泄漏及后口环级间泄漏后，在

表 5-12 不同流量工况下三种计算模型的泵轴功率组成成分

Q/(m^3/h)	模型 M	P_m /W	P_v /W	P_u /W	ΔP_{in} /W	ΔP_{ip} /W	ΔP_{df} /W	ΔP_{ca} /W	ΔP_{out} /W
1.65	2	196.003	0	310.912	0.00928	93.774	117.801	25.297	0.394
2.64	2	186.073	0	431.435	0.00965	55.481	127.106	16.731	0.833
3.3	2	180.454	0	478.740	0.0224	54.648	149.119	11.674	1.304
3.96	2	179.500	0	491.860	0.0379	64.365	189.441	6.897	2.164
5.4	2	180.319	0	317.873	0.0782	110.352	356.286	0.0327	4.712
1.65	3	247.606	0	301.358	0.00216	74.213	86.834	65.543	0.472
2.64	3	234.619	0	408.679	0.0122	47.428	129.161	38.255	1.116
3.3	3	225.452	0	451.053	0.0241	50.341	164.941	25.867	1.707
3.96	3	215.018	0	462.593	0.0390	62.292	210.167	14.641	2.753
5.4	3	181.938	0	315.297	0.0782	110.486	358.721	0.0515	4.764
1.65	6	208.475	204.172	251.121	-0.525	36.177	83.503	13.260	0.492
2.64	6	196.452	148.194	343.564	-0.0599	41.170	122.187	13.127	1.042
3.3	6	189.549	123.933	373.894	0.0575	59.863	154.993	5.074	1.755
3.96	6	181.758	103.979	379.982	0.103	67.430	197.043	2.198	2.709
5.4	6	159.895	61.652	217.320	0.0902	119.127	353.967	0.431	4.606

五个流量工况下泵的扬程及效率均下降，其中前口环容积泄漏导致泵扬程及效率下降的幅度远高于后口环级间泄漏，表明在低比转速多级离心泵中容积泄漏损失远高于级间泄漏损失；随着流量的增加，级间泄漏导致泵扬程及效率下降的幅度先增大后减小，最后下降幅度接近于0；容积泄漏导致泵扬程及效率下降的幅度则保持不断减小的趋势，但其减小的速度明显较缓慢。

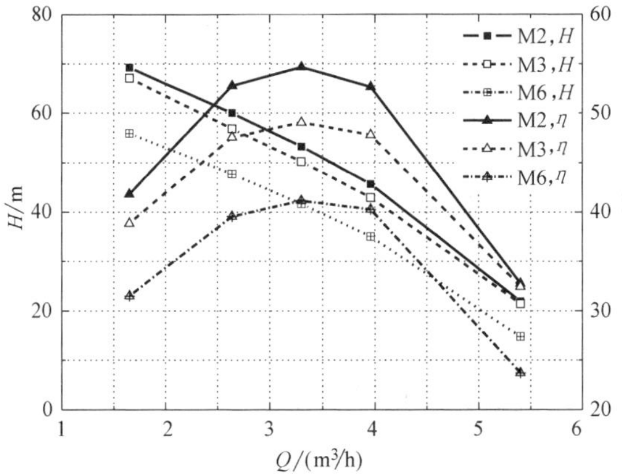

图 5-21 不同流量工况下三种计算模型（M2、M3、M6）的泵扬程 H 及效率 η

图 5-22 所示分别为三种计算模型（M2，M3，M6）在五个流量工况下的泵机械效率 η_m、水力效率 η_h 及容积效率 η_v。结合表 5-11 可知，由于没有考虑前口环容积泄漏，模型 2（M2）及模型 3（M3）的容积效率均为 100%，随着流量的增加及前口环两端压力差的减小，模型 6 的容积效率由 65.291% 增加至 91.859%，表明流量对容积效率的影响极其显著。模型 2（M2）及模型 6（M6）的机械效率基本重合，而模型 3 的机械效率较低，表明级间泄漏导致机械效率的降低，而容积泄漏则导致机械效率的上升，两者对机械效率的作用程度基本相同；随着流量的增加，三种模型的机械效率均上升，而模型 3 的机械效率上升幅度较快；在大流量工况时，三种模型的机械效率基本相同，表明此时级间泄漏与容积泄漏对机械效率的影响很小，基本可以忽略不计。级间泄漏及容积泄漏都会导致水力效率的降低，并使得三种模型的最高水力效率点往小流量方向偏移；随着流量的增加，级间泄漏导致水力效率降低的幅度先增大后减小最后接近于 0，而容积泄漏导致水力效率降低的幅度则不断增大。

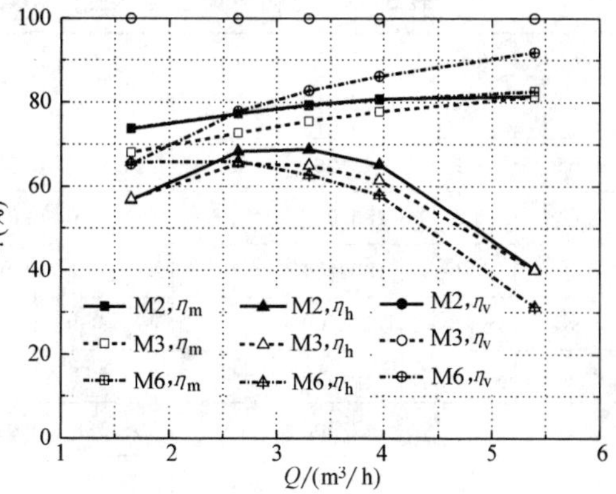

图 5-22 不同流量工况下三种计算模型（M2，M3，M6）的泵机械效率 η_m、水力效率 η_h 及容积效率 η_v

图 5-23 所示分别为三种计算模型在五个流量工况下的泵轴功率组成成分。结合表 5-17 可知，从整体上看，在五个流量工况下三种模型的泵输出功率在整个泵的轴功率中所占比例不高，表明低比转速离心泵效率偏低的主要原因在于泵内部的各种损失功率过大。随着流量的增加，进、出口段的损失功率不断增大，泵的圆盘摩擦损失功率逐渐减小，叶轮的水力损失功率先减小后增大，显示导叶的水力损失功率逐渐增大，而泵腔的水力损失功率逐渐减小并接近于 0；泵的输出功率先增大后减小，并在接近额定流量工况下有一个最大值。考虑前口环泄漏后，随着流量的增大，模型 6 的容积泄漏损失功率不断减小，进口段的损失功率在小流量工况下为负，主要是因为此时从泵腔回流到进口段的高速流体流量很大，在一定程度上增大了叶轮进口处的总压，导致进口段的损失功率（叶轮进口处的总压减去进口段进口处的总压）反而变成负的。对比图 5-23a、b 可以发现，考虑级间泄漏后，泵的圆盘摩擦损失功率增大；随着流量的增加，级间泄漏量逐渐减少并接近于 0，即导致圆盘摩擦损失功率增大幅度也随之不断减小最后

接近于0，即充分表明级间泄漏的部分能量是由圆盘摩擦损失功率转化的。同时在小流量工况下，叶轮及导叶的水力损失功率减小，而泵腔的水力损失功率增大，但三者之和还是减小的；随着流量的增加，减小幅度不断降低最后在大流量工况下接近于0，表明级间泄漏的剩余部分能量是由水力损失功率转化的；另外泵的输出功率减小，随着流量的增加，减小幅度先升高后降低，最后在大流量工况下接近于0。结果表明，级间泄漏对泵的轴功率各个组成部分的影响作用强度是随着流量增加而逐渐减弱的，直至在大流量工况下基本为0。

对比图5-23b、c可以发现，考虑前口环容积泄漏后，泵的圆盘摩擦损失功率减小，并随着流量的增加，容积泄漏量逐渐减少，导致圆盘摩擦损失功率减小幅度也随之不断降低，表明了容积泄漏量的增加会减少圆盘摩擦损失功率；考虑前口环容积泄漏后，通过叶轮的液体实际流量增加了，导致叶轮及导叶的水力损失功率先减小后增大，而泵腔的水力损失功率逐渐减小；另外泵的输出功率减小，但随着流量的增加，其减小幅度不断上升；原本流量的增加会导致容积泄漏

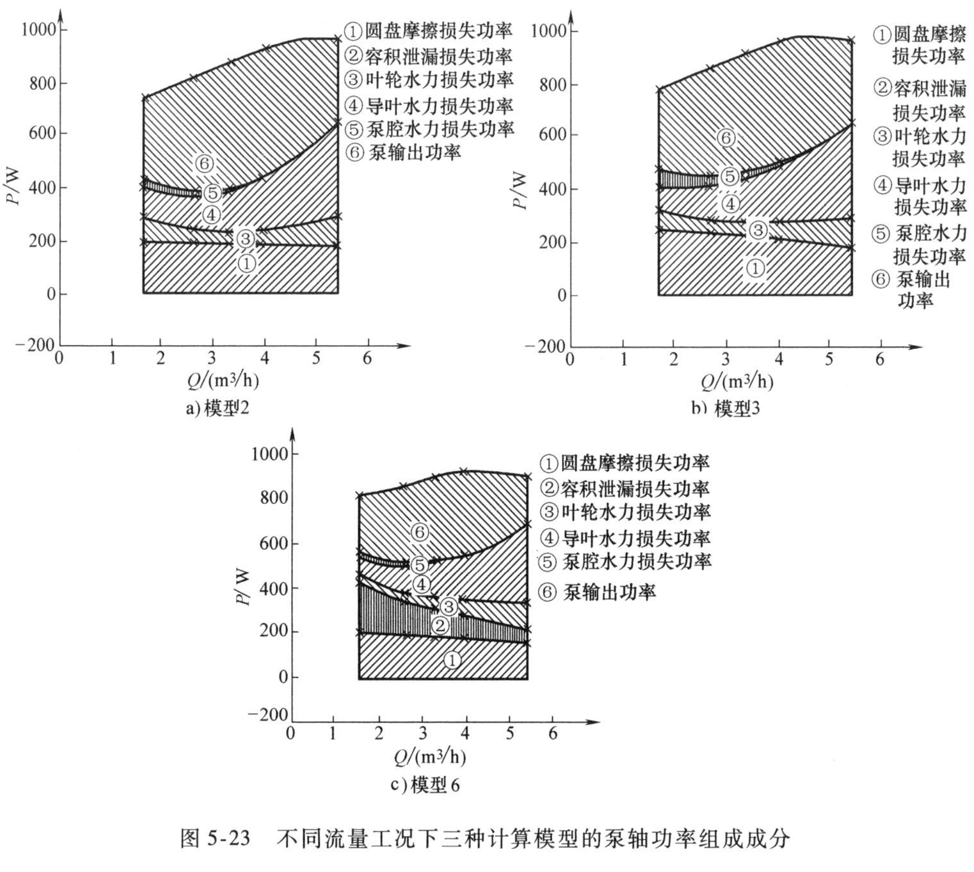

图5-23　不同流量工况下三种计算模型的泵轴功率组成成分

量的减少并增大输出功率，但是本模型泵是一台无过载离心泵（在大流量区域有一个最大轴功率点，超过这个流量点轴功率则不断减小），在考虑前口环容积泄漏后，叶轮的实际流量上升后，导致在大流量区域轴功率整体减小，从而使轴功率的组成成分——输出功率的减小幅度反而随流量的增加不断上升。结果表明，容积泄漏对泵的轴功率各个组成部分的影响作用强度随流量增加而逐渐减弱。

为了更深入地研究泄漏量与圆盘摩擦损失之间关系，通过表5-11及表5-12分别得到考虑级间泄漏与容积泄漏前后的泄漏量与圆盘摩擦损失功率的变化关系，如图5-24所示。可以看出，随着流量的增加，级间泄漏量及容积泄漏量不断降低，其中在大流量工况下，级间泄漏量接近于0。在不考虑前口环容积泄漏及后口环级间泄漏时，随着流量的增加，泵的圆盘摩擦损失功率有下降的趋势，但其下降幅度非常缓慢，并在额定流量及大流量工况下基本稳定。在考虑级间泄漏后，泵的圆盘摩擦损失功率增大，其增大幅度随着流量的增加不断降低；考虑前口环容积泄漏后，由于叶轮的实际通过流量增大，圆盘摩擦损失功率则减小，并随着流量的增加其减小的幅度不断降低。此外，容积泄漏量的增加亦会导致级间泄漏量的降低，以及进一步降低圆盘摩擦损失功率。

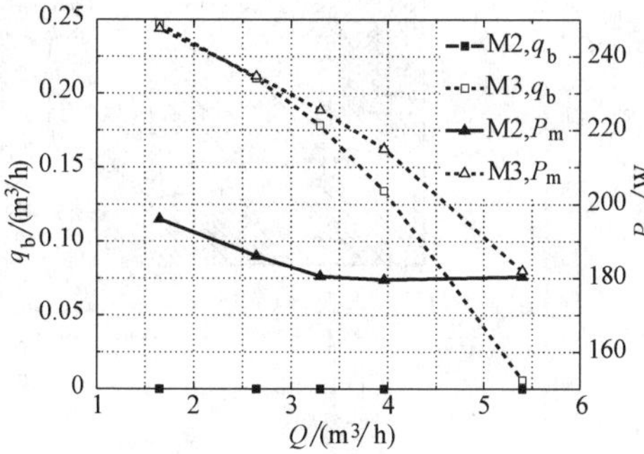

a) 考虑级间泄漏前后

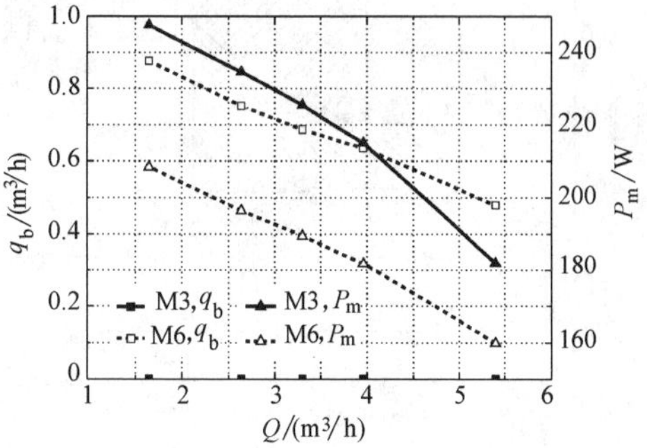

b) 考虑容积泄漏前后

图5-24　不同流量工况下圆盘摩擦损失及泄漏量的关系

令　$\Delta\zeta_1 = \dfrac{P_{m3} - P_{m2}}{P_m}$，$\Delta\gamma_1 = \dfrac{q_2}{Q_{des}}$，$\Delta\zeta_2 = \dfrac{P_{m3} - P_{m6}}{P_m}$，$\Delta\gamma_2 = \dfrac{q}{Q_{des}}$。

式中：$\Delta\zeta_1$ 为考虑级间泄漏后的圆盘摩擦损失功率增大系数；$\Delta\zeta_2$ 为考虑容积泄漏后的圆盘摩擦损失功率减小系数；$\Delta\gamma_1$ 为考虑级间泄漏后的泄漏量系数；$\Delta\gamma_2$ 为考虑容积泄漏后的泄漏量系数；P_{m2} 为模型2（不考虑级间泄漏及容积泄漏）的圆盘摩擦损失功率（W）；P_{m3} 为模型3（考虑级间泄漏而不考虑容积泄漏）的圆盘摩擦损失功率（W）；P_{m6} 为模型6（考虑级间泄漏及容积泄漏）的圆盘摩擦损失功率（W）；P_m 为某一参照圆盘摩擦损失功率，这里选择模型2（M2）在额定流量工况下的圆盘摩擦损失功率，即 180.454W；Q_{des}为某一参照流量，这里选择额定工况下的流量，即 3.3m^3/h。

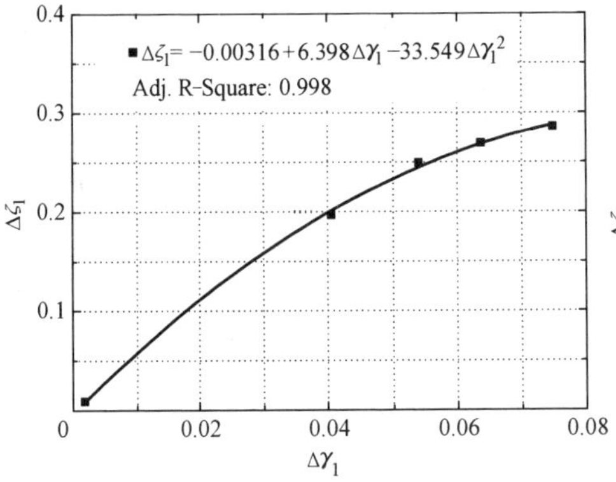

a) 考虑级间泄漏后的圆盘摩擦损失功率增大系数

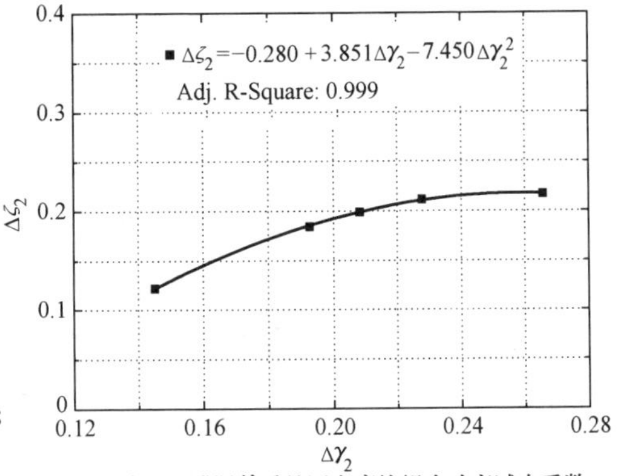

b) 考虑口环泄漏前后的圆盘摩擦损失功率减小系数

图 5-25 圆盘摩擦损失变化系数及泄漏量系数的关系

图 5-25 所示为不同泄漏量系数下 $\Delta\gamma$ 的圆盘摩擦损失功率的变化系数 $\Delta\zeta$，得

$$\Delta\zeta_1 = -0.00316 + 6.398\Delta\gamma_1 - 33.549\Delta\gamma_1^2 \tag{5-22}$$

$$\Delta\zeta_2 = -0.280 + 3.851\Delta\gamma_2 - 7.450\Delta\gamma_2^2 \tag{5-23}$$

可以发现，级间泄漏量与容积泄漏量对圆盘摩擦损失功率都有着重要的影响；当级间泄漏系数接近 0.08 时，圆盘摩擦损失功率的增大系数接近 0.3；当容积泄漏量系数接近 0.2 时，圆盘摩擦损失功率的减小系数接近 0.2。表明级间泄漏量对圆盘摩擦损失功率的影响更为显著；随着泄漏量系数的增加，圆盘摩擦损失功率的变化系数也随之增大，但其增大速度逐渐减慢。

为了进一步研究泄漏量与圆盘摩擦损失之间的相互关系，图 5-26 给出了不同容积泄漏量的四种计算模型（M3、M4、M5 与 M6）的前盖板壁面在不同半径 r/R 处的剪切应力 τ。可以看出，次级叶轮前盖板的剪切应力略大于首级叶轮，且整体变化趋势基本相同。不考虑容积泄漏时（M3），随着半径的增大，前盖板的壁面剪切应力呈线性增大；在考虑容积泄漏后（M4、M5 与 M6），随着半径的增大，前盖板的壁面剪切应力先减小后增大。当 $r/R \approx 0.5$ 时，前盖板的壁面剪切应力最小接近 0；当 $r/R > 0.5$ 时，随着容积泄漏量的增加，前盖板的壁面剪切应力逐渐减小，该规律在模型 3（M3）与模型 4（M4）中体现得最为显著。图 5-27 给出了不同级间泄漏量的两种计算模型（M2 与 M3）的后盖板壁面在不同半径 r/R 处的剪切应力 τ。可以看出，首级叶轮后盖板的剪切应力与次级叶轮基本相同；考虑级间泄漏后，后盖板的壁面剪切应力迅速增大。以上结果表明，容积泄漏增大了前盖板的壁面剪切应力，而级间泄漏减小了后盖板的壁面剪切应力，从而导致两种泄漏影响圆盘摩擦损失功率的规律正好相反。

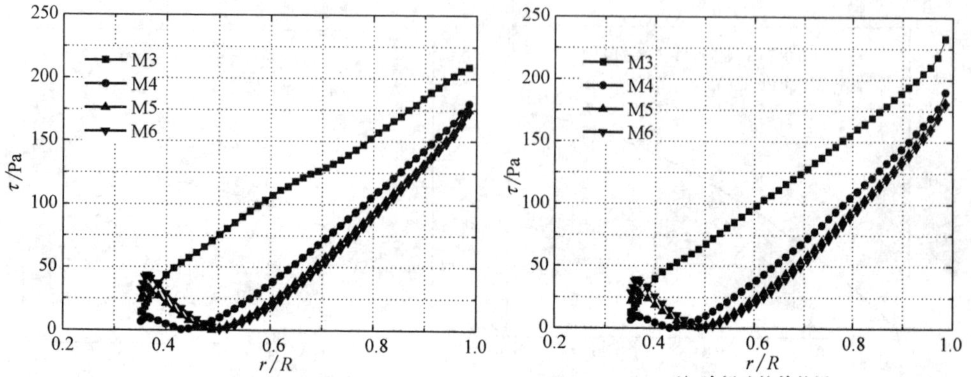

a) 首级叶轮前盖板　　b) 次级叶轮前盖板

图 5-26　不同口环泄漏的前盖板壁面剪切应力变化曲线

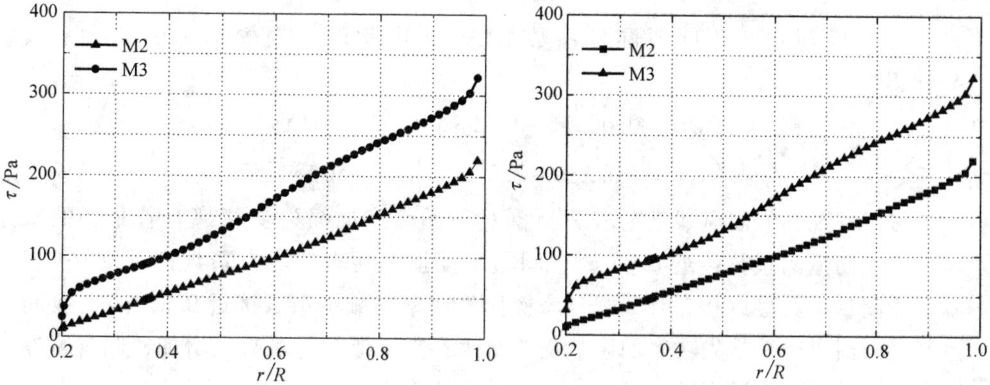

a) 首级叶轮后盖板　　b) 次级叶轮后盖板

图 5-27　不同级间泄漏的后盖板壁面剪切应力变化曲线

通过以上分析可知，不考虑级间泄漏与容积泄漏时，随着流量的增加，泵的水力损失功率先减小后增大，并在一个合适的流量工况时（一般是额定流量工况）有一个极小值；而泵的圆盘摩擦损失功率随流量的增加有下降的趋势，但其下降幅度非常缓慢。考虑级间泄漏后，泵的圆盘摩擦损失功率及水力损失功率都增大，其中增大的水力损失功率从根源上讲也是由圆盘摩擦损失功率转化而来。考虑前口环容积泄漏后，由于叶轮的实际通过流量增大，泵的水力损失功率向大流量方向偏移，圆盘摩擦损失功率则减小，容积泄漏量的增加亦会导致级间泄漏量的降低，且进一步降低了圆盘摩擦损失功率。简而言之，容积泄漏量的增大会减少圆盘摩擦损失功率，并让水力损失功率及流量曲线向大流量方向偏移；

而级间泄漏量的增加会增大圆盘摩擦损失功率。

在一般的离心泵中，由于圆盘摩擦损失功率在整体轴功率中所占比例较小，而水力损失功率一般在额定流量工况下也极小。增加容积泄漏后，圆盘摩擦损失功率减小，而在额定流量工况下（实际流量已偏大流量工况）水力损失功率增大，这样整体的损失功率是增大的，这也是增大口环间隙导致效率大幅度降低的原因。然而，在超低比转速离心泵中，圆盘摩擦损失功率在轴功率中所占比例极大，而且一般是采用“加大流量设计法”进行泵的设计，所谓的额定流量工况是泵真实的小流量工况。增大容积泄漏后，圆盘摩擦损失功率大幅度降低，而且由于水力损失功率正好向真实的额定流量工况偏移，导致水力损失功率也大幅度降低。尽管容积泄漏损失功率大幅度升高，但是三者相互作用的结果有很大可能使整体损失功率反而降低，即增大容积泄漏量反而会提高额定流量工况下超低比转速离心泵的效率。日本学者 Kurokawa 曾在一台比转速为 27 的离心泵上做过以下试验，即在前盖板上切割一个直径 5mm 的孔，泵的效率提高了 3.5%；继续切割第二个孔后，泵的效率降低至与原模型泵一致。当然，本研究中的模型泵只是一台普通的低比转速自吸离心泵，并不适用以上规律，但是三种损失功率之间的相互影响关系不容忽视。

5.3 模型泵效率优化的方法

由 5.2 的研究内容可知，可以通过减少泵内部的损失功率来提高泵效率。本模型泵主要以圆盘摩擦损失功率、容积泄漏损失功率及导叶的水力损失功率最为显著。圆盘摩擦损失功率受两方面的因素影响，一是圆盘直径、转速及表面粗糙度等几何参数，二是级间泄漏量及容积泄漏量。圆盘直径、转速及表面粗糙度跟圆盘摩擦损失功率呈正相关特性。由于企业对泵的单级关死点扬程有着较高的要求，不允许降低圆盘直径及转速；而表面粗糙度已经基本达到理论最小值，故基本无法通过减少这三个参数来降低圆盘摩擦损失功率。级间泄漏量与圆盘摩擦损失功率也呈正相关特性，即可以通过减少级间泄漏量来降低圆盘摩擦损失功率。容积泄漏量与圆盘摩擦损失功率呈负相关特性，即增大容积泄漏量可以减小圆盘摩擦损失功率；然而容积泄漏量的增加亦导致容积泄漏损失功率的大幅度上升，在一般离心泵中，容积泄漏损失功率的增大幅度会大于圆盘摩擦损失功率的减小幅度。因此，本模型泵可以通过减少容积泄漏量来降低总的损失功率，从而提高泵效率。通过前面可以知道，随着流量的增加，导叶的水力损失功率大幅度上升，表明了导叶设计过小，液体通过能力不足，需要增大导叶的尺寸。

本模型泵由于采用悬臂式结构，仅在泵与电动机的连接部位装有滚动轴承，导致轴的跳动度较大，前、后口环的间隙不得不保持在 0.5 ~ 1mm 之间，如图

5-28a所示。因此，通过以下三个方法来提高泵的效率。

1）在叶轮前口环上放置塑料密封环，如图 5-28b 所示。由于受压力差的影响，在泵的运行过程中密封环一直紧贴在泵壁，起着一定的防止容积泄漏的作用。由于这种方法简单快捷，企业愿意采纳。经企业内部试验对比，采用密封环的多级自吸泵效率大约可以提高 2 ~ 3 个百分点。然而，这种方法不适用级间泄漏的减少，因为压力差会让密封环紧贴在后盖板，从而使密封环无法产生作用。

2）在泵的进口部位安装一个滑动轴承装置，如图 5-28c 所示。由于轴的两端同时固定，轴的跳动度迅速减小，从而使前、后口环间隙可以保持在 0.2mm 以内，这样可以大幅度提高泵的效率。然而，采用以上方法后，在泵运行过程中，泵体会发生轻微的振动，影响了用户对产品的满意度。因此，企业并不愿意

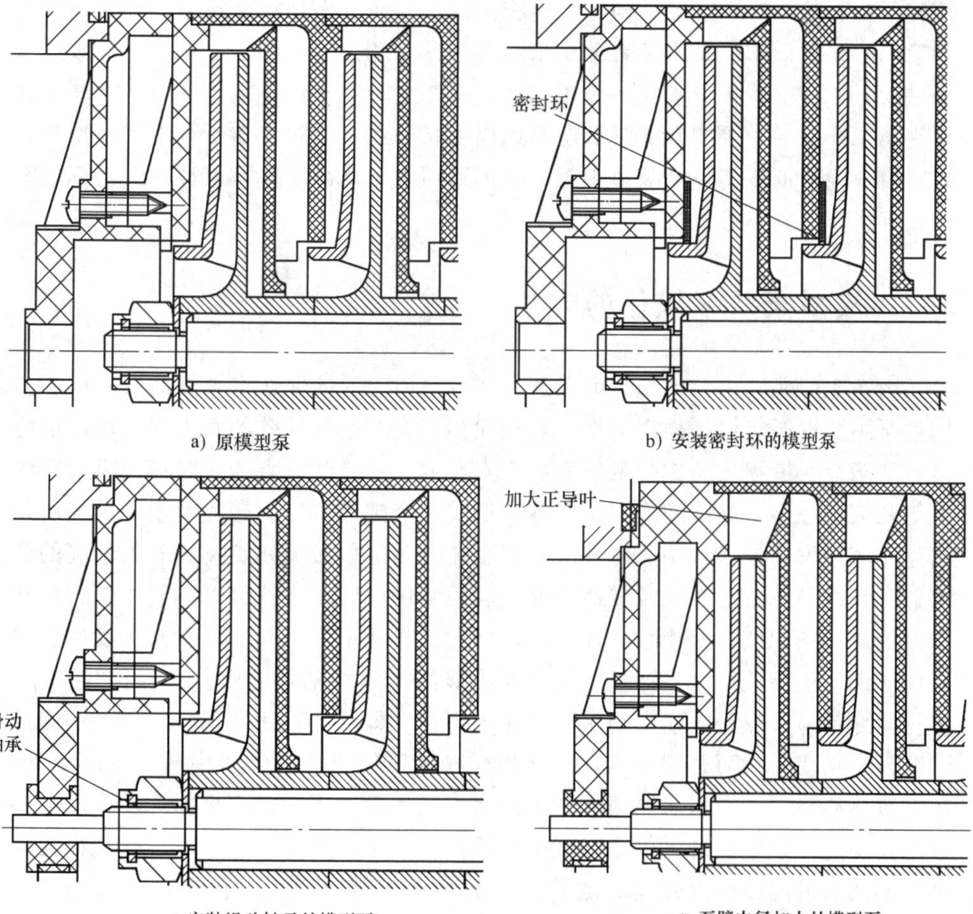

a) 原模型泵　b) 安装密封环的模型泵　c) 安装滑动轴承的模型泵　d) 泵壁内径加大的模型泵

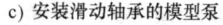

图 5-28　提高泵效率若干方法研究的示意图

采纳该方法。

3）增大正导叶的径向尺寸，如图 5-28d 所示。由于企业对泵的单级关死点扬程有着极高的要求（$H_{max} \geqslant 13m$），又对泵的最大单级轴功率有一定的限制（$P_{max} \leqslant 200W$），导致作者在泵的设计过程中不得不选取较小的叶轮出口安放角及较大的叶轮直径；又由于泵的内径受到限制（$D_{max} \leqslant 118mm$），导致正导叶的单边径向尺寸仅为 4.5mm，使正导叶的液体通过能力明显不足。随着流量的增加，导叶的水力损失功率会急剧增大。因此，有两个方法可以解决上述问题，一是放开对关死点扬程的限制，二是放开对泵壁内径的限制。前者可以通过减少叶轮直径来增大正导叶径向尺寸，不仅可以降低圆盘摩擦损失功率，还可以减少导叶的水力损失功率；后者可以直接增大正导叶的径向尺寸。在设计另外一台比转速为 120 的 M360 模型泵时，作者曾经做过不同泵壁内径模型的对比分析，发现在额定流量工况下，采用 164mm 内径的泵效率要比 118mm 内径的泵效率高 10 个百分点，前者导叶的水力损失功率仅为后者的 40%。因此，在流道式导叶的设计过程中，正导叶的径向尺寸必须保证足够大。

5.4 本章小结

针对一款典型的多级自吸喷灌泵，采用不同的网格数、湍流模型、收敛精度及表面粗糙度，以及对多级喷灌泵模型进行数值计算时，也进行了一些数值计算设置方法的研究。在此基础上，建立了一种基于数值计算的损失模型法，包括考虑进口段、出口段、叶轮、导叶及泵腔水力损失、圆盘摩擦损失、口环泄漏损失及级间泄漏损失在内的各种损失，把各种损失全部计算出来，从而获得各种损失之间的相互影响关系及所占比例关系，为多级自吸喷灌泵的性能优化提供了一定的指导。

1）基于多级自吸喷灌泵的首级叶轮进口为无旋流入，其他各级叶轮进口则为有旋流入的流动特点，再结合数值计算的结果确定了两级模型泵作为计算域。通过对两级模型泵的网格无关性研究表明，当网格尺寸小于 0.8mm，网格数量大于 406 万时，额定点效率及扬程基本稳定，考虑到计算精度与计算时间的协调，确定 0.8mm 作为网格尺寸大小进行网格划分；选择了五种常见的湍流模型进行了适用性研究，通过对比试验结果最终选择了标准 $k-\varepsilon$ 湍流模型。收敛精度的研究表明：当收敛精度为 10^{-3}时，计算结果与试验结果相差甚大，其值偏小；当收敛精度小于 10^{-4}时，计算结果趋于稳定。

2）表面粗糙度对多级自吸喷灌泵的数值计算结果影响极大。①随着表面粗糙度的增加，泵的扬程和效率不断降低，但其降低的速度逐渐减慢，当表面粗糙度由 0μm 增大至 80μm 时，两者下降的幅度分别为 14.192% 及 31.057%，表明表面粗糙度对效率的影响远大于对扬程的影响。②随着表面粗糙度的增加，泵的圆盘摩擦损失功率、水力损失功率不断增大，但其增大的速度却不断减慢，当表面粗糙度由0μm增大至80μm时，圆盘摩擦损失功率与水力损失功率增大的幅度分别为85.435%及7.605%，表明表面粗糙度对圆盘摩擦损失功率的影响远大于对水力损失功率的影响。③随着表面粗糙度的增加，泵的机械效率、水力效率及容积效率不断降低，但其降低的速度不断减慢，当表面粗糙度由0μm增大至80μm时，三者降低的幅度依次为12.869%、16.224%及4.763%，表明表面粗糙度主要通过降低水力效率及机械效率来实现低比转速多级自吸泵总效率的大幅度降低。

叶轮、导叶、盖板外壁及泵腔内壁等部件的表面粗糙度对泵效率的影响作用依次增强，对泵扬程的影响作用从小到大的顺序为叶轮、导叶、泵腔内壁及盖板外壁，当盖板外壁与泵腔内壁同时设置表面粗糙度时，两者共同对泵扬程的影响作用反而小于其中单一部件设置表面粗糙度，表明各过流部件的表面粗糙度对泵性能的影响并不独立作用，而是彼此相互影响。盖板外壁表面粗糙度增加的圆盘摩擦损失功率占所有过流部件表面粗糙度增加圆盘摩擦损失功率的84.480%，而所有过流部件表面粗糙度增加的圆盘损失功率占增加轴功率的74.264%，表明表面粗糙度增加的轴功率主要是由增加的圆盘摩擦损失功率组成，而增加的圆盘摩擦损失功率主要是由盖板外壁的表面粗糙度决定。叶轮与导叶的表面粗糙度主要影响泵的水力效率，盖板外壁的表面粗糙度主要是影响泵的机械效率，泵腔内壁的表面粗糙度主要影响泵的容积效率，各个部件表面粗糙度共同对三个分效率的影响作用小于各个部件表面粗糙度单独对三个分效率影响作用之和，表明各个部件表面粗糙度对泵性能的作用是相互影响的。

另外，随着流量的增加，表面粗糙度对泵的扬程与效率影响作用不断增大，而对泵功率的影响基本保持不变。粗糙圆盘的摩擦损失功率及水力损失功率均大于光滑圆盘，随着转速的增加，两者增大的幅度不断上升，表明转速的增加能够强化表面粗糙度对圆盘摩擦损失功率的影响作用。当转速为700r/min时，40μm的表面粗糙度导致泵的总效率降低了5.462个百分点；当转速增加至2800r/min时，其降低9.210个百分点，表明表面粗糙度在高转速下对泵的效率具有更显著的抑制作用。

3）随着计算模型的完整性逐渐增加，计算得出的效率不断降低，最大差值超过23.5个百分点，其偏差达50%以上。扬程先增大后减小，最大差值接近12m，其偏差达到30%，表明在多级自吸泵的数值计算过程中，保证计算模型的完整性是数值计算准确的重要前提。在不考虑级间泄漏与容积泄漏前，随着流量的增加，泵的水力损失功率先减小后增大，并在一个合适的流量工况时（一般是额定流量工况下）有一个极小值，而泵的圆盘摩擦损失功率随流量的增加有下降的趋势，但其下降幅度非常缓慢。考虑级间泄漏后，泵的圆盘摩擦损失功率及水力损失功率都增大，其中增大的水力损失功率从根源上讲也是由圆盘摩擦损失功率转化而来。考虑前口环容积泄漏后，由于叶轮的实际通过流量增大，泵的水力损失功率向大流量方向偏移，圆盘摩擦损失功率则减小，容积泄漏量的增加亦会导致级间泄漏量的降低，进一步降低了圆盘摩擦损失功率。

4）在一般的低比转速多级离心泵的设计过程中，减少容积泄漏及级间泄漏是提高泵效率最快捷有效的方法。此外，由于容积泄漏不可避免，叶轮应该设计的稍大些，这样在额定流量工况下能有效提高泵的水力效率。在加工低比速离心泵的过程中，在难以在叶轮及导叶内部进行精加工的现实前提下，抛光盖板外壁及泵腔内壁亦是提高泵效率及降低泵轴功率的有效方法之一。

参考文献

[1] 王川，陆伟刚，施卫东，等．不锈钢冲压潜水井泵的数值计算与试验验证［J］．江苏大学学报（自然科学版），2012，33（2）：176-180.

[2] 施卫东，王川，陆伟刚，等．深井离心泵的回归分析与数值模拟［J］．华中科技大学学报，2012，40（6）：11-15.

[3] 王川，施卫东，陆伟刚，等．不同叶片厚度的不锈钢冲压井泵性能模拟与试验［J］．农业机械学报，2012，43（7）：94-99.

[4] 张金凤．带分流叶片离心泵全流场数值预报和设计方法研究［D］．镇江：江苏大学，2007.

[5] 袁建平，李淑娟，付跃登．用正交试验研究分流叶片对离心泵性能的影响［J］．排灌机械，2009，27（5）：306-309.

[6] A J 斯捷潘诺夫．离心泵和轴流泵——理论、设计和应用［M］．徐行健，译北京：机械工业出版社，1980.

[7] A A 洛马金．离心泵和轴流泵［M］．梁荣厚，译北京：机械工业出版社，1978.

[8] 李龙，王泽．表面粗糙度对轴流泵性能影响的数值模拟研究［J］．农业工程学报，2004，20（1）：132-135.

[9] 骆大章，刘树洪．低比转数离心泵圆盘摩擦损失试验研究［J］．排灌机械，1989，7（3）：001.

[10] 李世煌，刘树洪．低比速离心泵圆盘摩擦损失的试验研究［J］．水泵技术，1988，33（3）：21-25.

[11] 刘厚林，谈明高，袁寿其．离心泵圆盘摩擦损失计算［J］．农业工程学报，2007，22（12）：107-109.

[12] 李巍，徐忠．泵内圆盘摩擦损失实验研究［J］．农业机械学报，1998，29（2）：58-61.

第6章　多级自吸喷灌泵的非定常流动研究

多级自吸喷灌泵是一种流道导叶式多级离心泵，其叶轮及正导叶之间的动静干涉强烈地影响着泵内部的非定常流动，导致泵内部的压力及速度不断发生周期性的变化。近些年来，随着对动静干涉研究的不断深入，人们发现压力脉动、振动噪声及叶片颤动等泵内部不良现象与动静干涉问题密切相关[1-5]。目前，国内外学者主要采用数值计算或试验的方法对动静干涉问题进行研究。数值计算方法主要是基于一些常用的商用数值软件进行。试验的方法有三类，第一类采用高频压力传感器直接测量泵内部某些点的压力脉动，第二类采用 LDV（Laser Doppler Velocimetry）或 PIV（Particle Image Velocimetry）方法直接测量泵内部的非定常速度场，第三类采用速度传感器或加速度传感器测量泵体振动，三种试验分别测量压力、速度及振动[6-10]。

尽管国内外众多学者对离心泵动静干涉现象进行了大量研究，但是关于导叶式多级离心泵的非定常研究并不多。本章采用 ANSYS CFX 14.5 软件对低比转速多级自吸泵的全流场进行非定常数值计算，研究结果对导叶式多级离心泵的非定常流动研究具有一定的参考价值。

6.1　非定常数值计算的设置及监测点的布置

定常数值计算预测泵的外特性具有较高的准确性，但是其无法准确地表现泵内部的瞬态流场[11-13]，因此本章在定常数值计算的基础上进行了非定常数值计算。设置叶轮旋转 1°的时间为 1 个时间步长，即 $\Delta t = 5.95 \times 10^{-5}$s，每一个时间步长中最多迭代 20 次。由于非定常数值计算的收敛精度一般较高，本章中设置收敛精度为 10^{-6}。

为了分析泵内部压力脉动及非定常流动，在多级自吸喷灌泵的内部设置监测点。叶轮内部的监测点如图 6-1a、b 所示，I1 ~ I4 分别为某叶轮流道中心流线与半径 R = 19.5mm、31mm、42.5mm 及 53.75mm 的圆相交的监测点；I5 ~ I8 分别为叶轮内部半径 R = 42.5mm 及 53.75mm 处贴近叶片背面与工作面的监测点。泵腔内部的监测点如图 6-1b 所示，C1 ~ C4 分别为半径 R = 9.5、31mm、42.5mm 及 54.25mm 处贴近前泵壁的监测点；C4 ~ C11 分别为半径 R = 54.25mm 处从前泵壁到后泵壁依次分布的监测点，其中 C8 处于叶轮中截面上；C11 ~ C15 分别为半径 R = 54.25mm、42.5mm、31mm、19.5mm 及 10.5mm 处贴近后泵壁的监测点；J1 为与 C1 对应的前口环进口处监测点；D9 为与 C15 对应的后口环出口处监测点；导叶内部的监测点如图 6-1b、c 及 d 所示，D1 ~ D3 为正导叶沿流动方向设置的三个监测点，D4 ~ D6 分别为某导叶流道中心流线与半径 $R=55$mm、40mm 及 25mm 的圆相交的监测点；D7 及 D8 分别为半径 $R=40$mm 处贴近导叶工作面与背面的监测点；D10 为导叶出口处监测点。叶轮内部的监测点附着于叶轮旋转坐标系上，随叶轮同步旋转，即相对叶轮静止不动。

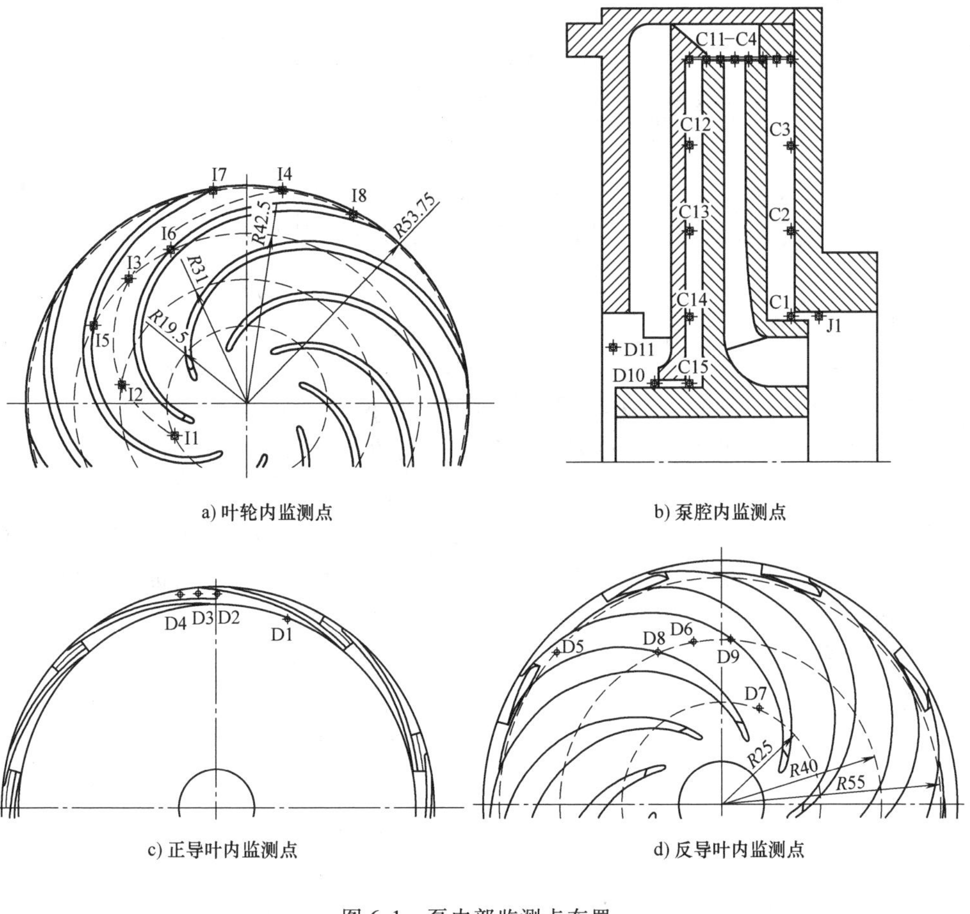

图 6-1　泵内部监测点布置

6.2　基于数值计算的压力脉动分析

对压力脉动数据进行分析时，一般采用时域分析及频域分析进行研究。时域分析法仅在时域上对数据进行分析，频域分析法将原来难以处理的时域信号转化成易于分析的频域信号，并能利用一些工具对频域信号进行加工处理。

为了去除监测点自身的静压对该点压力脉动的影响，选取压力脉动系数 C_{p} 为时域图和频谱图的纵坐标，定义压力脉动系数 C_{p} 如下

$$C_{\mathrm{p}}=\frac{p-\bar{p}}{\frac{1}{2}\rho u_2^2}$$

为了反映监测点压力脉动强度的大小，定义压力脉动的标准差值如下

$$C_{\mathrm{RMS}}=\frac{\sqrt{\frac{(p_1-\bar{p})^2+(p_2-\bar{p})^2+\cdots+(p_X-\bar{p})^2}{X}}}{\frac{1}{2}\rho u_2^2}$$

式中：p 为该监测点某一时刻的压力（Pa）；$\bar{p}$ 为监测点在叶轮旋转一周内平均压力（Pa）；u_2 为叶轮出口圆周速度（m/s）；X 为叶轮旋转一周内时间步长的数量。

6.2.1 叶轮的压力脉动分析

图 6-2 所示为额定流量工况下首级叶轮与次级叶轮内部各监测点的压力脉动系数 C_{p} 时域图，Time Step 为时间步数（时间步长的数量），每个时间步长表示叶轮叶片旋转 1°的时间。可以发现，各监测点的压力脉动系数在叶轮旋转一个周期内均呈现 9 个相似的波形；首级叶轮与次级叶轮的压力脉动系数时域图基本相同，而次级叶轮内部的绝对压力值远大于首级叶轮，表明叶轮内部的压力脉动系数幅值与绝对压力值无正相关性。由图 6-2a、b 可知，从叶轮进口到叶轮出口，压力脉动系数幅值逐渐增大（I1 ~ I4）；在叶轮内部，压力脉动系数呈现非对称性分布，即波峰跟波谷的幅值不一致。压力脉动正系数的幅值大于负系数的幅值，但正系数的分布范围却小于负系数；且靠近叶轮出口位置，压力脉动系数逐渐呈对称性分布。由图 6-2c、d 可知，在叶轮中部的同一半径处，压力脉动系数幅值从叶片吸力面到叶片压力面逐渐增大，主要是由于叶轮叶片包角过大，导致靠近叶片压力面的监测点（I5）与叶轮出口的距离大幅度缩短。由图 6-2e、f 可知，在叶轮出口处，叶轮流道中间位置（I4）的压力脉动系数分布的对称性更佳，其压力正系数幅值明显小于两侧处（I7 及 I8），但其负系数幅值却大于两侧处。

通过以上分析可知，叶轮内部的压力脉动系数幅值明显小于叶轮出口处，但出现幅值的时间步长位置基本稳定。而叶轮出口处的压力脉动系数出现幅值的时间步长沿周向不断变化，表明叶轮内部流体的压力脉动源来自于叶轮的下游并靠近叶轮出口处；再结合其相似波形的数量与正导叶叶片的数量一致，表明叶轮内部流体的压力脉动源来自于正导叶叶片的进口边，即每一个正导叶叶片的进口边

相当于一个对叶轮内部流体起干扰作用的脉动源。

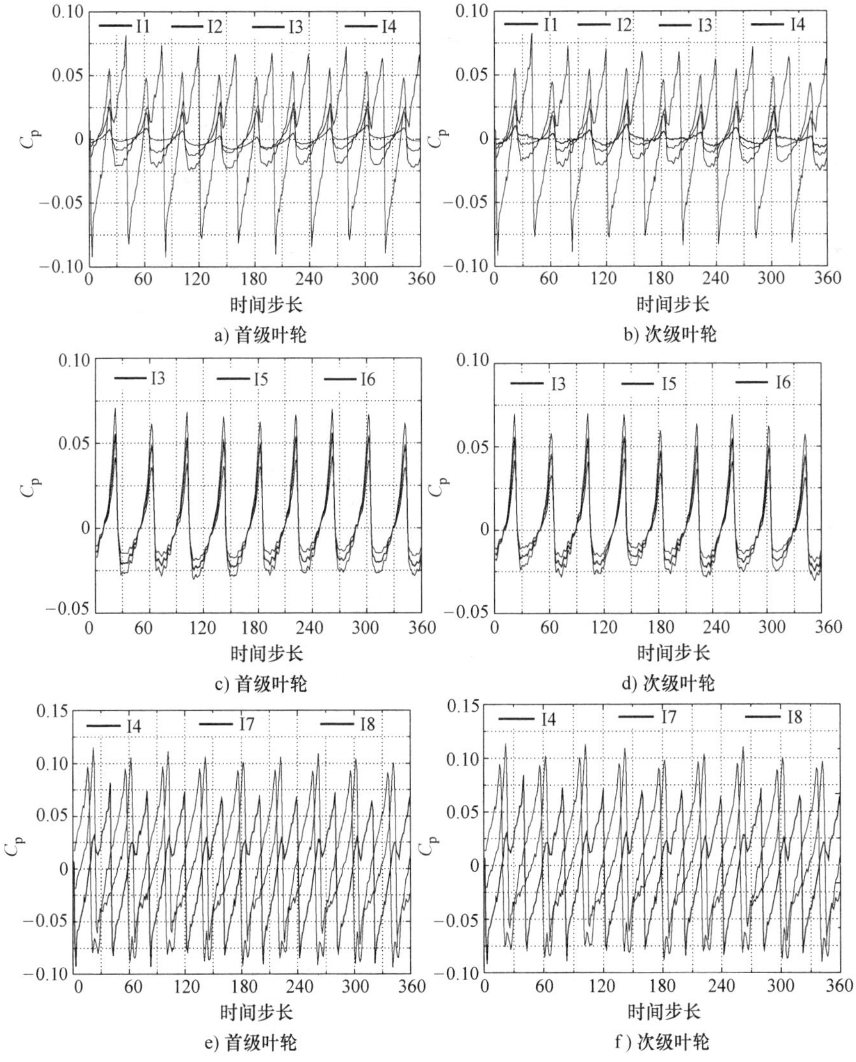

图 6-2 额定流量工况下叶轮内部各监测点压力脉动系数时域图

图 6-3 所示为额定流量工况下首级叶轮与次级叶轮内部各监测点的压力脉动系数 C_p频域图，图中 MP（监测点，Monitoring Point）为泵内部不同位置的监测点，NF 为叶轮转频 f_n的倍数，而 $f_n = 2800/60 = 46.67\text{Hz}$。由图 6-3a、b 可知，叶轮内部各监测点的压力脉动系数主频为 $9f_n$（导叶叶频），当频率为 $9f_n$的倍数时，分频幅值十分显著，并随着频率的增加，分频幅值不断降低最后接近于 0；在叶轮进口处（I1），出现了较多的低频信号（$1f_n$），而且这些低频信号的分频幅值已经接近于主频幅值；从叶轮进口到叶轮出口，低频信号不断减少直至消

失，而高频信号不断出现，主频幅值不断增大，各个分频幅值亦不断增强；首级叶轮与次级叶轮的压力脉动系数频域图基本相同，但是次级叶轮内部增加一些低频信号。由图 6-3c、d 可知，在叶轮中部的同一半径处，压力脉动系数主频幅值从叶片吸力面到叶片压力面逐渐增大，表明叶轮内部压力脉动系数主频幅值的变化与压力脉动系数幅值的变化基本一致。由图 6-3e、f 可知，在叶轮出口的同一半径处，叶轮流道中间位置（I4）与叶片吸力面处（I7）的压力脉动系数主频幅值基本相同，而明显小于叶片压力面处（I8）的主频幅值，这与叶轮中部的规律有所差异。综上可知，叶轮内部各监测点的压力脉动系数主频为 $9f_n$，而首

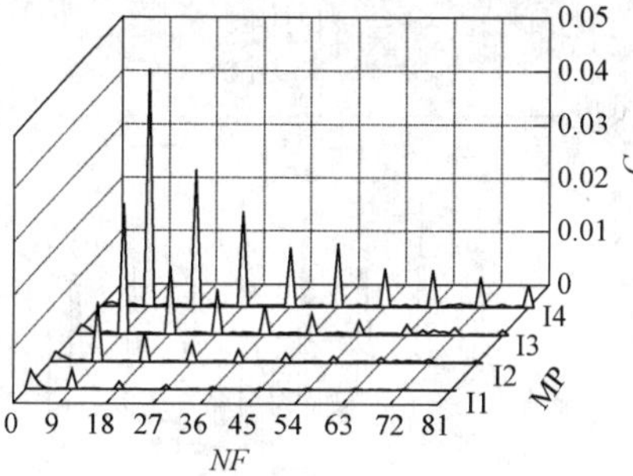

a) 首级叶轮

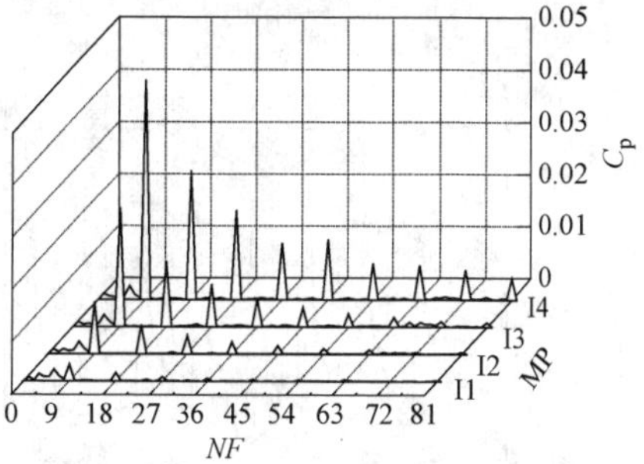

b) 次级叶轮

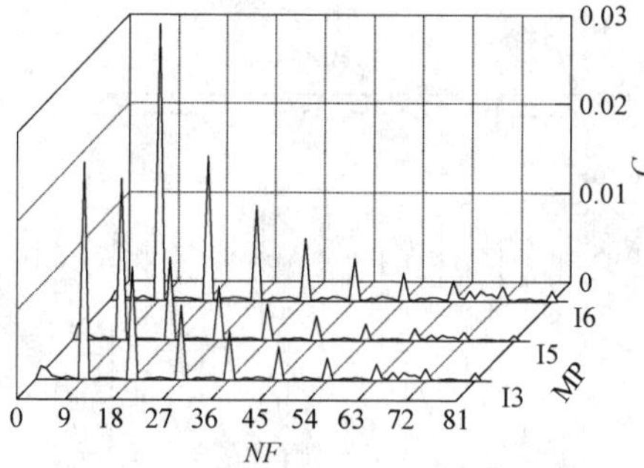

c) 首级叶轮

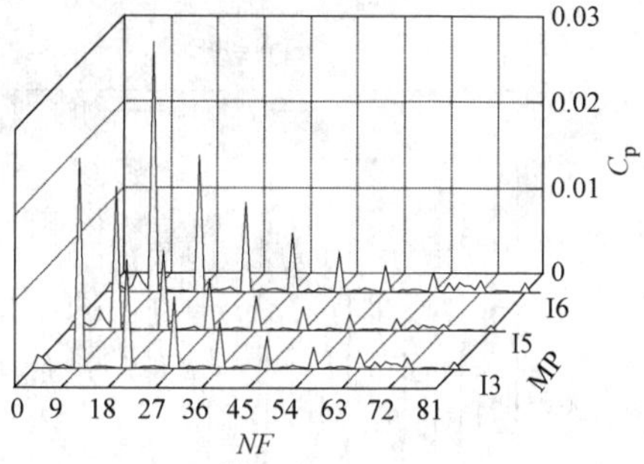

d) 次级叶轮

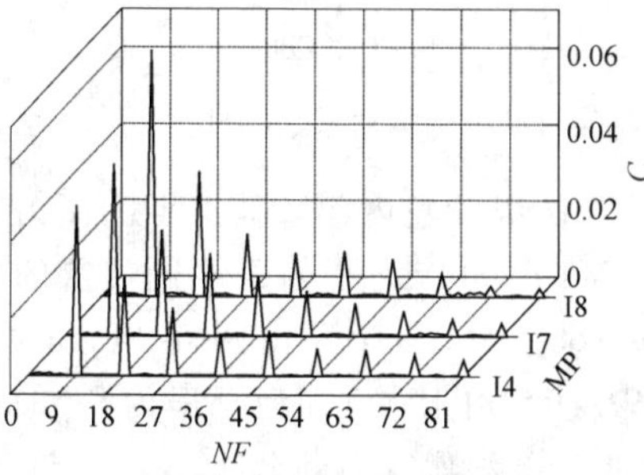

e) 首级叶轮

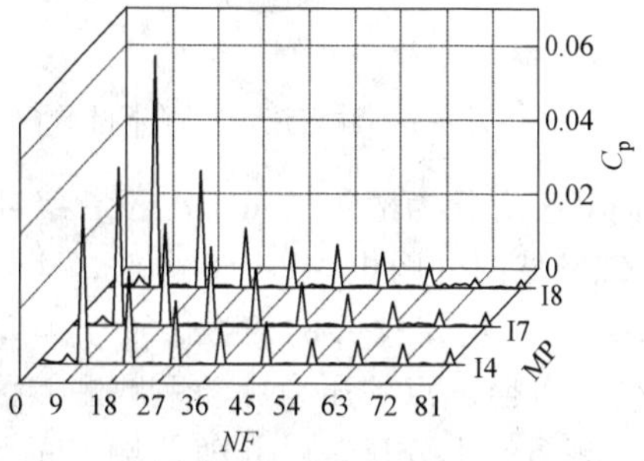

f) 次级叶轮

图 6-3　额定流量工况下叶轮内部各监测点压力脉动系数频域图

级叶轮与次级叶轮内部的压力脉动系数频域图基本相同，从叶轮进口到叶轮出口，压力脉动系数主频幅值不断增大，高频信号不断出现，低频信号不断减少，再次表明叶轮内部流体的压力脉动源来自于正导叶叶片的进口边。

图 6-4 所示为不同流量工况下首级叶轮与次级叶轮内部各监测点的压力脉动标准差值 C_{RMS}分布。由图中可知，首级叶轮内部各监测点的标准差值略大于次级叶轮，主要是因为尽管次级叶轮内部的绝对压力值远大于首级叶轮，但是两级叶轮的内部压力梯度基本相同，故两级叶轮同一位置处的压力脉动强度基本一致（流场略有差别）。在同一流量工况下，从叶轮进口到叶轮出口，各监测点的标准差值不断增大（I1 ~ I4）；在叶轮中部，同一半径处的标准差值从叶片吸力面到叶片压力面逐渐增大（I3、I5 及 I6）；而在叶轮出口处，在小流量工况下同一半径处的标准差值从叶片吸力面到叶片压力面不断增大（I4、I7 及 I8），而在额定流量工况及大流量工况下，叶轮流道中间位置的标准差值小于叶片吸力面及叶片压力面处。随着流量的增大，叶轮内部各监测点的标准差值不断减小，其减小的速度呈现着先小后大再小的变化规律。主要体现在额定流量工况附近其变化速度最大，这是由于流量的增大会导致叶轮内部的整体压力及压力梯度同时减小，致使叶轮内部任意点的压力脉动强度减小；又由于大流量工况下叶轮内部损失过大导致叶轮内部的压力脉动强度急剧增强，故大流量工况下叶轮内部各监测点的标准差值减小的速度大幅度降低。

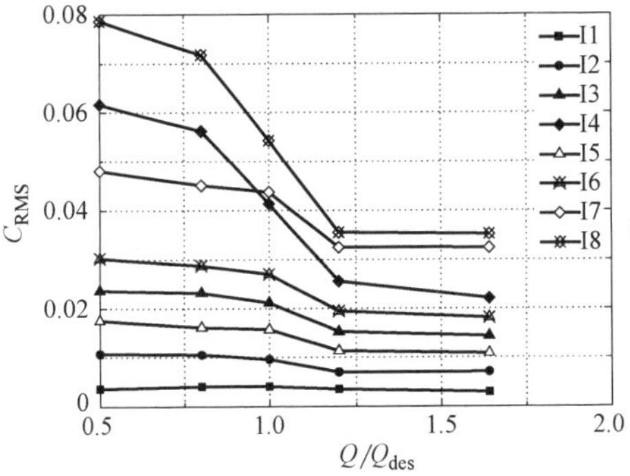

a) 首级叶轮

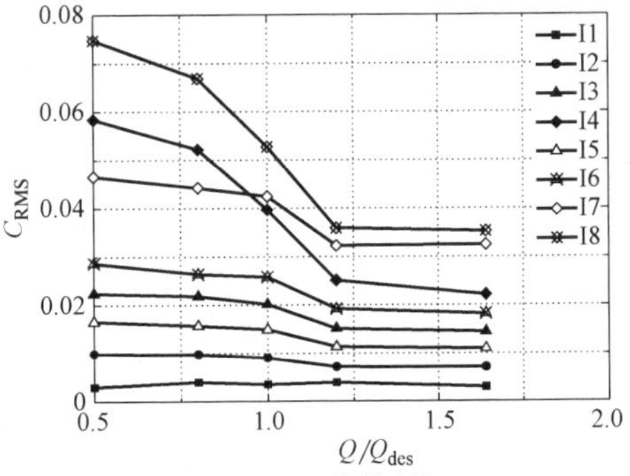

b) 次级叶轮

图 6-4　不同流量工况下叶轮内部各监测点压力脉动标准差值 C_{RMS}分布

综合图 6-2 ~ 图 6-4 可知，叶轮内部流体的压力脉动源来自正导叶叶片的进口边。取叶轮内部任意一点，其相对于正导叶叶片的进口边不断旋转，叶轮旋转一周后，则任意点扫过 9 次正导叶叶片进口边（正导叶叶片数为 9），故叶轮内部任意点的压力脉动系数主频为 $9f_n$。一方面，叶轮内部任意点与正导叶叶片进口边的距离越远，则任意点的压力脉动强度及压力脉动系数主频幅值越小；在靠近叶轮进口位置时，压力脉动强度达到最小，压力脉动系数主频也发生变化，一般往减小方向发展，表明其受正导叶叶片进口边的影响很小。另一方面，叶轮内部任意点的压力脉动强度与叶轮内部的压力梯度呈正相关性，而与叶轮内部的绝对压力值无关。该结论对研究多级离心泵的压力脉动机理具有非常重要的借鉴意义，即压力脉动强度并不会简单地随泵级数的增加而增大。

6.2.2 导叶的压力脉动分析

图6-5所示为额定流量工况下首级导叶与次级导叶内部各监测点的压力脉动系数 C_p 时域图。可以发现，各监测点在叶轮旋转的一个周期内均呈现8个相似的波形，且首级导叶与次级导叶中各监测点的压力脉动系数变化规律基本相同。由图6-5a、b可知，未进入正导叶流道时，监测点D1的压力脉动正系数幅值约为负系数幅值的1/2，但整体压力脉动系数幅值大于正导叶流道中的监测点（D2～D4）；进入正导叶流道后，各监测点的压力脉动系数呈现对称性分布，且出现幅值的时间步长位置基本一致；而压力脉动系数幅值从正导叶进口到正导叶出口逐渐减小，但其减小的幅度很小，主要是因为正导叶的径向尺寸较小。由图6-5c、d可知，各监测点的压力脉动系数幅值从反导叶进口到反导叶出口逐渐减小，且其减小的速度不断减慢。由图6-5e、f可知，与叶轮内部的压力系数变化规律相反，即在反导叶中部，同一半径处监测点的压力脉动系数幅值从叶片吸力面（D8）到叶片压力面（D9）逐渐减小。

通过以上分析可知，相比于叶轮，导叶中的压力脉动系数幅值明显减小。从正导叶进口到反导叶出口，监测点的压力脉动系数幅值逐渐减小；且在整个导叶流道内部，监测点的压力脉动系数出现幅值的时间步长位置基本一致，表明导叶中流体的压力脉动源来自于正导叶的上游并靠近正导叶进口处；再结合其相似波形的数量与叶轮叶片的数量一致，表明导叶内部流体的压力脉动源来自叶轮叶片的出口边，即每一个叶轮叶片的出口边相当于一个对导叶内部流体起干扰作用的脉动源。

图6-6所示为额定流量工况下首级导叶与次级导叶内部各监测点的压力系数频域图。由图6-6a、b可知，正导叶内部各监测点的压力系数主频为 $8f_n$（叶轮叶频）。当频率为 $8f_n$ 的倍数时，分频幅值很大，而随着频率的增加，高频信号的幅值不断降低最后接近于0；从未进入正导叶流道（D1），到进入正导叶流道（D2及D3），再到从正导叶流道出来（D4），其监测点的压力脉动系数主频幅值及各分频幅值不断降低，而高频信号不断减少；与叶轮内部的规律相似，首级正导叶与次级正导叶内部各监测点的压力脉动系数频域图基本相同，不过次级正导叶内部增加了一些低频信号。由图6-6c、d可知，与正导叶相比，反导叶内部各监测点的压力脉动系数主频亦为 $8f_n$，但其主频幅值大幅度降低，且分频幅值（高频信号）衰减的速度更快；从反导叶进口到反导叶出口（D5到D7），其主频幅值不断降低。当从反导叶流道中出来（D11），出现了较多的低频信号

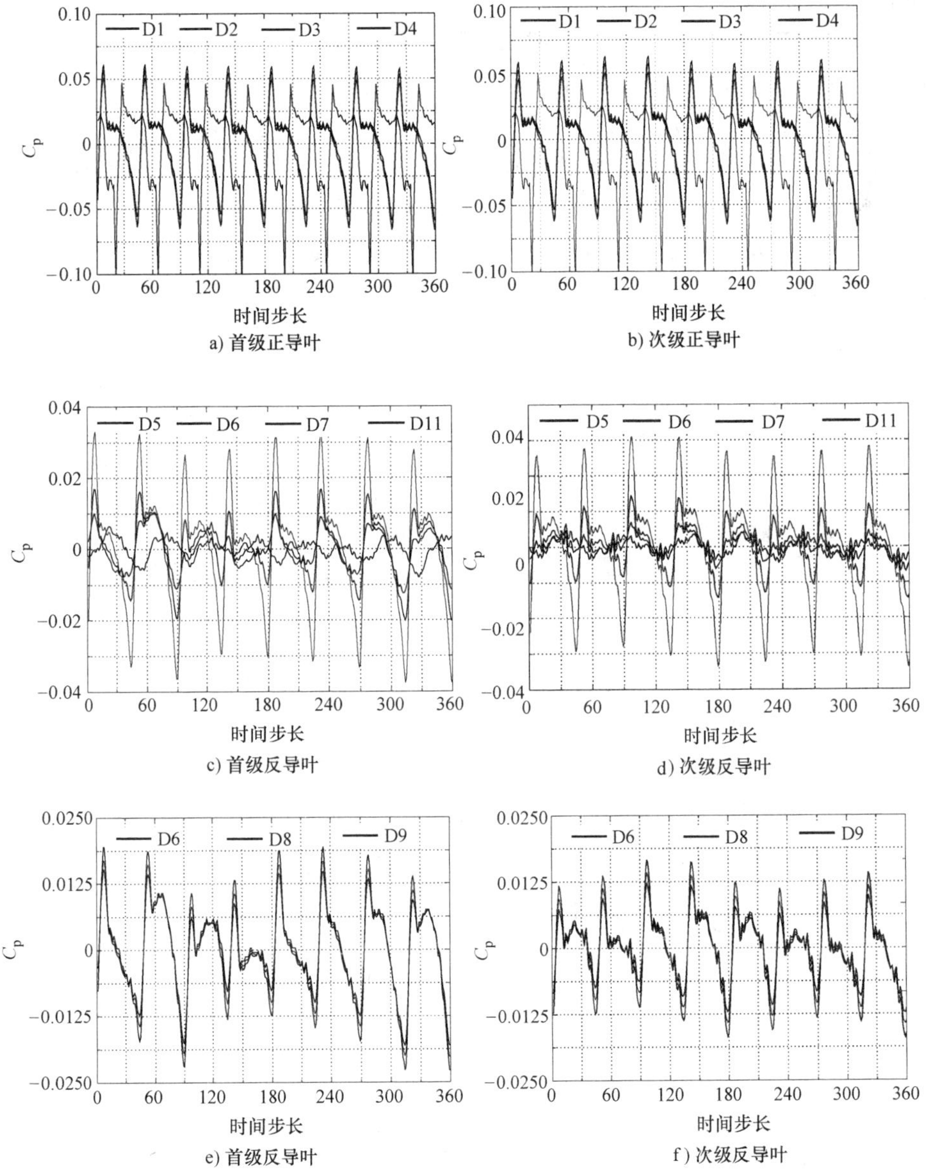

图 6-5　额定流量工况下导叶内部各监测点压力脉动系数时域图

($6f_n$)，而且这些低频信号的分频幅值已经超过了叶轮叶频（$8f_n$）的幅值，并成为主要频率，但其高频信号的频率基本为叶轮叶频的倍数；与首级反导叶相比，次级反导叶内部的主频幅值降低，而低频信号更为复杂。由图 6-6e、f 可知，在反导叶中部的同一半径处，靠近反导叶叶片吸力面的主频幅值最大（D8），压力面的主频幅值最小（D9）。

综上可知，导叶内各监测点的压力脉动主频为叶轮叶频（$8f_n$），从正导叶进口处到反导叶出口处，主频幅值不断降低，高频信号不断减少，低频信号不断出现。当从反导叶出来时，监测点的压力脉动主频已经不是叶轮叶频，表明导叶内部流体的压力脉动源来自于叶轮叶片的出口边；当到达反导叶出口时，这种扰动的影响已经微乎其微。以上结果表明，当信号的强度下降到一定程度时，其主频特征值一般会发生改变，并且有朝着减小的趋势发展，这也是要求信号保证一定强度的原因所在。

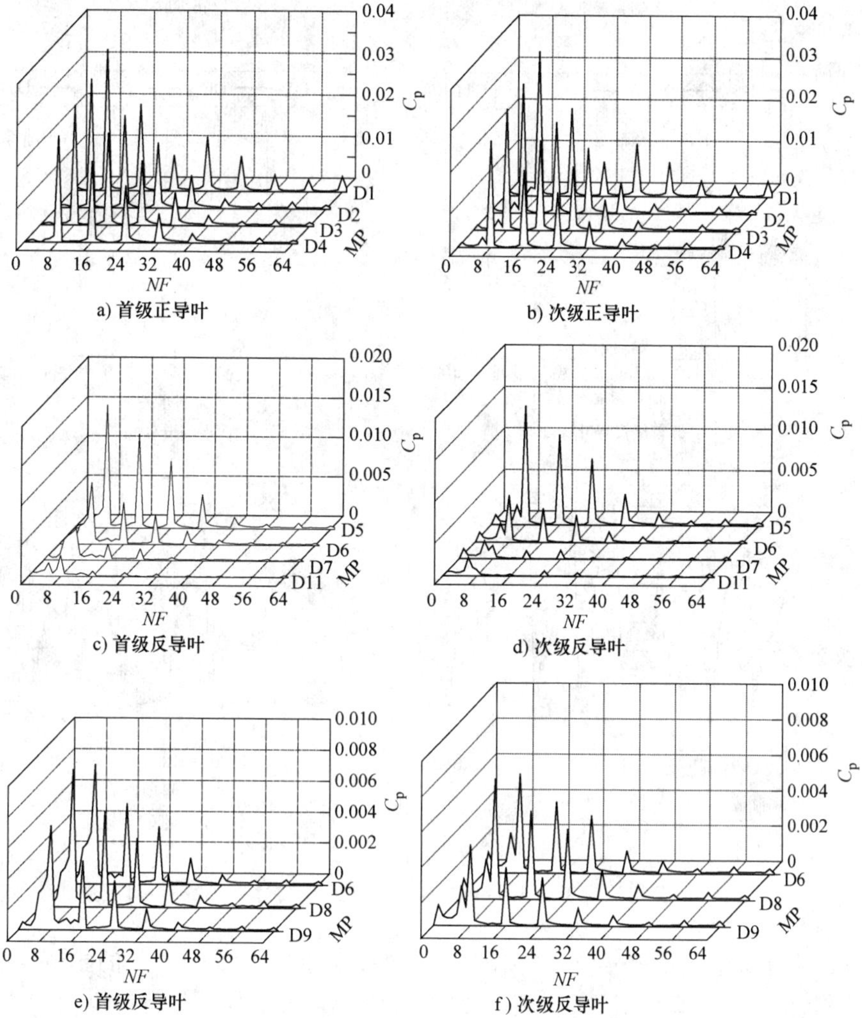

图 6-6　额定流量工况下导叶内部各监测点压力脉动系数频域图

图 6-7 所示为不同流量工况下首级导叶与次级导叶内部各监测点的压力脉动标准差值 C_{RMS}分布。由图可知，首级叶轮与次级叶轮中各监测点的标准差值基本相同；在额定流量工况下，从正导叶进口到正导叶出口（D1 ~ D4），各监测点的标准差值不断减小，其减小幅度大约为 20%；从正导叶过渡到反导叶时（D4 ~ D5），标准差值减小了 30%，表明正反导叶之间的过渡区域能够大幅地减小压力脉动强度；从反导叶进口到反导叶出口时（D5 ~ D11），各监测点的标准差值减小了 40%，即反导叶出口处的标准差值不到正导叶进口处的标准差值的 10%。随着流量的增加，各监测点的标准差值不断增大；其中，在正导叶流道内部（D3 及 D4），监测点的标准差值由 0.018 增大至 0.054，其增大幅度最为显著。以上规律与叶轮内部压力脉动标准差值的变化规律相反，主要原因是流场中任意点的压力脉动强度除了与前面提过的任意点与脉动源的距离及任意点本身的压力梯度有关外，还与任意点流场的流动不稳定性（湍动能）有关，即流动越不稳定，湍动能越大，则任意点的压力脉动强度越大，标准差值也就越大。又由图 5-24 已知，导叶的水力损失功率占据泵的轴功率很大一部分，由于正导叶的径向尺寸过小，通过能力不足，随着流量的增加，导叶的水力损失急剧增大。导叶内的湍动能急剧加强，致使导叶内任意点的压力脉动强度迅速增大。尽管导叶内任意点的压力梯度随着流量的增大而减小，在一定程度上减弱了任意点的压力脉动强度，但是由流动不稳定性增大的压力脉动强度更为显著，最终导致导叶内（尤其正导叶）各监测点的标准差值随着流量的增加而增大，尤其在大流量工况下更为显著。

综合图 6-5 ~ 图 6-7 可知，导叶内部流体的压力脉动源来自于叶轮叶片的出口边，导叶内部任意点相对于叶轮叶片出口边不断旋转，在叶轮旋转一周时，则任意点扫过 8 次叶轮叶片出口边（叶轮叶片数），故导叶内部任意点的压力脉动系数主频为 $8f_n$。一方面，导叶内任意点的压力脉动强度跟任意点与脉动源的距离呈负相关关系，即导叶内部距离叶轮叶片出口边越远，则任意点的压力脉动系数主频幅值及压力脉动强度越小；并在靠近反导叶出口位置时，压力脉动强度达到最小，压力系数主频也发生改变，其受叶轮叶片出口边的影响微乎其微。另一方面，导叶内部任意点的压力脉动强度与任意点的压力梯度及流动不稳定性呈正相关关系，即在受到相同强度的脉动源干扰时（譬如仅仅流量变化），压力梯度越大及流动越不稳定，则任意点的压力脉动强度必定越大；但有时压力梯度及流动不稳定对压力脉动强度的影响相互冲突，则需要综合判断主要影响因素。因此，导叶内的压力脉动规律跟叶轮及导叶的设计有关，且不同导叶具有不同的压力脉动规律。

6.2.3 泵腔的压力脉动分析

图 6-8 所示为额定流量工况下首级泵腔与次级泵腔内部各监测点的压力脉动

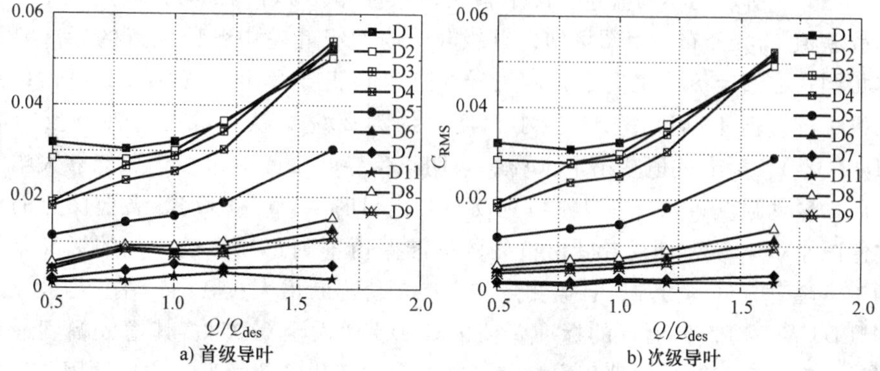

图 6-7 不同流量工况下导叶内部各监测点压力脉动标准差值 C_{RMS}分布

系数 C_p时域图。可以发现，各监测点在叶轮旋转的一个周期内均呈现 8 个相似的波形，而首级泵腔中监测点压力系数的周期性比次级泵腔更为显著。由图 6-10a、b可知，相对于叶轮及导叶等主要过流部件，前泵腔中监测点的压力脉动系数振幅明显偏小，随着泵腔直径的增加，监测点的压力脉动系数振幅逐渐增大，在靠近叶轮出口处的前泵腔监测点（C4）的压力脉动系数振幅最大。由图 6-10c、d 可知，在靠近叶轮出口处的后泵腔监测点（C11）的压力系数振幅远大于后泵腔其他各监测点，主要是因为叶轮出口处的流体并不会直接流进后泵腔中，导致压力脉动强度衰减极快。由图 6-10e、f 可知，在叶轮及导叶之间的水体中（上泵腔），叶轮中截面处的监测点（C8）压力脉动系数振幅最大，随着监测点远离中截面，其压力脉动系数振幅逐渐减小，靠近前后泵壁时达到最小。通过以上分析可知，泵腔中监测点的压力脉动系数仍具有一定的周期性，其前泵腔及上泵腔中的流体压力脉动源来自于叶轮叶片的出口边，后泵腔中的流体压力脉动源来自于下一级导叶出口处。由于前后泵腔的流体并不是主流，相对于导叶，其压力脉动系数的振幅明显偏小。

图 6-9 所示为额定流量工况下首级泵腔与次级泵腔内部各监测点压力脉动系数频域图。由图 6-9a、b 可知，前泵腔内部各监测点的压力脉动系数主频为 $8f_n$（叶轮叶频）。当频率为 $8f_n$的倍数时，分频幅值相当显著；相对于叶轮及导叶等主要过流部件，前泵腔内部的主频及各分频幅值明显降低；随着前泵腔直径的减小，其主频及分频幅值亦不断减小；首级前泵腔与次级前泵腔内部各监测点的压力脉动系数频域图基本相同，不过次级前泵腔内部增加了大量的低频信号。由图 6-9c、d 可知，除了最靠近叶轮出口位置的监测点（C11）外，后泵腔内部各监测点的压力脉动主频为 $6f_n$（低频），而 C11 的主频幅值远远大于其他各监测点，这与前泵腔的内部规律迥异。由图 6-9e、f 可知，在叶轮与导叶之间的水体中（上泵腔），各监测点的压力脉动系数主频为 $8f_n$，而叶轮中截面处的监测点（C8）压力脉动系数主

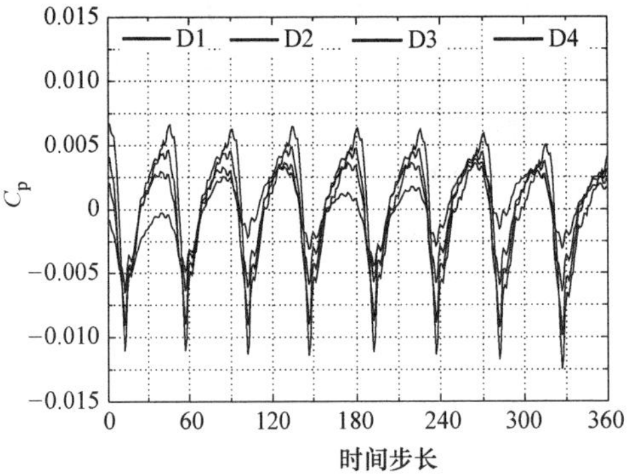

a) 首级前泵腔

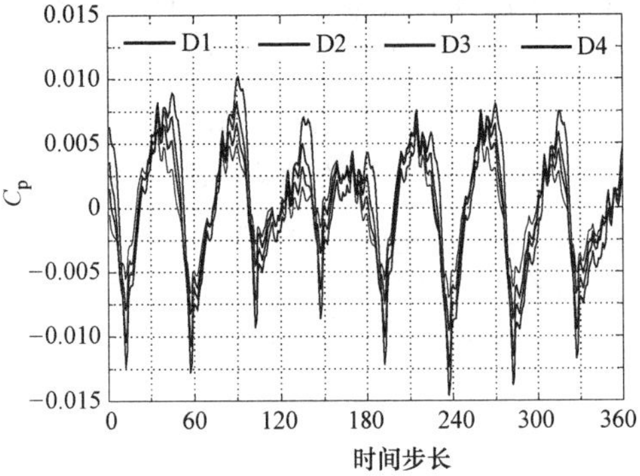

b) 次级前泵腔

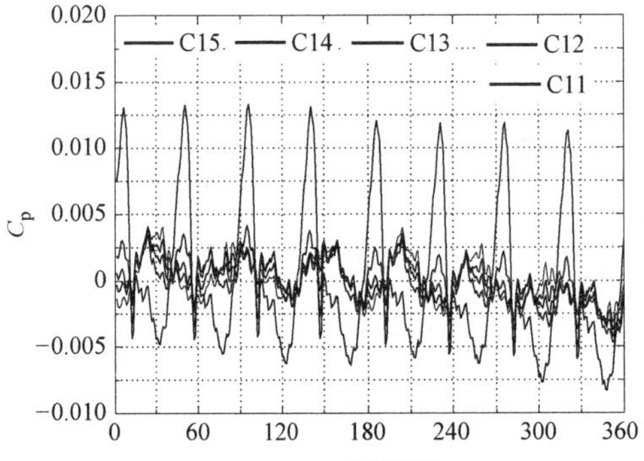

c) 首级后泵腔

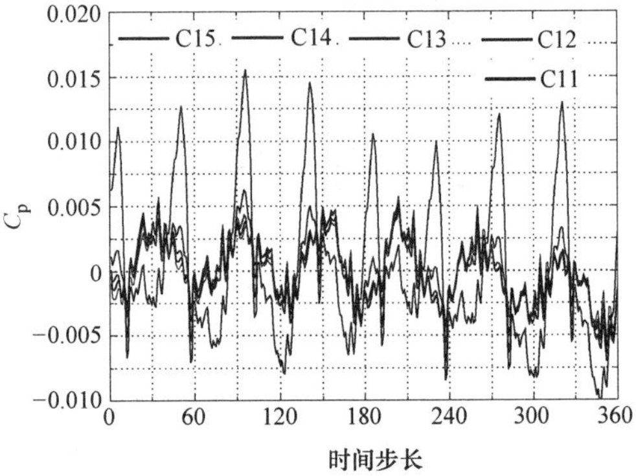

d) 次级后泵腔

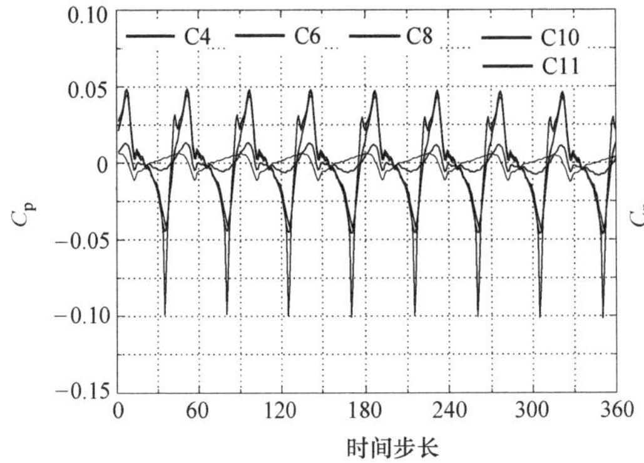

e) 首级上泵腔

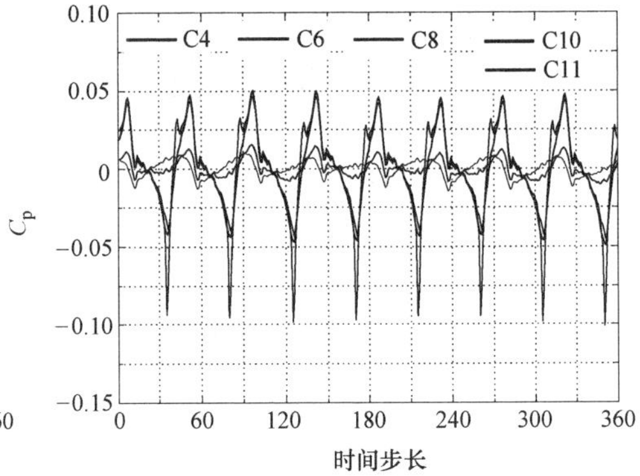

f) 次级上泵腔

图 6-8　额定流量工况下泵腔内部各监测点压力脉动系数时域图

频幅值最大；随着监测点远离中截面，其压力系数的主频幅值逐渐减小。通过以上分析可知，当流体从叶轮流出时，各监测点的压力脉动系数主频为 $8f_n$，其在叶轮中截面的主频幅值最大，当流体流向两侧时（轴向），其主频幅值迅速降低；由于前泵腔的流体会通过前口环流向叶轮进口处，而前泵腔的流体又来自于叶轮内部，其压力脉动系数主频为 $8f_n$（叶轮叶频），随着前泵腔直径的减小，其主频幅值逐渐降低；由于反导叶出口处的流体会通过后口环流回前一级的后泵腔中，而叶轮叶片的旋转对后泵腔的压力脉动也会造成一定的影响，故后泵腔内部靠近后口环处的监测点（C15）压力脉动系数主频跟反导叶出口处（D11）一致，都为 $6f_n$，而最靠近叶轮出口位置的监测点（C11）压力脉动系数主频跟叶轮出口处（C8）一致，都为 $8f_n$（叶轮叶频），由于叶轮出口处的主频幅值极大，故 C11 的主频幅值远远大于其他各监测点（C12 ~ C15）。

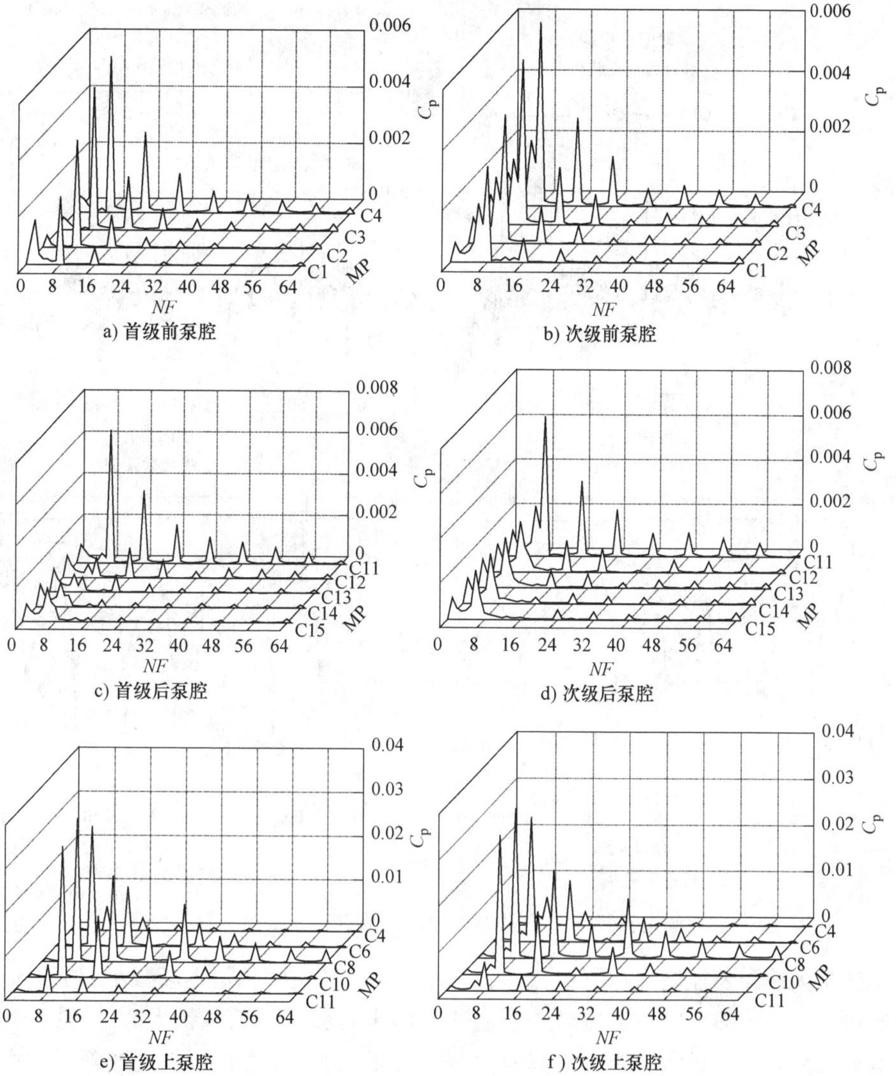

a) 首级前泵腔　b) 次级前泵腔
c) 首级后泵腔　d) 次级后泵腔
e) 首级上泵腔　f) 次级上泵腔

图 6-9　额定流量工况下泵腔内部各监测点压力脉动系数频域图

图 6-10 所示为不同流量工况下首级泵腔与次级泵腔内部各监测点的压力脉动标准差值 C_{RMS}分布。可以看出，首级泵腔与次级泵腔中各监测点的标准差值基本相同，随着流量的增加，标准差值不断增大。在上泵腔中，叶轮中截面上的监测点（C8）的标准差值最大，且越偏离叶轮中截面，监测点的标准差值越小；最靠近前后泵腔壁面的监测点（C4 及 C11）的标准差值只有 C8 的标准差值的 1/5，表明上泵腔中压力脉动轴向衰减的速度极快。在前泵腔中，随着泵腔直径的减小，前泵腔中监测点的标准差值逐渐减小；在靠近前口环处的监测点（C1）标准差值达到最小，并随着流量的增大，流经前泵腔及前口环的液体流量减小，且前泵腔中监测点的标准差值减小的速度加快。在后泵腔中，随着泵腔直径的减小，后泵腔中监测点的标准差值先急剧减小（C11 ~ C12），然后基本保持稳定（C12 ~ C15）。造成前后泵腔中监测点的标准差值变化规律差异性的原因是叶轮出口的流体经前泵腔，通过前口环流至叶轮进口处；而导叶出口的流体经后口环，流至前一级的后泵腔中。

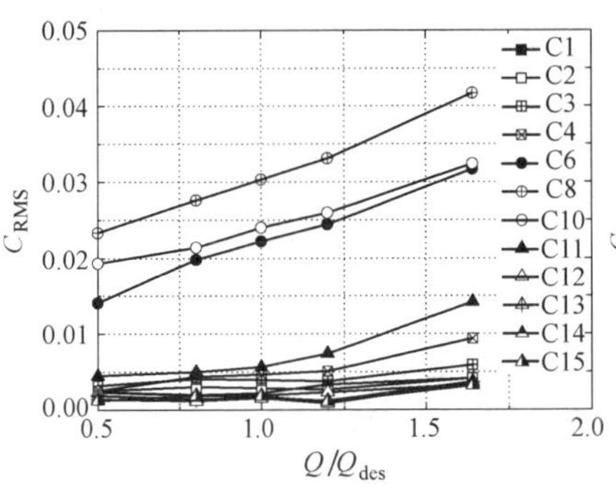

a) 首级泵腔

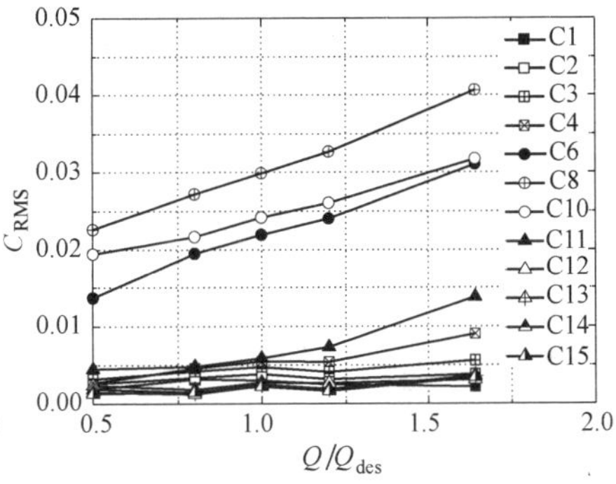

b) 次级泵腔

图 6-10　不同流量工况下泵腔内部各监测点压力脉动标准差值 C_{RMS}分布

综合图 6-8 ~ 图 6-10 可知，影响泵腔内部流体的压力脉动来源有两个，即旋转叶轮叶片的出口边及经后口环流入后泵腔的反导叶出口流体。前泵腔及上泵腔受第一个脉动源的影响，其监测点的主频为 $8f_n$（叶轮叶频）；后泵腔则受第一个脉动源及第二个脉动源共同影响，而第二个脉动源起主要作用，其监测点的主频为 $6f_n$（反导叶出口流体的主频）。

6.2.4　整泵的压力脉动分析

图 6-11 所示为额定流量工况下首级泵与次级泵内部各监测点的压力脉动标准差值 C_{RMS}分布。其中，横坐标为泵内部任意点与脉动源之间的流线距离 *SD*（Streamline Distance），叶轮内部监测点依次为 I4、I3、I2 及 I1，导叶内部监测点依次为 D1、D2、D3、D4、D5、D6 及 D7，前泵腔内部监测点依次为 C8、C6、C4、C3、C2 及 C1，后泵腔内部监测点依次为 C8、C10、C11、C12、C13、C14

及C15。从图中可以发现，首级泵与次级泵内部各监测点的标准差值变化规律基本相同，随着与脉动源之间的流线距离增加，整个泵内部监测点的标准差值不断减小，而各过流部件的标准差值减小的速度从小到大依次为导叶（Diffuser）、叶轮（Impeller）及前后泵腔（Front cavity and rear cavity）。由于叶轮流道形状较为简单，叶轮内部监测点的标准差值变化规律最为简单，即呈线性减小；由于正反导叶的过渡段流道形状较为复杂，导叶内部监测点的标准差值减小速度为先小（正导叶）、后大（过渡段）、再小（反导叶）；由于前泵腔的形状呈倒L形，前泵腔内部监测点的标准差值轴向迅速降低，然后径向慢慢降低；由于后泵腔中有级间泄漏，后泵腔内部监测点的标准差值轴向迅速降低，然后径向基本保持稳定。通过以上分析可知，压力脉动的传递主要通过流体来完成。如果任意点与脉动源之间的流体流量很大（主流），并且任意点在脉动源的下游（顺流），则任意点压力脉动强度衰减的速度最小；如果任意点与脉动源之间的流体流量很大（主流），并且任意点在脉动源的上游（逆流），则任意点压力脉动强度衰减的速度一般；如果任意点与脉动源之间没有流体连接或者流量很小，又或者任意点与脉动源的连线与脉动源的运动平面不平行或重合，则随着距离的增加，任意点压力脉动强度衰减的速度极快。

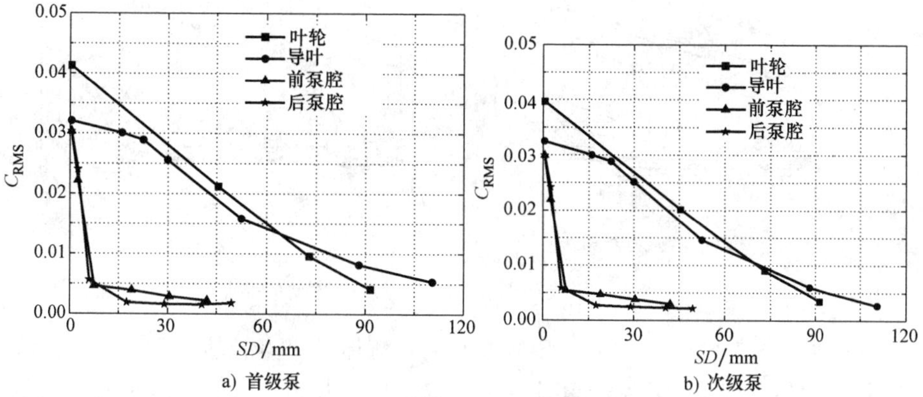

a) 首级泵　　b) 次级泵

图6-11　额定流量工况下首级与次级泵内部各监测点的压力脉动标准差值 C_{RMS} 分布

构成压力脉动系数波的三个重要因素分别为振幅（强度）、频率及相位。前述中主要分析了前两个因素，而图6-12为额定流量工况下首级叶轮及导叶中各监测点在两个小周期内的相位分布。为了更形象地说明压力系数的相位变化，图6-13进一步分析了额定流量工况下首级叶轮及导叶中截面在一个小周期内的静压变化。由图6-12a可知，在整个叶轮内部，除叶轮出口处的I4、I7及I8外，其他5个监测点的相位是完全一致的，其波峰及波谷位置的时间步数（Time Step）分别为142及153；而I7处出现波峰的时间步数亦为142，I4及I8处出现波峰的时间步数依次向后推延，分别为159及176。由图6-13d、f可知，当时间步数为142时，I7已经接近于正导叶叶片的进口边，而叶轮流道已经完全跟正导叶流道对接，叶轮内部的流动阻力达到最小，此时叶轮内部各监测点（不包括 I4 及 I8）的压力达到最大；当时间步数为 153 时，尽管此时正导叶叶片的进口边并不处于叶轮流道的正中心，但是由于叶轮叶片包角过大，叶片背面的出口安放角（19°）大于叶片工作面的出口安放角（15°），导致靠近叶片背面（吸力面）的叶轮流道通过液体的能力要强于靠近叶片工作面（压力面），此时正导叶叶片的进口边处于叶轮流道通过液体流量的中间位置，叶轮内部的流动阻力达到最大，此时叶轮内部各监测点（不包括 I4、I7 及 I8）的压力达到最小；当时间步数分别为 159 及 176 时，I4 及 I8 已接近于正导叶叶片的进口边，其压力达到最大。

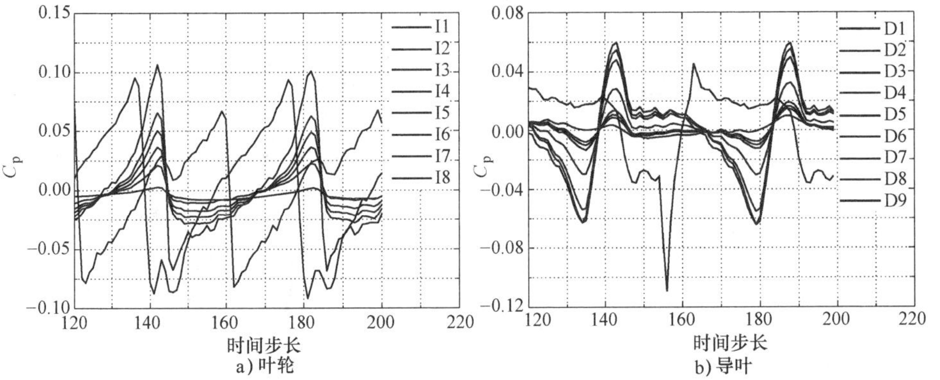

图 6-12　额定流量工况下首级叶轮及导叶压力脉动系数的相位分布

由图 6-12b 可知，在整个导叶内部，除了未进入正导叶流道的监测点 D1 外，其他 8 个监测点（D2 ~ D9）的相位是完全一致的，其波峰及波谷位置的时间步数分别为 142 及 134。由图 6-13c、d 可以发现，在叶轮的旋转过程中，由于叶片背面的出口安放角远大于叶片工作面的出口安放角，导致叶片出口边靠近叶片背面的位置出现高压区，靠近叶片工作面的位置出现低压区。当时间步数为 134 时，低压区扫过正导叶流道内部的各监测点，导致正导叶各监测点的压力达到最低值并出现波谷，并传递到反导叶中；当时间步数为 142 时，高压区扫过正导叶内部的各监测点，导致正导叶各监测点的压力达到最大值且出现波峰，并传递到反导叶中。同理，监测点 D1 的压力系数变化规律跟上面一样，但是未进入正导叶流道内的单个监测点的压力波动并不能显著影响正反导叶内部的压力变化。

进一步研究发现，可以把叶轮及导叶的压力脉动系数的相位分布划分为四个区域：叶轮流道区域（Ⅰ）、叶轮过渡区域（Ⅱ）、导叶过渡区域（Ⅲ）及导叶流道区域（Ⅳ），如图 6-14 所示。叶轮流道区域及叶轮过渡区域内液体的压力脉动源是正导叶叶片的进口边，其中叶轮流道区域压力脉动系数的相位基本一致。当正导叶叶片的进口边堵住叶轮流道时，则叶轮流道区域的压力脉动系数幅

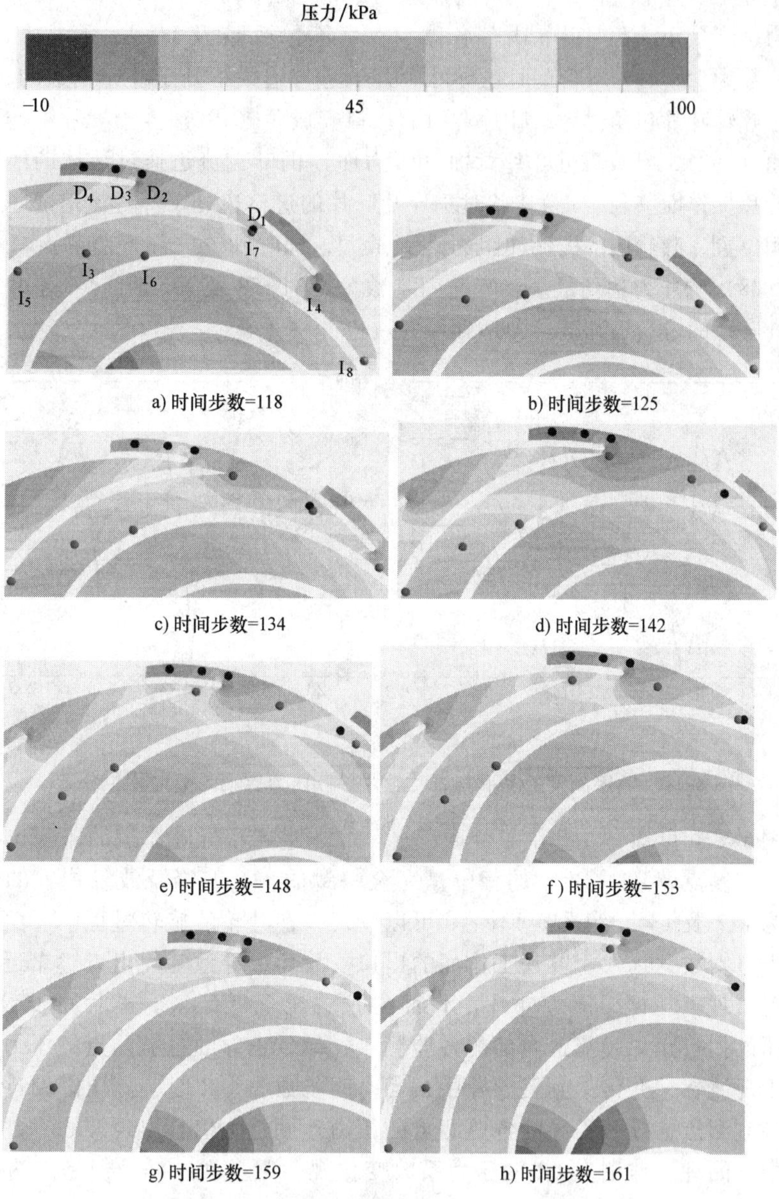

图 6-13　额定流量工况下首级叶轮及导叶中截面静压分布

值较小，反之亦然；而叶轮过渡区域压力脉动系数的相位各不相同，越靠近正导叶叶片的进口边，则压力脉动系数出现波峰的时间步数越小。导叶过渡区域及导叶流道区域的脉动源则是叶轮叶片的出口边，其中导叶流道区域（包括反导叶流道区域）的相位是一致的。当叶轮叶片的出口边靠近叶片背面的区域（高压区域）扫过正导叶流道区域时，则正导叶流道区域的压力脉动系数幅值增大并出现波峰，其规律传递至反导叶流道区域，反之亦然；导叶过渡区域的压力脉动系数的相位各不相同，越靠近叶轮叶片出口边的靠近叶片背面的区域，则压力脉动系数出现波峰的时间步数越小。

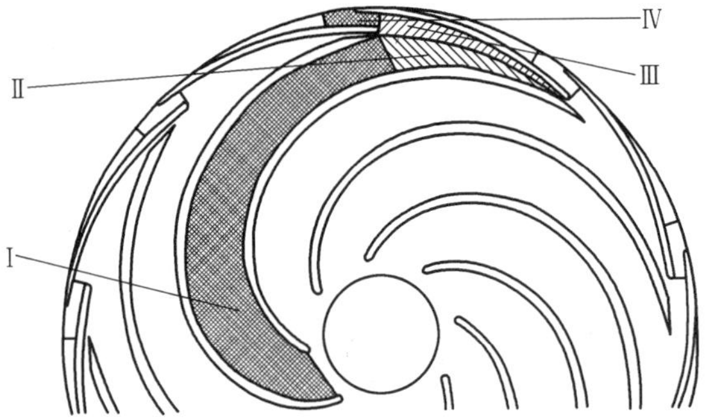

图 6-14　额定流量工况下首级叶轮及导叶压力脉动系数的相位区域分布

综合以上可知，影响泵内部任意点压力脉动强度的因素主要有四个：任意点与脉动源的距离、任意点的压力梯度、任意点流场的流动不稳定性（湍动能）及任意点与脉动源的相对位置。其中，任意点的压力脉动强度与压力梯度及湍动能呈正相关性，与距离呈负相关性；而任意点与脉动源的相对位置影响着负相关性的强弱能力，即任意点处于脉动源的下游，距离对脉动强度的负相关影响较弱，任意点处于脉动源的上游，距离对脉动强度的负相关影响较强。影响泵内部任意点压力脉动频率的因素主要有两个：脉动源的数量及叶轮转速，其中，叶轮内部任意点的压力脉动系数主频为导叶叶频，导叶及泵腔内部任意点的压力脉动系数主频为叶轮叶频。此外，当任意点的压力脉动强度很弱时，会出现一些低频信号取代主频信号。影响泵内部任意点压力脉动相位的因素主要有两个：任意点与脉动源的距离及任意点所处的位置。

6.3　基于数值计算的非定常流动分析

本节主要通过数值计算来完成多级自吸喷灌泵的非定常流动分析，重点集中在叶轮与正导叶之间的动静干涉区域。为了描述叶轮叶片与正导叶叶片的相对位置，定义叶轮叶片（背面）出口边与正导叶叶片进口边的夹角为相位角 φ，并定义任意点到圆心的连线与 x 轴正方向的夹角为圆心角 θ，动静干涉区域示意如图 6-15 所示。

在数值计算或 PIV 试验的后处理过程中，任意点的绝对速度 C（x，y，φ）由 x 及 y 方向的速度分量 u（x，y，φ）及 v（x，y，φ）组成。结合图 6-16 所示的速度三角形可知，任意点绝对速度及相对速度的圆周分量及径向分量、绝对液流角及相对液流角如下所示：

$$C_u(x,y,\varphi)=u(x,y,\varphi)\sin\theta - v(x,y,\varphi)\cos\theta \tag{6-1}$$

$$C_r(x,y,\varphi)=u(x,y,\varphi)\cos\theta + v(x,y,\varphi)\sin\theta \tag{6-2}$$

$$W_u(x,y,\varphi)=C_u(x,y,\varphi)-U(x,y) \tag{6-3}$$

$$W_r(x,y,\varphi)=C_r(x,y,\varphi) \tag{6-4}$$

$$\alpha=\arctan\left(\frac{C_r}{C_u}\right) \tag{6-5}$$

$$\beta=\arctan\left(\frac{C_r}{-W_u}\right) \tag{6-6}$$

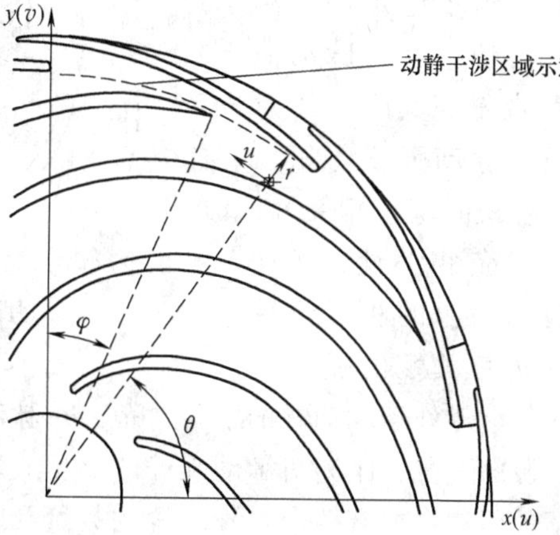

图 6-15　动静干涉区域示意

基于数值计算方法，获取了首级及次级叶轮内不同半径处的相对速度 w/u_2 及相对液流角 β（$\varphi=0°$），如图 6-17 所示。由图可知，在叶轮流道内部（$r/R=0.5$ 及 $r/R=0.75$），w/u_2及 β 的周向分布呈现着一定的周期性。由于叶轮及正导叶的叶片数不一致，叶轮及正导叶的几何形状在周向并不对称，从而导致流动分布在周向亦不对称；在靠近叶轮出口位置（$r/R=0.98$ 及 $r/R=1.005$），这种影响显著加强，导致 w/u_2及 β 的周向分布规律明显减弱。由于叶轮进口的来流并不完全相同，首级及次级叶轮内部（$r/R=0.5$ 及 $r/R=0.75$）的 w/u_2及 β 存在着一定的差异性；在靠近叶轮出口位置（$r/R=0.98$ 及 $r/R=1.005$），叶轮出口边及正导叶进口边的相互干涉作用对流场影响极其显著，而叶轮进口来流的影响相对微弱，导致两级叶轮的 w/u_2 及 β 的分布基本相同。当 $r/R=0.5$ 时，从叶轮叶片压力面（PS）到叶轮叶片吸力面（SS），w/u_2逐渐增大（伯努利方程可推导），而 β 先减小后增大，在靠近叶轮流道中间位置达到最小，w/u_2及 β 沿着周向的变化幅值分别近似为 0.13 及 7°；当 r/R 增大至 0.75 时，w/u_2明显增大，而 β 显著减小，但是两者沿

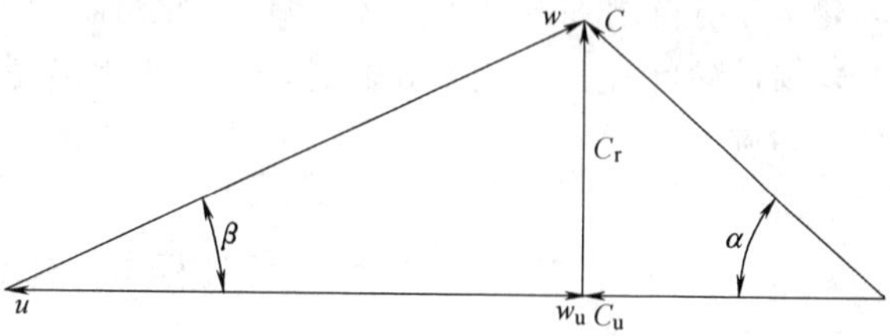

图 6-16　速度三角形

着周向的变化幅值明显减小；当 $r/R=0.98$ 时，相比于叶轮内部，w/u_2 进一步增大，β 进一步减小，而且两者沿着周向的变化规律发生突变，由于靠近叶轮吸力面出口位置处存在尾流并产生较大的能量损失，w/u_2 在 SS 处的值反而远小于在 PS 处的值，w/u_2 及 β 沿着周向的变化幅度显著增强至 0.22 及 15°；当 $r/R=1.005$ 时，w/u_2 没有进一步增大，但是其周向分布的不均匀性大幅度上升，而 β 进一步减小并开始出现负值，表明此时有一定的回流现象。

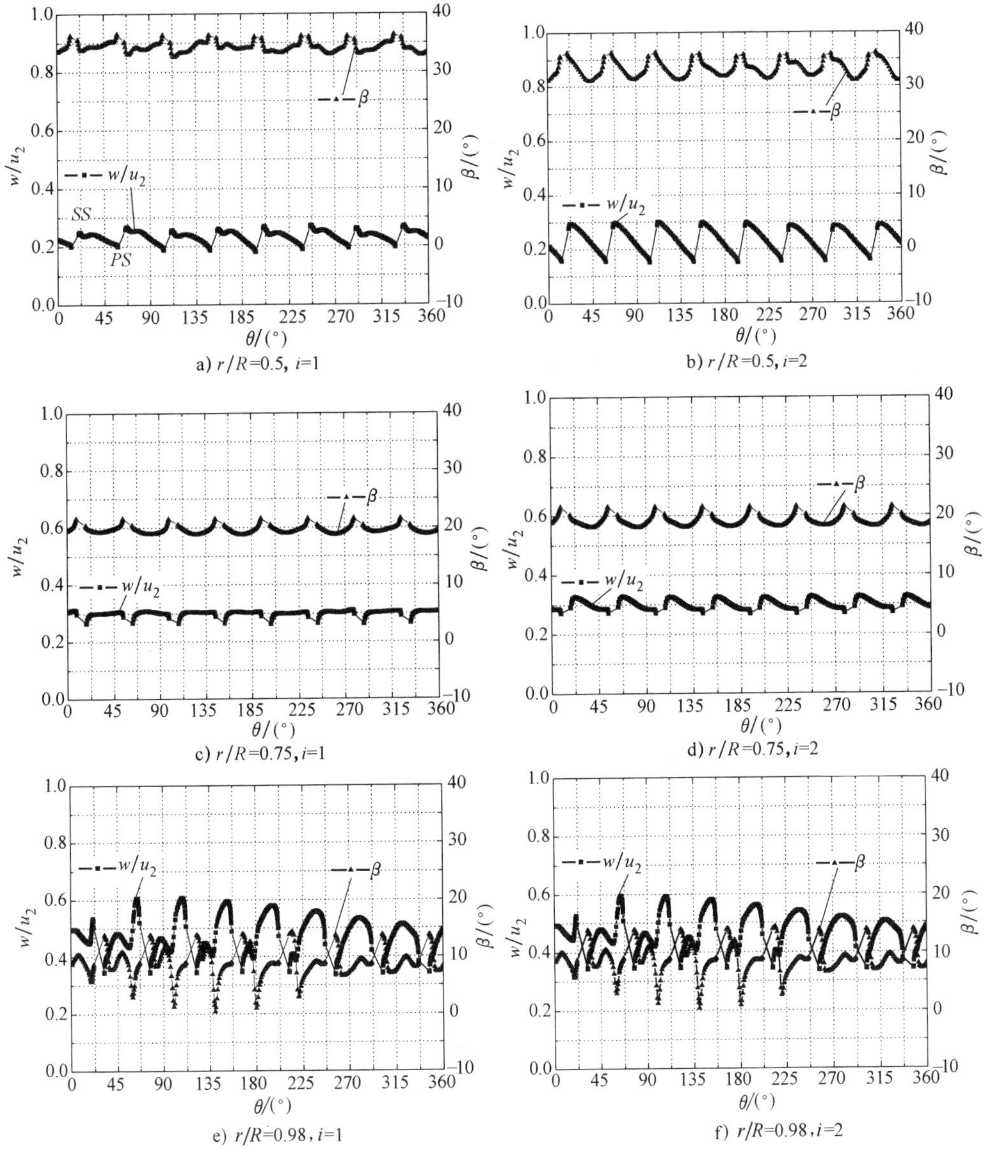

a) $r/R=0.5$, $i=1$　b) $r/R=0.5$, $i=2$

c) $r/R=0.75$, $i=1$　d) $r/R=0.75$, $i=2$

e) $r/R=0.98$, $i=1$　f) $r/R=0.98$, $i=2$

图 6-17　基于 CFD 的首级及次级叶轮内不同半径处的相对速度及相对液流角（$\varphi=0°$）

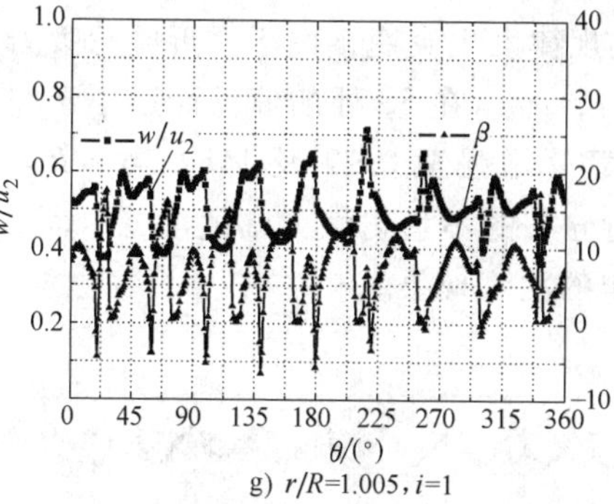

g) r/R=1.005, i=1

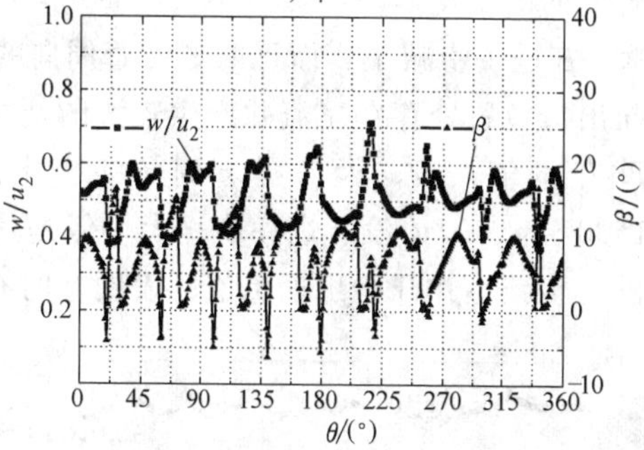

h) r/R=1.005, i=2

图 6-17　基于 CFD 的首级及次级叶轮内不同半径处的相对速度及相对液流角（$\varphi=0°$）（续）

基于数值计算方法，获取了叶轮与正导叶之间动静干涉区域（$r/R=1.005$）的绝对速度的圆周分量 C_u/u_2 及径向分量 C_r/u_2，如图 6-18 所示。由图中可知，C_u/u_2 及 C_r/u_2 的周向分布波动幅度较大，前者的波动幅度达到 1/3，而后者的波动幅度接近 100%。由于叶轮叶片吸力面（SS）的出口安放角要远大于叶轮叶片压力面（PS），导致 C_u/u_2 在分别靠近 SS 及 PS 的位置出现极大值及极小值，从而在两者的中间区域产生较大的速度梯度。此外，由于导叶进口处存在着一定冲击损失，导致靠近正导叶进口边（DP）的位置出现较小的 C_u/u_2，当 PS 接近 DP，C_u/u_2 减小的幅度增强；当 SS 接近 DP，C_u/u_2 减小的幅度减弱，表明叶轮与导叶的相对位置强烈地影响着 C_u/u_2 的周向分布。由于叶轮内部射流——尾流效应的影响，射流区域的相对速度较大，而尾流区域的相对速度较小，导致 C_r/u_2 在分别靠近 PS 及 SS 的位置出现极大值及极小值（$C_r/u_2=W_r/u_2$），表明 C_r/u_2 与 C_u/u_2 的周向分布规律并不一致；此外，靠近 DP 的位置也出现了较小的 C_r/u_2，而 PS 与 SS 同样影响着 C_r/u_2 的减小幅度。结果表明：叶轮与正导叶之间动静干涉区域的速度分布有着强烈的非定常特性，同时受叶轮叶片出口边及导叶叶片进口边的共同作用影响，亦具有一定的周期性。

图 6-19 所示为不同相位时首级叶轮出口边的绝对液流角 α 分布（$r/R=1.005$）。可以看出，在叶轮出口位置，α 的周向分布出现了多个波峰波谷，波动幅值达到 20°左右。在靠近 DP 的位置处，α 出现极小值并为负数（约 −5°），表明此处出现了较为明显的回流现象；在分别靠近 PS 与 SS 的位置处，α 分别出现极大值（约 15°）与极小值（约 2°），由于正导叶进口安放角 $\alpha_3=5°$，因此 α 出现极大值的位置处会发生较为严重的冲击损失。随着叶轮旋转，α 出现极值的位置不断发生变化，当 PS 及 SS 靠近 DP 时，α 的变化规律更为复杂，表明叶轮出口位置处产生了强烈的非定常流动，并分别顺向传播至下一级导叶，逆向传播至上一级叶轮及横向传播至泵腔中。

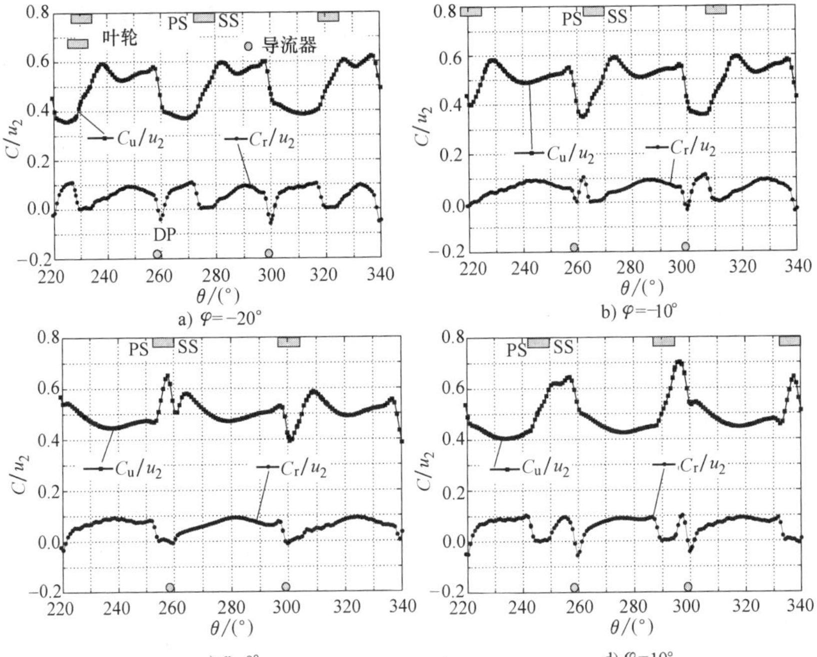

a) $\varphi=-20°$　b) $\varphi=-10°$　c) $\varphi=0°$　d) $\varphi=10°$

图 6-18　不同相位时首级叶轮出口边的绝对速度圆周分量及径向分量（$r/R=1.005$）

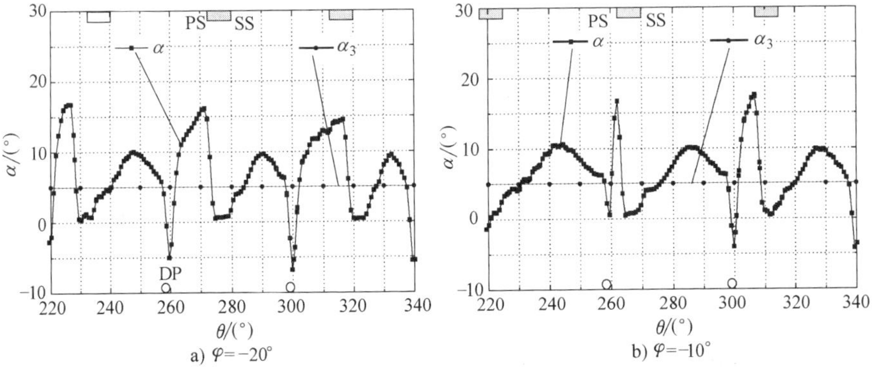

a) $\varphi=-20°$　b) $\varphi=-10°$

图 6-19　不同相位时首级叶轮出口边的绝对液流角分布（$r/R=1.005$）

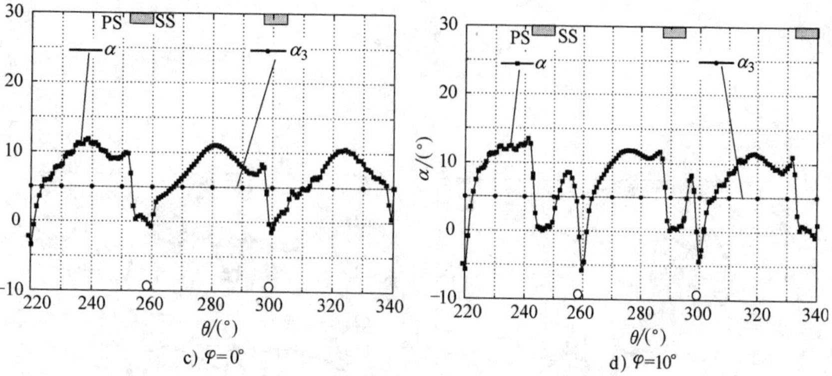

图 6-19　不同相位时首级叶轮出口边的绝对液流角分布（$r/R=1.005$）（续）

6.4　本章小结

采用非定常数值计算，深入研究了多级自吸喷灌泵叶轮、导叶及泵腔中压力脉动波的振幅、频率及相位的变化规律及内在影响因素，并获取了叶轮及导叶之间流场的非定常速度场。

1）首级叶轮与次级叶轮内部各监测点的压力脉动系数时域图及频域图基本相同。在叶轮旋转的一个周期内，各监测点的压力脉动系数呈现 9 个相似的波形，其数目与导叶叶片数一致，并且压力脉动系数的主频为 $9f_n$（导叶叶频，其中 f_n 为叶轮转频）。从叶轮进口到叶轮出口，压力脉动系数的幅值逐渐增大，其主频幅值亦不断增大，且高频信号不断出现，低频信号不断减少；此外，叶轮内部的压力脉动系数出现幅值的时间步长位置基本稳定，而叶轮出口处的压力系数出现幅值的时间步长沿周向不断变化。以上结果表明叶轮内部流体的压力脉动源来自于叶轮的下游并靠近叶轮出口处，再结合其相似波形的数量及主频大小，明显表明叶轮内部流体的压力脉动源来自于正导叶叶片的进口边，即每一个正导叶叶片的进口边相当于一个对叶轮内部流体起干扰作用的脉动源。

2）叶轮内部任意点与正导叶叶片进口边的距离越远，则任意点的压力脉动强度及压力脉动系数主频幅值越小；在靠近叶轮进口位置时，压力脉动强度达到最小，压力脉动系数主频也发生改变，其受正导叶叶片进口边的影响最小。另一方面，叶轮内部任意点的压力脉动强度与叶轮内部的压力梯度呈正相关，而与叶轮内部的绝对压力值无关。

3）首级导叶与次级导叶内部各监测点的压力脉动系数时域图及频域图基本相同。在叶轮旋转的一个周期内，各监测点的压力脉动系数呈现 8 个相似的波形，其数目与叶轮叶片数一致，并且压力脉动系数的主频为 $8f_n$（叶轮叶频）。相比于叶轮，导叶中监测点的压力脉动系数幅值明显减小；从正导叶进口到反导叶出口，压力脉动系数幅值及主频幅值逐渐减小；在整个导叶流道内部，压力脉动系数出现幅值的时间步长位置基本稳定。以上结果表明，导叶中流体的压力脉动源来自于正导叶的上游并靠近正导叶进口处；再结合其相似波形的数量及主频大小，说明导叶内部流体的压力脉动源来自于叶轮叶片的出口边，即每一个叶轮叶片的出口边相当于是一个对导叶内部流体起干扰作用的脉动源。

4）导叶内任意点的压力脉动强度跟任意点与脉动源的距离呈负相关关系，即导叶内部距离叶轮叶片出口边越远，则任意点的压力脉动系数主频幅值及压力脉动强度越小。在靠近反导叶出口位置时，压力脉动强度达到最小，压力脉动系数主频也发生改变，其受叶轮叶片出口边的影响微乎其微。另一方面，导叶内部任意点的压力脉动强度与任意点的压力梯度及流动不稳定性呈正相关关系，在受到相同强度的脉动源干扰时（如仅仅流量变化），压力梯度越大，以及流动越不稳定，则任意点的压力脉动强度必定越大。

5）在叶轮旋转的一个周期内，泵腔中各监测点的压力脉动系数呈现 8 个相似的波形，其数目与叶轮叶片数一致，并且压力脉动系数的主频为 $8f_n$。在前、后泵腔中，随着泵腔直径的增加，其压力脉动系数的幅值逐渐增大，在靠近叶轮出口处达到最大；在上泵腔中（叶轮与导叶之间的区域），随着监测点远离中截面，其压力脉动系数的幅值逐渐减小，靠近前、后泵壁时达到最小。影响泵腔内部流体压力脉动的来源有两个：第一，旋转叶轮叶片的出口边；第二，经后口环流入后泵腔的反导叶出口流体。前泵腔及上泵腔受第一个脉动源的影响，其监测点的主频为 $8f_n$；后泵腔则受第一个脉动源及第两个脉动源共同影响，而第二个脉动源起主要作用，其监测点的主频为 $6f_n$（反导叶出口流体的主频）。

6）压力脉动是一种波，而构成波的三种重要特征为振幅（强度）、频率及相位。影响泵内部任意点压力脉动强度的因素主要有四个：任意点与脉动源的距离、任意点处的压力梯度、任意点流场的流动不稳定性（湍动能）及任意点与脉动源的相对位置。其中，任意点压力脉动强度与压力梯度及湍动能呈正相关性，与距离呈负相关性；而任意点与脉动源的相对位置影响着负相关性的强弱能力，当任意点处于脉动源的下游，距离对脉动强度的负相关影响较弱，当任意点处于脉动源的上游，距离对脉动强度的负相关影响较强。影响泵内部任意点压力脉动频率的因素主要有两个：脉动源的数量及叶轮转速。其中，叶轮内部任意点的压力脉动系数主频为导叶叶频，导叶及泵腔内部任意点的压力脉动系数主频为叶轮叶频；此外，当任意点的压力脉动强度很弱时，会出现一些低频信号取代主频信号。影响泵内部任意点压力脉动相位的因素主要有两个：任意点与脉动源的距离及任意点所处的位置。可以把叶轮及导叶的压力脉动系数的相位分布划分为四个区域：叶轮流道区域、叶轮过渡区域、导叶过渡区域及导叶流道区域，其中，叶轮流道区域及导叶流道区域内任意两点的压力脉动系数的相位相同，而叶轮过渡区域及导叶过渡区域内任意点的压力脉动系数的相位各不相同。

7）基于数值计算方法，获取了叶轮与正导叶之间动静干涉区域（$r/R=1.005$）绝对速度的圆周分量 C_u/u_2 及径向分量 C_r/u_2。两者的周向分布波动幅度较大，前者的波动幅度达到1/3，而后者的波动幅度超过了100%。由于叶轮吸力面（SS）的出口安放角要远大于叶轮压力面（PS）的，导致 C_u/u_2 在分别靠近 SS 及 PS 的位置出现极大值及极小值；由于叶轮内部射流——尾流效应的影响，射流区域的相对速度较大，而尾流区域的相对速度较小，导致 C_r/u_2 在分别靠近 PS 及 SS 的位置出现极大值及极小值。以上结果表明，叶轮与正导叶之间动静干涉区域的速度分布有着强烈的非定常特性，同时受叶轮出口边及导叶进口边的共同作用影响，并分别顺向传播至下一级导叶，逆向传播至上一级叶轮及横向传播至泵腔中。

参考文献

[1] Dring R P, Joslyn H D, Hardin L W, et al. Turbine rotor-stator interaction [J]. Journal of Engineering for Gas Turbines and Power, 1982, 104 (4): 729 – 742.

[2] 何秀华. 水泵压力脉动的类型研究 [J]. 排灌机械, 1996, 14 (4): 72-50.

[3] 何秀华. 水泵叶频压力脉动形成的机理探讨 [J]. 机械科学与技术, 1996, 25 (6): 38-42.

[4] Arndt N, Acosta A J, Brennen C E, et al. Experimental investigation of rotor-stator interaction in a centrifugal pump with several vaned diffusers [J]. ASME J. Turbomachinery, 1990, (112): 98-108.

[5] Iino T, Kasai K. An analysis of unsteady flow induced by interaction between a centrifugal impeller and a vaned diffuser [J]. Trans. Jpn. Soc. Mech. Eng., Ser. B, 1985, 51 (471): 154-159.

[6] Arndt N, Acosta A J, Brennen C E, et al. Rotor – Stator Interaction in a Diffuser Pump [J]. ASME J. Turbomachinery, 1989, (111): 213-221.

[7] 袁寿其, 薛菲. 离心泵压力脉动对流动噪声影响的试验研究 [J]. 排灌机械, 2009, 27 (5): 287-290.

[8] 姚志峰, 王福军, 肖若富, 等. 离心泵压力脉动测试关键问题分析 [J]. 排灌机械工程学报, 2010, 28 (3): 219-223.

[9] Shi F, Tsukamoto H. Numerical study of pressure fluctuations caused by impeller-diffuser interaction in a diffuser pump stage [J]. ASME Journal of Fluids Engineering, 2001, 123 (3): 466-474.

[10] Liu J, Liu S, Sun Y, et al. Numerical simulation of pressure fluctuation of a pump-turbine

with MGV at no-load condition [C]. IOP Conference Series: Earth and Environmental Science. IOP Publishing, 2012, 15 (6): 062036.

[11] 徐朝晖，吴玉林，陈乃祥，等. 高速泵内三维非定常动静干扰流动计算 [J]. 机械工程学报，2004，40 (3)：1-4.

[12] 徐朝晖. 高速离心泵内全流道三维流动及其流体诱发压力脉动研究 [D]. 北京：清华大学，2004.

[13] Feng J, Benra F K, Dohmen H J. Investigation of periodically unsteady flow in a radial pump by CFD simulations and LDV measurements [J]. Journal of turbomachinery, 2011, 133 (1): 011004.

第7章　多级自吸喷灌泵的转子动力学特性研究

7.1　概述

离心泵与齿轮泵、汽轮机、螺杆泵、水轮机、风机等一样，都属于旋转机械，是重要的能量转换装置和流体输送设备，广泛应用于国民经济的各个部门及舰船、航空航天等尖端技术领域。在一些重要场合，泵机组出现故障会造成严重的经济损失，且机组容量越大，经济损失也越大。

机组正常运行时振动幅值和变化波动值都应比较小，振动值的突然上升或振动情况变得不稳定等现象都表明机组出现了某些故障。从振动系统的角度看，泵机组振动的原因包括激振力过大、轴承刚度不足、设计不合理及共振。与单级离心泵相比，多级离心泵级数多、转速高、结构复杂，使得振动现象在多级离心泵中普遍存在，且严重影响泵的稳定性[1]。

本书的研究对象为一种卧式多级离心泵，为了解决安装位置受限问题，采用悬臂式结构型式。对于悬臂式多级离心泵结构，叶轮、导叶等主要零部件位于主轴双支承的外端，陀螺力矩所产生的回转效应（即陀螺效应）对转子部件的临界转速及转子稳定性等动力学特性所产生的影响不可忽略，必须予以考虑。目前，对于多级泵的转子动力学研究主要集中于过流部件位于双支承内的情况，而对于悬臂式多级泵的相关研究还较少。对于采用外悬外重心的悬臂式多级泵，由结构型式引起的陀螺效应会使该多级泵容易产生机械振动，而振动会产生噪声，不仅降低了工作效率，加快了零件磨损，严重时还会使单元断裂，造成人员伤亡事故。研究转子动力学的目的就是为旋转机械提供更好的结构设计，以减少机组故障，延长使用寿命。动力学的相关研究从早期的结构力学、稳定性理论、流体动力润滑理论等学科逐渐涉及有限元计算、非线性动力学、气动力学等学科[2]。

7.2　多级自吸喷灌泵的转子临界转速分析

对于一台悬臂式多级离心泵而言，由于结构原因使得泵转子系统不仅要考虑轴承支承方式、阻尼、油膜刚度等因素对临界转速的影响。还要考虑口环密封力、陀螺力矩对泵转子临界转速的影响。由于泵的工作状态要求，使得泵转子系统不仅要考虑转子系统在“干态”下影响临界转速的各种因素。还要考虑“湿态”下流体激振力等对临界转速的影响，这样才能更加符合水泵的真实运行状态。“干态”下的临界转速是指泵转子系统在没有任何流体负载下的临界转速，即空气介质中运转时的临界转速。目前，水泵的“湿态”临界转速还没有明确定义，而“湿态”下的临界转速需要考虑流固耦合对叶轮产生的作用力、旋转软化作用、叶轮口环间隙力及叶轮与导叶间的级间间隙力对临界转速的影响。

本章首先针对“干态”下的临界转速进行分析，重点讨论了不同有限元模型、轴承支承刚度对临界转速的影响，然后分析转子部件在考虑口环密封刚度时的临界转速。悬臂式多级离心泵转子系统如图 7-1 所示。

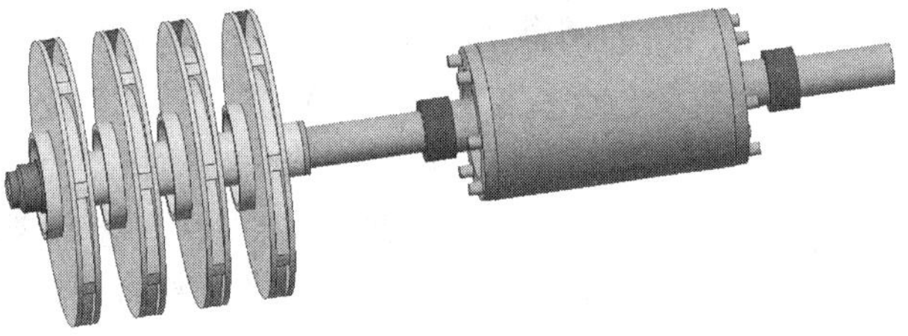

图 7-1　悬臂式多级离心泵转子系统

7.2.1　研究对象临界转速的基本理论

在机械制造过程中由于各种因素产生的误差使得转子旋转时会产生离心力[3]，由不平衡质量造成的离心力会在某些转速时产生强烈的横向振动，这些转速称为临界转速[4]。在进行临界转速计算时，通常只考虑做同步正向涡动时的振动频率，而不考虑反向涡动时的振动频率。这是由于在不平衡质量的激励作用下，使得泵转子系统在实际运转过程中做同步正向涡动[5]。

临界转速计算的准确性取决于模型和方法的选择，目前获得转子临界转速的方法有试验方法和理论计算方法。理论计算方法主要有两大类：传递矩阵法[6,7]和有限元法。目前较为流行的有限元计算软件有 ANSYS、SAMCEF、ADAMS 等。SAMCEF Rotors 作为一个针对旋转机械的转子动力学专业软件，在发动机、汽轮机、离心压缩机、齿轮机械等工业领域有着广泛应用[8]。

对轴上作用的若干个集中载荷的轴系，在忽略阻尼且基频远低于高阶频率的情况下可用邓克莱公式进行近似计算。采用邓克莱法计算得到的临界转速比真实值小，其计算公式为

$$\frac{1}{n_c^2}=\frac{1}{n_0^2}+\frac{1}{n_1^2}+\frac{1}{n_2^2}+\frac{1}{n_3^2}+\cdots+\frac{1}{n_i^2} \tag{7-1}$$

式中：n_c 为轴系的临界转速（r/min）；n_0 为轴本身的临界转速（r/min）；n_i 为轴在各个集中载荷下的临界转速（r/min）。

根据机械设计手册[9]，均匀质量轴在悬臂式双支点支承下的一阶临界转速公式为

$$n_{\mathrm{crk}} = 946\lambda_{\mathrm{k}} \sqrt{\frac{EI}{W_0 L^3}} \tag{7-2}$$

带圆盘且不考虑轴自重时的一阶临界转速公式为

$$n_{\mathrm{cr1}} = 946\lambda_1 \sqrt{\frac{K}{W_1}} \tag{7-3}$$

$$K = \frac{3EI}{(1-\mu)^2 L^3} \tag{7-4}$$

$$I = \frac{\pi d^4}{64} \tag{7-5}$$

式中：W_0为轴自重（N）；W_1为圆盘所受重力（N）；L为轴的长度（mm）；λ_{k}为支座形式系数；E为轴材料的弹性模量（MPa）；I为轴截面的惯性矩（mm^4）；μ为支承间距离或轴段长度μL与轴总长度L之比；K为轴的刚度系数（N/mm）。

将转轴划分为阶梯轴与轴芯两部分，把轴芯划分为4份圆盘，如图7-2所示。将光轴、叶轮、轴芯、螺母等具体参数代入上式计算得到光轴在受完全约束时以及只带圆盘但不计轴自重时的临界转速，见表7-1。

根据邓克莱公式可算出转子系统的一阶临界转速约为12068.0r/min，即固有频率为201.13Hz。

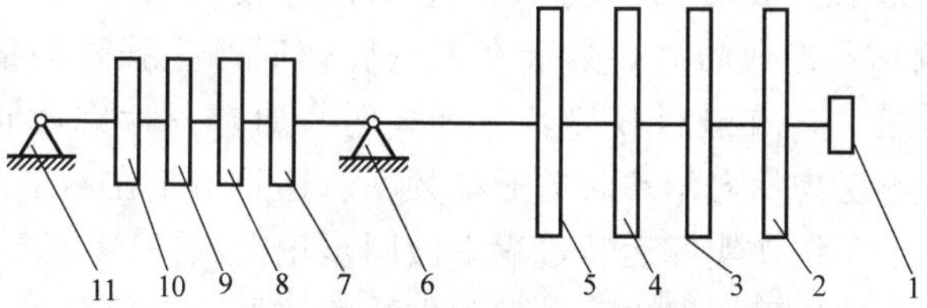

图7-2　邓克莱法临界转速计算模型

1—叶轮锁紧螺母　2—首级叶轮　3—第二级叶轮　4—第三级叶轮　5—末级叶轮
6—轴承1　7—圆盘1　8—圆盘2　9—圆盘3　10—圆盘4　11—轴承2

表7-1　基于邓克莱法的各部件临界转速

部件	光轴	叶轮螺母	首级叶轮	第二级叶轮	第三级叶轮
临界转速/(r/min)	17036.4	17509.4	118840.1	150695.1	200979.7
部件	末级叶轮	圆盘1	圆盘2	圆盘3	圆盘4
临界转速/(r/min)	290536.9	890749.7	668254.0	641545.9	752422.0

7.2.2　轴承动力特性系数的求解

在较好的刚性基础上，可用刚度矩阵［C］和阻尼矩阵［K］表示简化后的质量-弹簧-阻尼器模型，对应的动力特性系数矩阵分别[9]为

$$[C] = \begin{bmatrix} c_{xx} & c_{xy} \\ c_{yx} & x_{yy} \end{bmatrix}, [K] = \begin{bmatrix} k_{xx} & k_{xy} \\ k_{yx} & k_{yy} \end{bmatrix} \tag{7-6}$$

轴承座及基础在 x、y 方向的等效质量分别用 M_x 和 M_y 表示，可将整个支承简化为各向异性的支承模型。

当支承在 x、y 两个方向上的等效质量相差较小且耦合程度较弱时，阻尼对动力特性的影响可以忽略不计，并且认为支承是各向同性的。即：$[C]=0$，$k_{xx}=k_{yy}$，$k_{xy}=k_{yx}=0$，$M_x=M_y$。此时，支承也就可以简化为如图 7-3a 所示的模型。还可以进一步将模型简化为如图 7-3b 所示的弹性支承模型。其中：M_b 为轴承座及基础的等效质量，k_p 为油膜刚度系数，k_b 为轴承座及基础的等效静刚度系数。

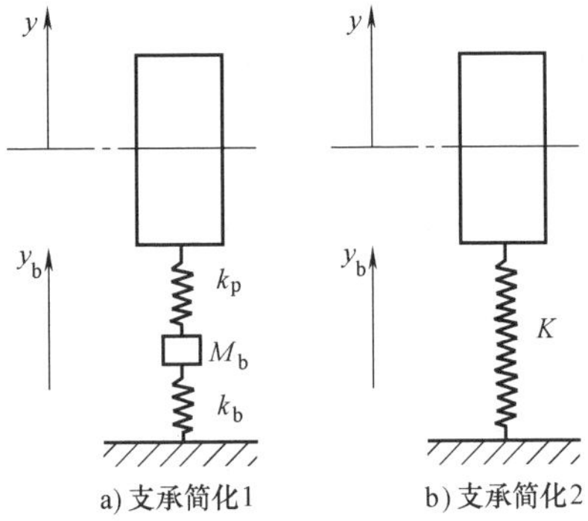

图 7-3　轴承简化方式

滚动轴承的刚度是指在受到径向载荷时，其抵抗径向方向弹性变形的能力。对于滚动轴承，不但要考虑 Hertz 接触刚度 k_e[10]，还要考虑油膜刚度 k_f[11]。因此滚动轴承的刚度为

$$k=\frac{1}{1/k_e+1/k_f} \tag{7-7}$$

式中：滚动轴承的径向接触刚度 k_e 表示为

$$k_e=F/(\delta_1+\delta_2+\delta_3) \tag{7-8}$$

式中：F 为径向负荷（N）；δ_1 为轴承径向弹性位移（mm）；δ_2 为轴承外圈与箱体孔的接触变形（mm）；δ_3 为轴承内圈与轴径的接触变形（mm）。

对转子系统临界转速影响最大的滚动轴承各力学参数是其径向刚度[12]，轴承径向刚度受轴承径向弹性位移、接触变形及预紧力等因素的影响，计算精度较低[13]，可采用经验式（7-9）求得，即

$$K=0.118\times10^4\times(D_wF_rZ^2\cos^5\alpha)^{\frac{1}{3}} \tag{7-9}$$

式中：D_w 为球径（mm）；F_r 为径向载荷（N）；α 为接触角（°）；Z 为球数。

本节选用的是 6202 深沟球轴承，轴承参数 $D_w=5.953\text{mm}$，$F_r=3700\text{N}$，$\alpha=15°$，$Z=8$，根据式（7-9）计算得 $K=124880\text{N/mm}$。

7.2.3　环压密封的动力特性系数求解

为了减小因泄漏而产生的容积损失，通常在每级叶轮前后都设有环压密封环，如口环密封以及级间密封。密封间隙内会产生不可忽略的流体力，其动力学特性与滑动轴承类似，能够改变泵转子的临界转速。因此，在计算“湿态”下多级泵转子临界转速、瞬态响应及谐响应分析时要加以考虑。

20 世纪初，国外专家就开始研究密封动力特性，并取得了一些成果。Lo-

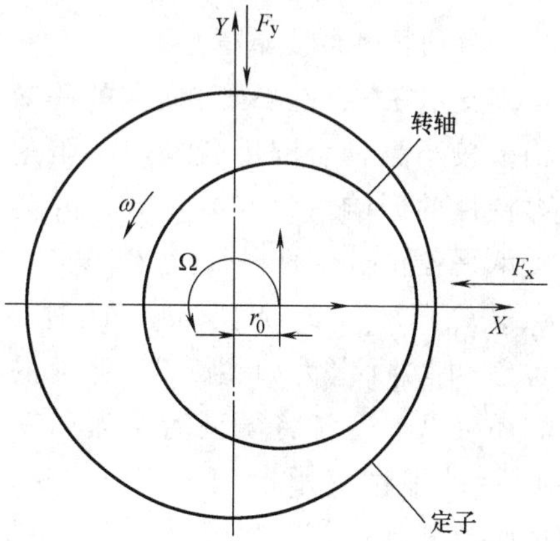

图 7-4 环压密封动力学模型

makin[14]对密封中的流体力进行了研究，提出了密封环内流体力对转子支承刚度的影响。Black[15]和 Jenssen[16]等人首次提出短密封轴承主刚度的求解方法，同时给出了长密封情况下动力学特性系数的修正系数。Nelson[17]采用 Hirs 湍流方程对 Black 公式进行了修正并得出 Black-Childs 公式。Muszynska 和 Bently[18]通过联系密封力与油膜力两种因素，解释了密封激振原理。

密封环内产生的密封力会使转子运行时失稳并产生振动，密封力是影响多级泵转子系统可靠性的一个重要因素。当转轴在密封腔中与密封环不同心时，密封环内流体会产生密封环恢复力。环压密封转子动力学模型如图 7-4 所示，当偏心转子受到密封环恢复力作用时，相当于在转子上增加了支承刚度，对悬臂式多级泵的动力学性能有一定作用。

当转子部件在密封腔中产生偏置时，由于密封周向流体压力分布不均匀产生的密封力与油膜力具有相似的动力学原理，但作用原理不一样。工程上采用数值法求解油膜刚度和阻尼，本研究密封力采用 Black 模型[19]，其表达式为

$$-\begin{Bmatrix} F_x \\ F_y \end{Bmatrix} = \begin{bmatrix} k_{xx} & k_{xy} \\ k_{yx} & k_{yy} \end{bmatrix}\begin{bmatrix} X \\ Y \end{bmatrix} + \begin{bmatrix} c_{xx} & c_{xy} \\ c_{yx} & c_{yy} \end{bmatrix}\begin{bmatrix} \dot{X} \\ \dot{Y} \end{bmatrix} + \begin{bmatrix} m_{xx} & m_{xy} \\ m_{yx} & m_{yy} \end{bmatrix}\begin{bmatrix} \ddot{X} \\ \ddot{Y} \end{bmatrix} \tag{7-10}$$

式中：刚度 $k_{xx}=k_{yy}=K$；$k_{xy}=-k_{yx}=k$；阻尼 $c_{xx}=c_{yy}=C$；$c_{xy}=-c_{yx}=c$；附加质量 $m_{xx}=m_{yy}=M$；$m_{xy}=-m_{yx}=0$。

各刚度系数为

$$k_{xx}=k_{yy}=\mu_3\left(\mu_0-\frac{\mu_2}{4}\omega^2T^2\right),k_{xy}=-k_{yx}=\frac{1}{2}\mu_1\mu_3\omega T \tag{7-11}$$

各阻尼系数为

$$c_{xx}=c_{yy}=\mu_1\mu_3T,c_{xy}=-c_{yx}=\mu_2\mu_3\omega T^2 \tag{7-12}$$

附加质量为

$$m_{xx}=m_{yy}=\mu_2\mu_3T^2,m_{xy}=-m_{yx}=0 \tag{7-13}$$

在式（7-10）中，交叉刚度 $k_{xy}=-k_{yx}=k$ 与主阻尼 $c_{xx}=c_{yy}=C$ 是影响转子-密封系统稳定性的主要因素。主要表现在：转子-密封系统的稳定性与可靠性随交叉刚度 k 增大而降低，随主阻尼 C 的增大而增强。式（7-11）、式（7-12）、式（7-13）中各系数为

$$\mu_0 = \frac{(1+\xi)\sigma^2}{(1+\xi+2\sigma)^2},\ \mu_3 = \frac{\pi R\Delta p}{\lambda},\ \sigma = \frac{\lambda l}{\delta}, T = \frac{l}{v} \tag{7-14}$$

$$\mu_1 = (1+\xi)^2\sigma + (1+\xi)(2.33+2\xi)\sigma^2 + 3.33(1+\xi)\sigma^3 + \frac{1.33\sigma^4}{(1+\xi+2\sigma)^3} \tag{7-15}$$

$$\mu_2 = 0.33(1+\xi)^2(2\xi-1)\sigma + (1+\xi)(1+2\xi)\sigma^2 + 2(1+\xi)\sigma^3 + \frac{1.33\sigma^4}{(1+\xi+2\sigma)^3} \tag{7-16}$$

$$\lambda = 0.079 Re_a^{-\frac{1}{4}}\left[1+\left(\frac{7Re_v}{8Re_a}\right)^2\right]^{\frac{3}{8}},\ Re_v = \frac{R\omega\delta}{\nu},\ Re_a = \frac{2v\delta}{\nu} \tag{7-17}$$

式中：ξ 为密封流体周向进口损失系数；σ 为摩擦损失梯度系数；R 为密封半径；Δp 为密封轴向压降；λ 为摩擦因子；l 为密封长度；δ 为径向密封间隙；v 为密封腔中流体轴向平均流速；Re_a 为轴向流动雷诺数；Re_v 为周向流动雷诺数；ω 为转子自转角速度；ν 为流体运动黏度系数。

计算得到不同工况下不同级数口环与级间密封特性系数，见表 7-2 ~ 表 7-5。从表7-2中可以看出，不同级数的口环刚度系数不同。因此，计算考虑口环刚度系数时的临界转速不能将所有工况下的口环刚度系数等同计算。由于首级口环进、出口压差小于其他级数口环进、出口压差，因此首级口环的刚度系数比其他级数口环刚度系数小，而第二级、第三级与第四级口环内流场相似，因此第二级口环刚度系数与第三级、第四级口环刚度系数大小无明显差异。随着流量的不断增大，密封口环刚度系数逐渐减小，同样规律也适用于密封口环阻尼系数，见表 7-3。

从表 7-4 中可以看出，不同运行工况下级间口环刚度系数随着流量的增加先增大后减小，在 $0.8Q_d$工况时级间口环刚度系数达到最大。由于末级导叶与出口段相连及末级级间间隙与末级导叶相连，使得末级级间口环两边压差大，造成末级口环刚度系数大于前三级级间口环刚度系数。同样规律也适用于级间口环阻尼系数，见表 7-5。

表 7-2　不同工况下不同级数密封口环刚度系数

工况	1M		2M		3M		4M	
	K/(N/m)	k/(N/m)	K/(N/m)	k/(N/m)	K/(N/m)	k/(N/m)	K/(N/m)	k/(N/m)
0.6 Q_d	444.5	690.4	504.8	786 2	504.9	786.3	504.5	785.7
0.8 Q_d	442.3	670.5	501.4	760.1	501.4	760.3	499.9	761.8
1.0 Q_d	425.7	661.1	480.9	748.9	481.0	749.0	480.3	747.9
1.2 Q_d	400.6	648.2	445.2	736.6	445.4	736.9	444.8	736.0
1.4 Q_d	365.1	639.4	398.9	719.2	399.1	719.5	398.7	718.8

表 7-3 不同工况下不同级数密封口环阻尼系数

工况	1M		2M		3M		4M	
	K/(N·m/s)	k/(N·m/s)	K/(N·m/s)	k/(N·m/s)	K/(N·m/s)	k/(N·m/s)	K/(N·m/s)	k/(N·m/s)
0.6 Q_d	4.712	-0.189	5.365	-0.215	5.366	-0.215	5.362	-0.215
0.8 Q_d	4.576	-0.180	5.187	-0.204	5.188	-0.204	5.199	-0.205
1.0 Q_d	4.512	-0.181	5.111	-0.205	5.112	-0.205	5.104	-0.208
1.2 Q_d	4.424	-0.183	5.027	-0.211	5.029	-0.211	5.022	-0.211
1.4 Q_d	4.363	-0.192	4.908	-0.221	4.910	-0.221	4.905	-0.221

表 7-4 不同工况下不同级数级间口环刚度系数

工况	1M		2M		3M		4M	
	K/(N/m)	k/(N/m)	K/(N/m)	k/(N/m)	K/(N/m)	k/(N/m)	K/(N/m)	k/(N/m)
0.6 Q_d	259.1	827.1	260.2	830.4	256.5	816.7	363.1	981.6
0.8 Q_d	317.8	929.2	316.7	929.0	312.4	913.4	397.0	1018.9
1.0 Q_d	293.8	879.3	296.0	883.7	291.9	871.5	364.9	971.0
1.2 Q_d	221.3	733.5	222.9	738.8	219.8	728.4	282.2	837.4
1.4 Q_d	122.9	470.8	124.5	477.0	122.4	468.1	175.1	613.1

表 7-5 不同工况下不同级数级间口环阻尼系数

工况	1M		2M		3M		4M	
	K/(N·m/s)	k/(N·m/s)	K/(N·m/s)	k/(N·m/s)	K/(N·m/s)	k/(N·m/s)	K/(N·m/s)	k/(N·m/s)
0.6 Q_d	5.644	-0.790	5.667	-0.793	5.573	-0.777	6.699	-0.761
0.8 Q_d	6.341	-0.790	6.319	-0.787	6.233	-0.776	6.954	-0.746
1.0 Q_d	6.000	-0.770	6.03	-0.771	5.947	-0.760	6.627	-0.739
1.2 Q_d	5.001	-0.741	5.042	-0.746	4.971	-0.736	5.715	-0.725
1.4 Q_d	3.213	-0.643	3.255	-0.652	3.194	-0.636	4.184	-0.679

7.2.4 SAMCEF Rotor 有限元软件介绍

SAMCEF 软件被认为是目前世界上最强大的有限元软件之一，特别是在转子动力学领域，可以对具有复杂固体力学与结构力学的系统进行分析，尤其是能够解决特别复杂的模拟系统及非线性多体动力学问题。

SAMCEF Rotor[20] 软件善于解决转子动力学问题，可以进行阻尼与无阻尼转子临界转速、不平衡瞬态响应、谐响应及弯区扭转耦合分析，同时能模拟各种支承方式，如轴承、油膜等。SAMCEF Rotor 软件中有三种有限元模型可以用来描述转子系统，包括一维模型、二维傅里叶级数模型和三维实体模型。其中，一维模型计算速度较快，非常适合用于前期设计；二维傅里叶级数模型适合带有多数目叶片的旋转机械的建模；三维实体单元模型计算精度高，但计算速度慢。

7.2.5 三种计算模型的一阶临界转速分析

本书所研究的多级泵为卧式悬臂式多级离心泵，采用双支点悬臂支承结构。适当简化后建立的转子-轴承系统模型如图 7-5 所示，轴总长为 347.5mm，轴承跨距为 143mm，转子系统包括泵轴、四级叶轮和叶轮螺母。

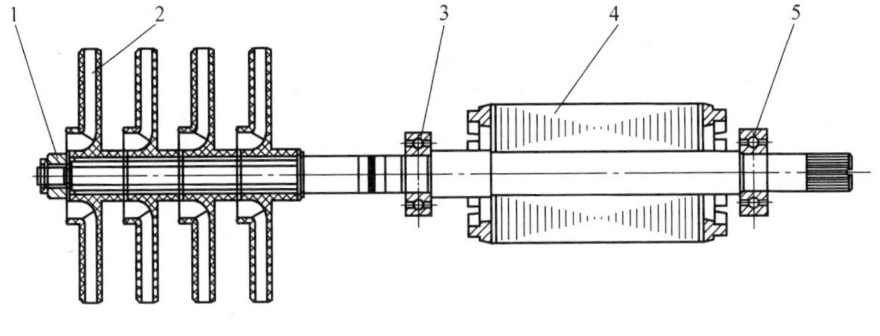

图 7-5　转子-轴承系统三维实体模型

1—叶轮螺母　2—叶轮　3—轴承 B_1　4—泵轴　5—轴承 B_2

采用 SAMCEF Rotor 软件将转子系统简化为一维梁-弹簧-集中质量模型，如图 7-6 所示。

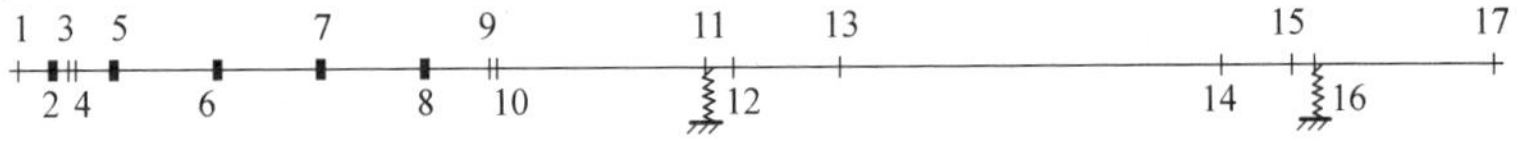

图 7-6　一维梁-弹簧-集中质量模型

转子采用梁单元模拟，此单元可定义各轴段横截面形状；轴承 B_1、B_2采用弹簧单元模拟，此单元可模拟转子的轴承，需要定义其刚度特性系数和阻尼特性系数，对应的节点号分别为 11、16；叶轮螺母与四级叶轮采用集中质量单元模拟，需要输入集中质量、极转动惯量和直径转动惯量，对应的节点号分别为 2、5、6、7、8、9。其中，模型中各部件的集中质量特性见表 7-6。

表 7-6　转动部件参数

转子部件	质量/kg	极转动惯量/(kg·m²)	直径转动惯量/(kg·m²)
叶轮	0.047	6.01×10^{-5}	3.09×10^{-5}
叶轮螺母	0.030	8.35×10^{-7}	6.24×10^{-7}

本书采用伪模态法求解一维梁模型的一阶临界转速，得出不同转速下转子的涡动频率，并给出复频率与转速的关系曲线，得到如图 7-7 所示的坎贝尔(Campbll) 图。从图中可以得到转子系统的一阶临界转速，$n_{c1}=13328.1\text{r/min}$，即 222.135Hz。对应的振型图如图 7-8 所示，两支承处的变形很小，属于弯曲振动，由于陀螺效应的影响，最大振幅出现在叶轮螺母处，振动幅值为 0.98mm。

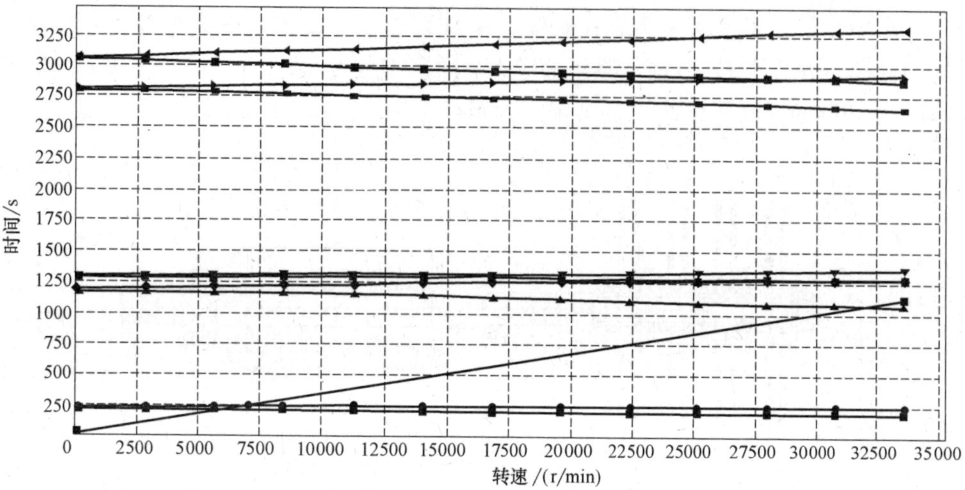

图 7-7　一维模型坎贝尔（Campbll）图

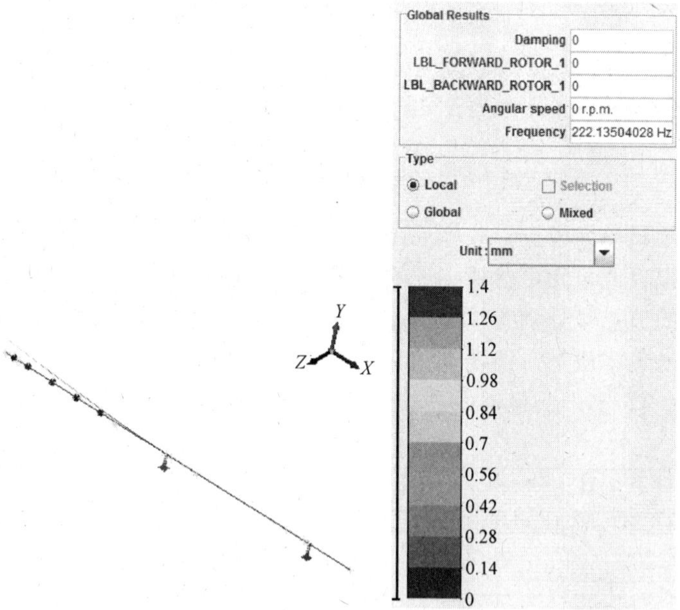

图 7-8　一阶振型图（弯曲振动）

与 ANSYS 软件相比，SAMCEF Rotor 软件能够对转子采用体积傅里叶单元进行二维临界转速模拟，能够描述转子系统的轴向变形、弯曲变形及扭转变形。由于叶轮与泵轴材料属性差异较大，不对转子系统进行整机二维建模，而是采用体积傅里叶单元只将泵轴模型简化为二维轴对称模型，并在轴承位置处施加轴承约束，如图 7-9 所示。

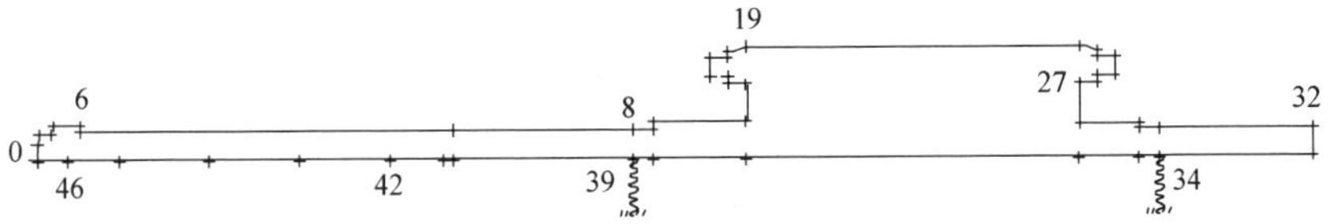

图 7-9　二维傅里叶模型

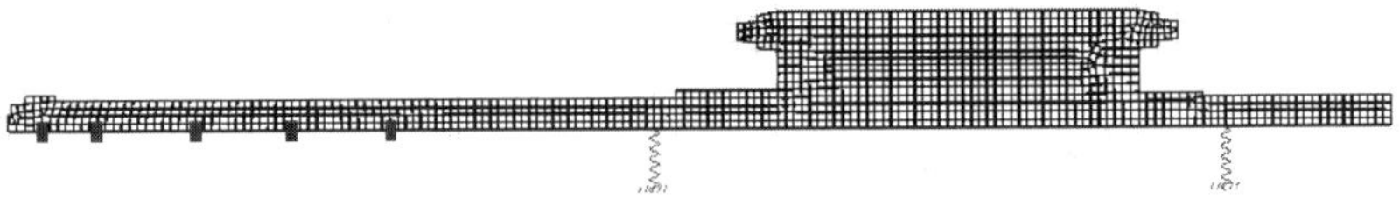

图 7-10　有限元网格划分

在 SAMCEF Field 前处理中对二维体积傅里叶单元进行有限元网格划分，设置网格尺寸为 2mm，并在节点号为 34、39 处施加轴承约束；在节点号为 42 ~ 45 处施加叶轮的集中质量单元；在节点号为 46 处施加叶轮锁紧螺母的集中质量单元，如图 7-10 所示。然后采用与一维梁模型相同的求解方法求解二维轴对称转子模型的临界转速。计算得到二维转子系统的坎贝尔图如图 7-11 所示，其对应的一阶振型图如图 7-12 所示，表现为弯曲振动。图中最大振幅出现在叶轮锁紧螺母处，最大振动幅值为 1. 01mm。一阶临界转速为 15019. 8r/min，即 250. 33Hz。

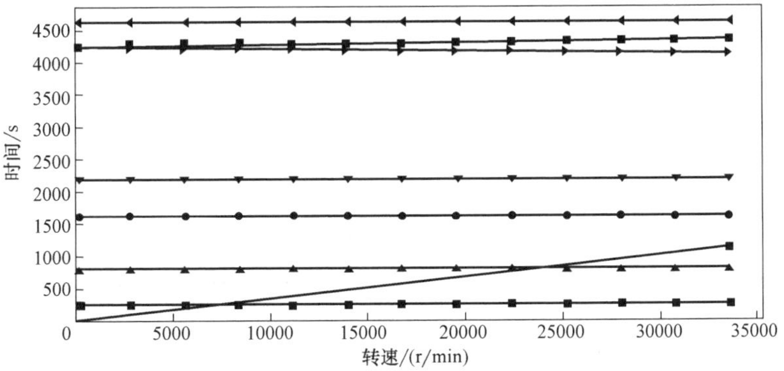

图 7-11　二维模型坎贝尔图

将模型导入到 SAMCEF Rotor 软件中，选择 Critical Speed & Stability 模块进行临界转速计算。设置叶轮材料为 PPO 工程塑料，叶轮螺母与轴为 SUS316L，即 00Cr17Ni14Mo2，其材料密度、弹性模量、泊松比见表 7-7。在轴承位置处施加轴承约束，在 Ground Bearing 中定义轴承的刚度系数为 $K_{xx} = K_{yy} = 124880$N/mm，

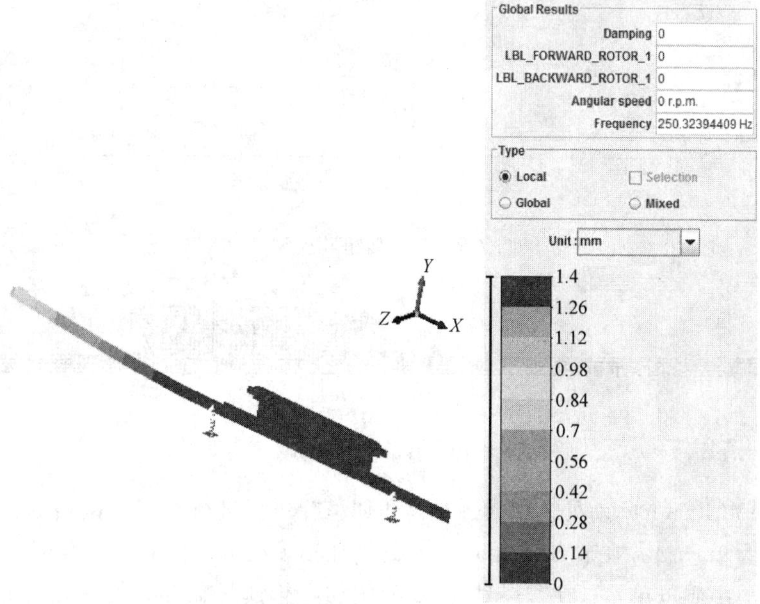

图 7-12　一阶振型图（弯曲振动）

$K_{xy} = -K_{yx} = 0$N/mm。对转子部件进行网格划分时均采用四面体网格，网格尺寸为 2，划分后的网格如图 7-13 所示。

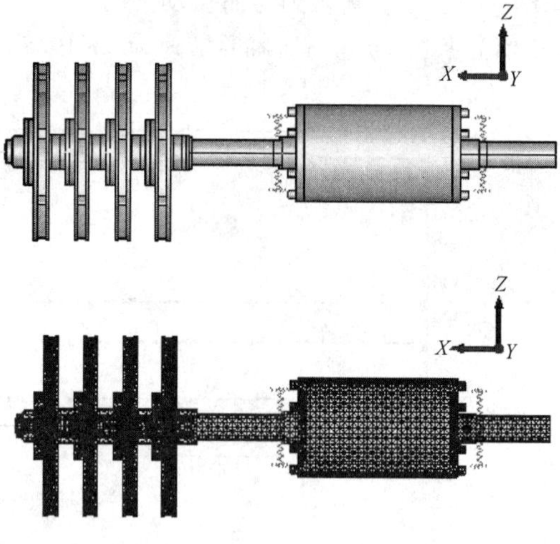

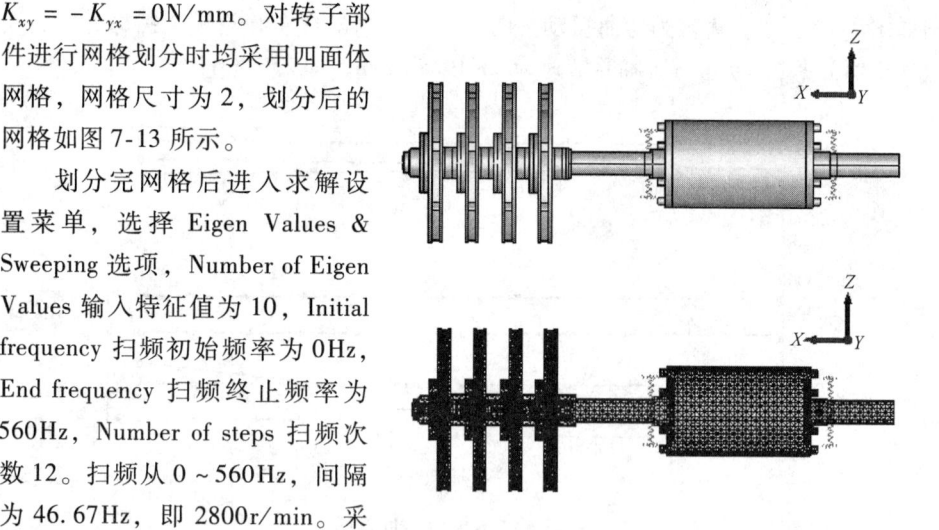

图 7-13　轴承约束及网格划分

划分完网格后进入求解设置菜单，选择 Eigen Values & Sweeping 选项，Number of Eigen Values 输入特征值为 10，Initial frequency 扫频初始频率为 0Hz，End frequency 扫频终止频率为 560Hz，Number of steps 扫频次数 12。扫频从 0 ~ 560Hz，间隔为 46.67Hz，即 2800r/min。采用 Pseudo-Modal（伪模态法）进行一阶临界转速计算，得出如图 7-14 所示的坎贝尔图，从图中可以得到三维转子系统的一阶临界转速 $n_{c1} = 13848.3$r/min，即 230.81Hz。对应的一阶振型图如图 7-15 所示，表现为一阶弯曲振动，最大位移处出现在螺母及首级叶轮上，最大径向位移为 0.98mm。

表 7-7　转子各部件材料属性

零件	材料	密度/(kg/m³)	弹性模量 /GPa	泊松比
轴	00Cr17Ni14Mo2	7850	200	0.3
叶轮	PPO	1070	2.3	0.41
叶轮螺母	00Cr17Ni14Mo2	7850	200	0.3

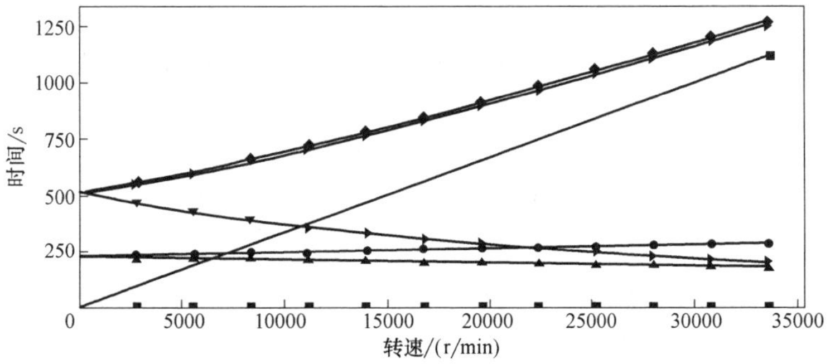

图 7-14　三维模型坎贝尔图

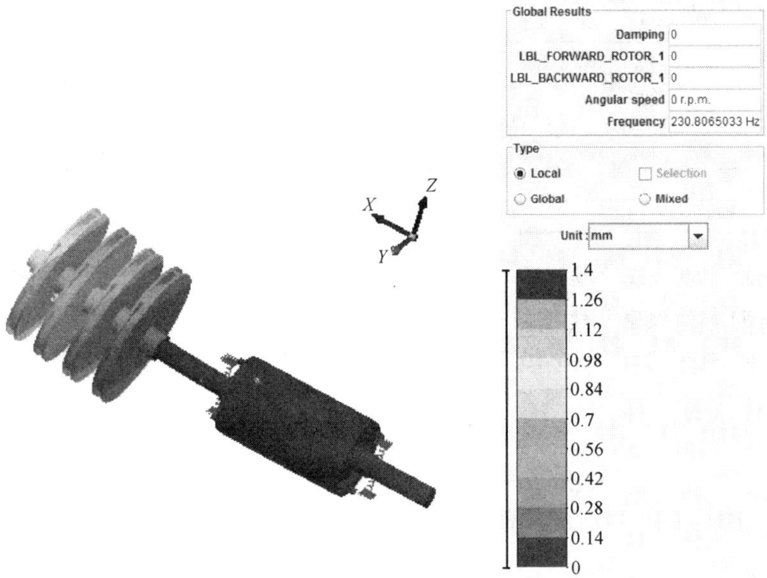

图 7-15　三维模型一阶振型图（弯曲振动）

7.2.6　轴承刚度对临界转速的影响

轴承刚度系数大小对临界转速具有很大影响，尤其是对悬臂式多级离心泵而言，不同的轴承刚度对悬臂式转子系统的稳定性影响较大。由于“湿态”临界转速需要考虑的因素较多，首先在其他条件不变的情况下，只研究不同轴承刚度对“干态”情况下转子临界转速的影响。轴承的弹性支承刚度取值范围从 1.249×10^3N/mm 增加到 1.249×10^7N/mm，以及假设支承刚度为无穷大时的刚性支承。采用三维实体单元进行临界转速分析，计算得到悬臂式多级泵转子系统前三阶临界转速，见表 7-8。

从表 7-8 中可以看出，不同弹性支承刚度对转子系统临界转速的影响不同，临界转速涡动频率随支承刚度的增加而增大。当支承刚度从 1.249×10^3N/mm 增加到 1.249×10^4N/mm 时，转子系统前三阶临界转速涡动频率变化较大。其中，对二阶正向涡动频率影响最大，变化范围达到 307Hz，对一阶、三阶正向涡动频率影响较小，变化范围不足 90Hz。当支承刚度从 1.249×10^4N/mm 增加到 1.249×10^5N/mm 时，对一阶正向涡动频率影响较大，对二阶、三阶正向涡动频率影响逐渐减小。随着支承刚度的继续增加，对转子系统临界转速涡动频率影响逐渐变缓，对二阶、三阶正向涡动频率几乎无影响，当支承刚度达到无穷大时，各阶临界转速涡动频率达到最大值。

表 7-8　不同支承刚度下转子临界转速涡动频率

涡动频率/Hz	支承刚度/(N/mm)					
	1.249×10^3	1.249×10^4	1.249×10^5	1.249×10^6	1.249×10^7	1.249×10^8
一阶反向涡动频率	114.88	205.60	225.77	227.93	228.14	230.56
一阶正向涡动频率	115.31	209.20	230.81	233.13	233.37	235.97
二阶反向涡动频率	180.13	487.08	494.06	494.23	494.25	494.38
二阶正向涡动频率	180.30	491.14	497.09	497.22	497.23	497.33
三阶反向涡动频率	430.76	501.88	502.16	502.16	502.17	502.17
三阶正向涡动频率	440.64	503.33	503.39	503.39	503.39	503.39

当支承刚度在 1.249×10^5N/mm 到 $1.249\times10^\infty$ N/mm 时，多级泵转子系统的一阶正向涡动频率变化范围小于 5Hz，而二阶、三阶正向涡动频率几乎不变。然而当支承刚度在 1.249×10^3N/mm 到 1.249×10^5N/mm 时，支承刚度的变化对前三阶临界转速涡动频率的影响随支承刚度的增加而逐渐减小。可见，该滚动轴承的刚度值数量级较高，刚度值较大，此时的轴承支承刚度已接近刚性支承。

7.2.7　基于 Samcef Rotor 的“湿态”临界转速分析

计算悬臂式转子部件在“湿态”下的临界转速时，需要计入叶轮口环密封间隙动力特性系数，在叶轮口环位置处赋予弹簧单元，“湿态”转子有限元模型如图 7-16 所示。

将不同工况下各级叶轮前、后口环动力刚度矩阵给转子部件施加轴承约束后，计算得到前三阶临界转速及对应的最大位移幅值，见表 7-9。从表中可以看出，不同工况下前三阶临界转速及最大位移幅值相差较小。同时，与“干态”

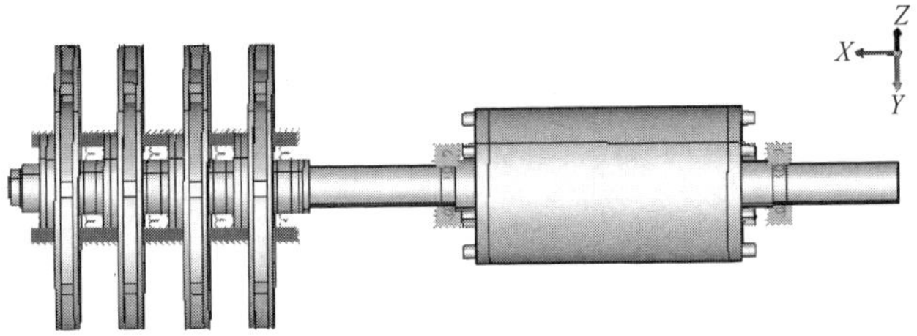

图 7-16 湿态转子有限元模型

下的临界转速大小无明显差异，最大振动幅值有所减小。说明在电动机转子轴承刚度较大时，不同工况下的口环密封力对该悬臂式转子系统的临界转速影响较小，但能有效降低该悬臂式转子的振动幅值。

表 7-9 不同工况下临界转速计算

计算结果	工况				
	0.6 Q_d	0.8 Q_d	1.0 Q_d	1.2 Q_d	1.4 Q_d
一阶正向涡动频率/Hz	231.042	231.042	231.037	231.029	231.020
一阶最大位移幅值/mm	0.6837	0.6812	0.6844	0.6927	0.7080
二阶正向涡动频率/Hz	497.143	497.143	497.141	497.137	497.132
二阶最大位移幅值/mm	1.0106	1.0106	1.0107	1.0107	1.0107
三阶正向涡动频率/Hz	503.436	503.436	503.434	503.430	503.425
三阶最大位移幅值/mm	1.0126	1.0126	1.0126	1.0126	1.0126

计算得到设计点工况下该悬臂式“湿态”下转子系统的坎贝尔图，如图7-17所示。从图中可以看出，“湿态”下的一阶临界转速为13862r/min，即231Hz，一阶振型为弯曲振动，最大径向位移为0.68mm，对应的振型图如图7-18所示。

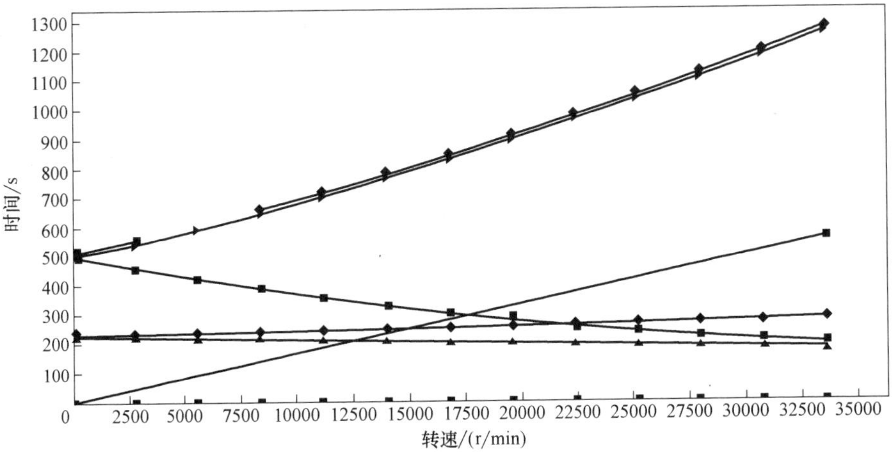

图 7-17 “湿态”下转子系统的坎贝尔图

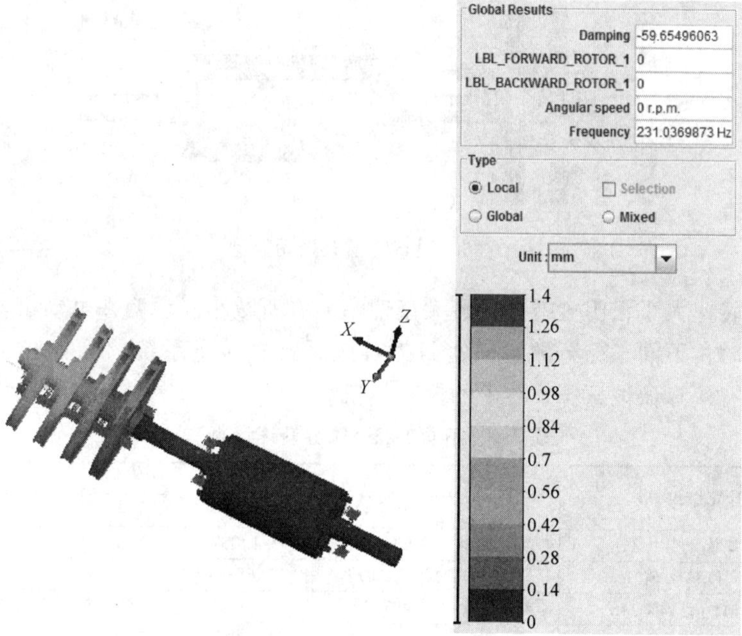

图 7-18 “湿态”下一阶临界转速振型图（弯曲振动）

7.3 多级自吸喷灌泵的瞬态响应分析

7.3.1 转子允许不平衡量的计算

在旋转机械的研究中，理想条件下认为完全平衡的旋转部件偏心距为 0。但在实际加工过程中，由于多种原因使得转子部件存在残余不平衡量，转子允许不平衡量的计算公式为

$$U_{per} = MG\frac{60}{2\pi rn} \times 1000 \tag{7-18}$$

式中：U_{per}为允许不平衡量（g）；M 为转子的自身重量（kg）；G 为转子的平衡精度等级（mm/s）；r 为转子的校正半径（mm）；n 为转子的转速（r/min）。

根据经验公式，转子的平衡精度等级与偏心距和转动角速度成正比。因此，转子系统允许的最大偏心距与允许残余不平衡量分别为

$$e_{per} = G \times 10000/n \tag{7-19}$$

$$m = (e_{per}M)/r \tag{7-20}$$

式中：e_{per}为转子允许的质量偏心距（μm）；m 为允许残余不平衡量（g）；M 为工件旋转质量（kg）；r 为工件半径（mm）。

根据机械行业标准（泵产品卷）可知，当转速 $n>1800\text{r/min}$ 的两级或多级泵需要对泵产品的转子做动平衡试验。因此将该悬臂式多级离心泵的各级叶轮做动平衡，不平衡力矩为 156gf · mm，推算出各级叶轮所产生的不平衡质量为 1.5g。

7.3.2 考虑不平衡质量的瞬态响应分析

首先对悬臂式多级泵转子系统在“干态”下的不平衡质量瞬态响应进行分析，即不考虑口环密封动力特性以及流体介质对转子系统的影响，只考虑不平衡量对瞬态响应的影响。

转子的建模及边界条件的设置与 7.2 节中相同，为了得到不同级数叶轮上不平衡效应的影响，在每一级叶轮上施加相位相同的不平衡质量。在 SAMCEF 中模拟泵转子系统在空气介质中运转时从起动到正常运转的过程，设置转子的起动时间为 3s，正常运转时间为 2s，即在 3s 转速达到额定转速 2800r/min；再以额定转速 2800r/min 运转 2s。设置求解时间为 5s，选中 Imposed Time Step 选项，将数值改为 0.0005s，即每隔 0.0005s 输出一次结果。

该多级泵转子系统属于悬臂式结构，由于结构原因引起的陀螺效应使得远离轴承的末端部件的径向位移最大，如图 7-19 所示。从图中可以看出，从叶轮锁紧螺母到叶轮再到轴承位置，叶轮锁紧螺母位置的径向位移以及加速度幅值达到最大值，两个轴承位置处的位移及加速度幅值最小。因此，首先考虑螺母位置处不平衡质量对瞬态响应的影响。模型的主轴沿 X 轴方向，螺母位置处加速度随时间响应的曲线如图 7-20 所示，位移随时间响应的曲线如图 7-21 所示，其轴心轨迹如图 7-22 所示。

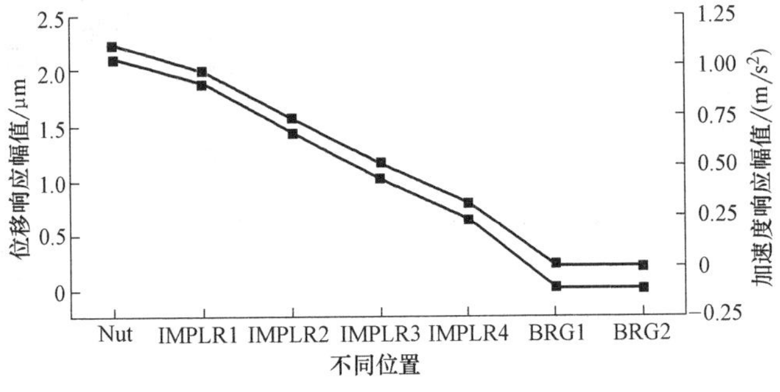

图 7-19 各部件位移、加速度响应曲线

从图 7-20 中可以看出加速度随时间响应的变化规律，在 0 ~ 1s 内加速度响应幅值无明显增大，在 1 ~ 2.5s 中加速度响应幅值开始缓慢增大，在 2.5 ~ 3s 中加速度响应幅值随时间迅速增加。由于惯性作用，加速度幅值未在 3s 时刻达到最大值，而是继续缓慢增加，当转速达到额定转速后，加速度幅值开始趋于稳定。

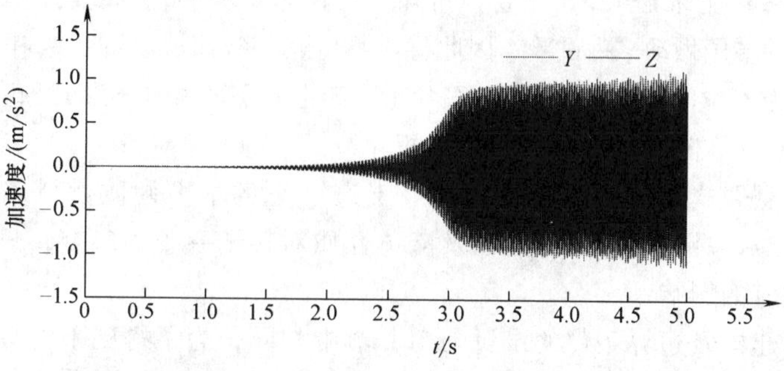

图 7-20　起动到正常运转过程中加速度响应曲线

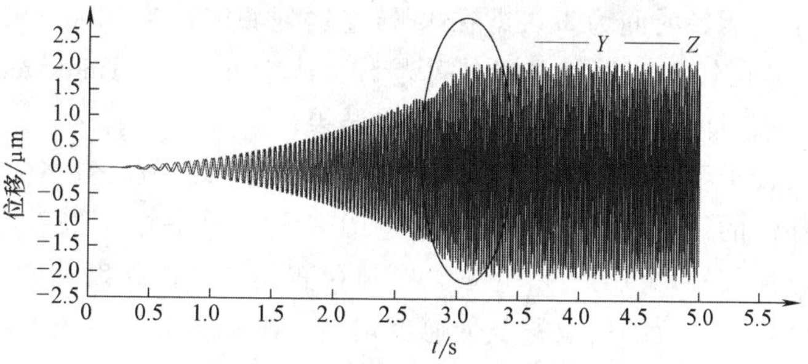

图 7-21　起动到正常运转过程中位移随时间响应曲线

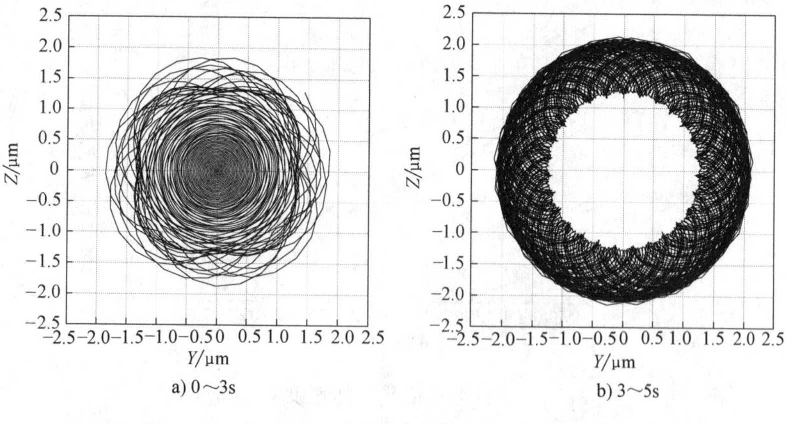

图 7-22　起动到正常运转过程中的轴心轨迹曲线

从图 7-21 的位移响应曲线图中可以看出，在 0～3s 起动阶段及 3～5s 达到额定转速后正常运转阶段螺母径向位移曲线随时间的变化趋势，其对应的轴心轨迹如图 7-22 所示。从位移随时间响应图中可以看出，从起动到正常运转时其径向位移变化趋势呈现随时间缓慢增加，当达到额定转速后，径向位移达到最大，最大位移为 2.14μm。从轴心轨迹曲线图中可以看出，起动阶段的轴心轨迹由圆心向径向扩散，并随着位移的增大，轨迹曲线开始浮动。当达到额定转速后，其轴心轨迹曲线呈现出圆环形状。

从该多级泵转子系统在空气中运转时的位移响应曲线图可以看出，在 0 ~ 2.6s 时位移曲线呈现出抛物线规律，而在 2.6 ~ 3.0s 期间其位移振幅出现波动，将其放大后如图 7-23 所示。从图中可以看出，在 2.67s 时位移随时间的变化曲线首次达到了极大值，幅值为 1.36μm，随后出现第二次及第三次极大值。将该时间段分成 2.6 ~ 2.76s 和 2.76 ~ 3.0s 两个阶段，分别对应的轴心轨迹如图 7-24 所示。从图 7-24 中可以看出，在 2.6 ~ 2.76s 时间段内的轴心轨迹呈现出内圆外方的轨迹曲线，而在 2.76 ~ 3.0s 时间段内则呈现出内方外圆的轨迹曲线。

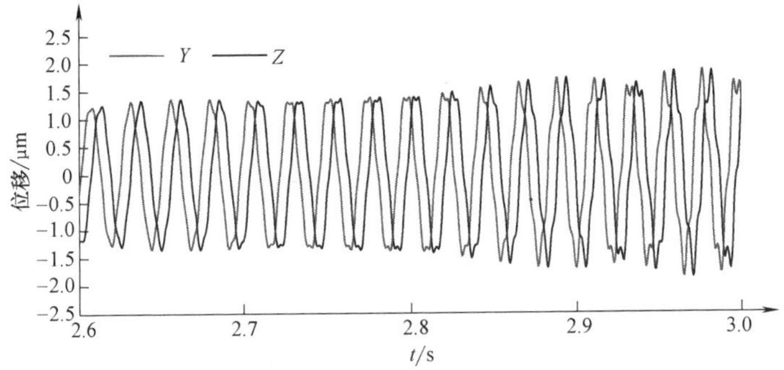

图 7-23　起动阶段 2.6 ~ 3.0s 时的位移响应曲线

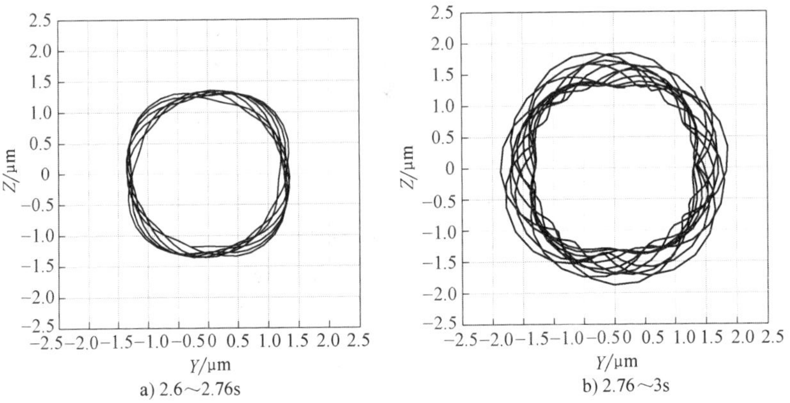

图 7-24　起动阶段 2.6 ~ 3.0s 时的轴心轨迹

为了分析不平衡质量大小及后面考虑流体附加质量对悬臂式转子系统瞬态响应的影响，现考虑不平衡质量分别为 0.5g、1.0g、1.5g、2.0g、2.5g 时叶轮锁紧螺母处瞬态响应，其对应的偏心距分别为 553.73μm、1107.33μm、

1661.03μm、2214.73μm、2768.3μm。

计算结果如图 7-25 所示，可以看出，从起动阶段到正常运转阶段，随着不平衡质量的增加，作用在转子上的力矩也随之增加，相同时刻叶轮螺母在 Y 方向的径向位移增大。同时，随着不平衡质量的增大，2.6～3s 内位移的不稳定突变变得明显。

因此，可以通过提高零件的加工精度减小零件的不平衡力矩或不平衡质量来有效地降低转子的振幅，从而避免叶轮与导叶的摩擦，提高转子系统的稳定性。

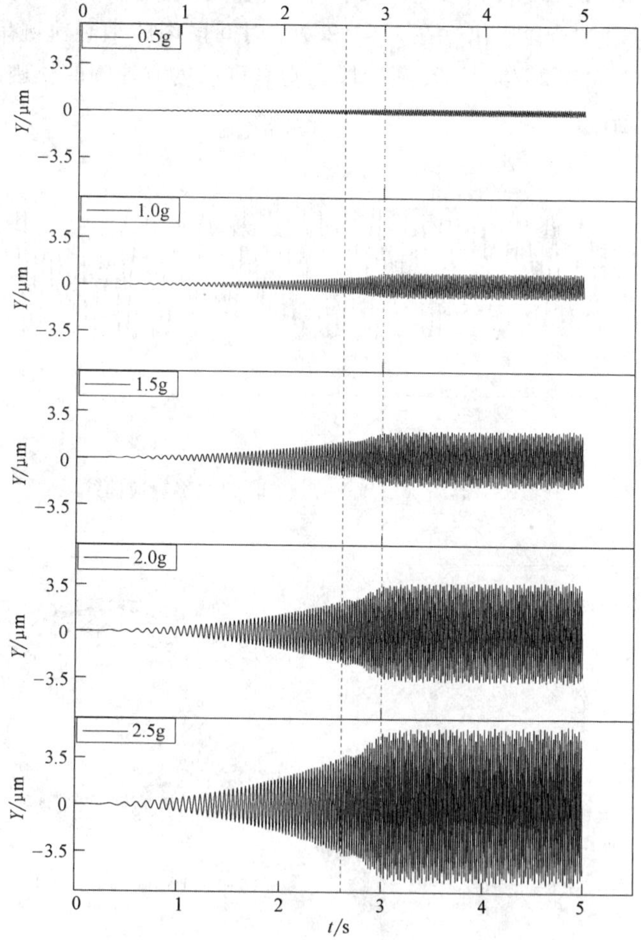

图 7-25　不同不平衡质量下的瞬态响应分析

7.3.3　起动过程中瞬态响应分析

为了分析不同起动时间对悬臂式转子系统瞬态响应的影响，以叶轮锁紧螺母位置为研究对象，分别计算该转子系统在 1～5s 起动时间开始达到额定转速时叶轮螺母位置处最大径向位移，如图 7-26 所示。

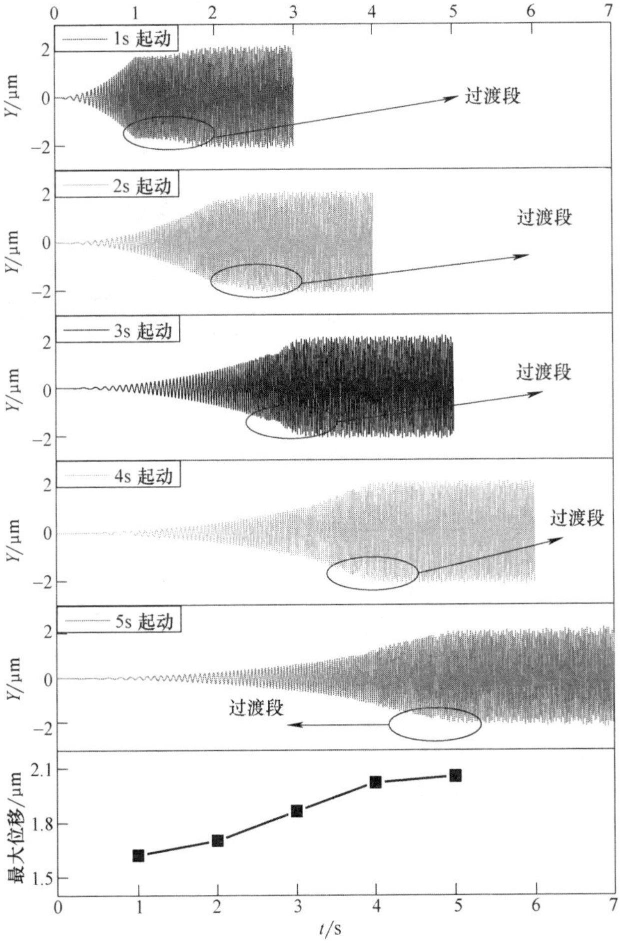

图 7-26　不同起动时间下的瞬态响应分析

从图中可以看出，由于起动时间不同，转速从静止到额定转速的起动时间段内叶轮锁紧螺母位置处的最大径向位移随起动时间的增加而增大，起动时间越长，该起动时刻下螺母位置处的最大径向位移越接近稳定运转时的径向位移。从起动时间到正常运转有个过渡段区间，随着起动时间的增加，过渡段区间减小。其中，1s 起动最为明显，在 1s 时刻时首先达到第一次极大值，到 2s 时刻达到第二次极大值，过渡段持续 1s 左右。在 2s 起动过程中，过渡段有所下降，持续 0.6s 左右。而当不同起动时间下的径向位移在转速达到稳定后，最大径向位移幅值相同。由于起动过程中是一个不稳定的瞬态过程，因此要避免快速起动多级离心泵。

为了分析不同转速对悬臂式泵转子系统从起动到稳定运行过程中瞬态响应的

影响，分别对转速700r/min、1400r/min、2800r/min、5600r/min、11200r/min进行0～3s起动及3～5s稳定时的轴心轨迹分析，由于篇幅限制，只对前四种转速做图，如图7-27所示。

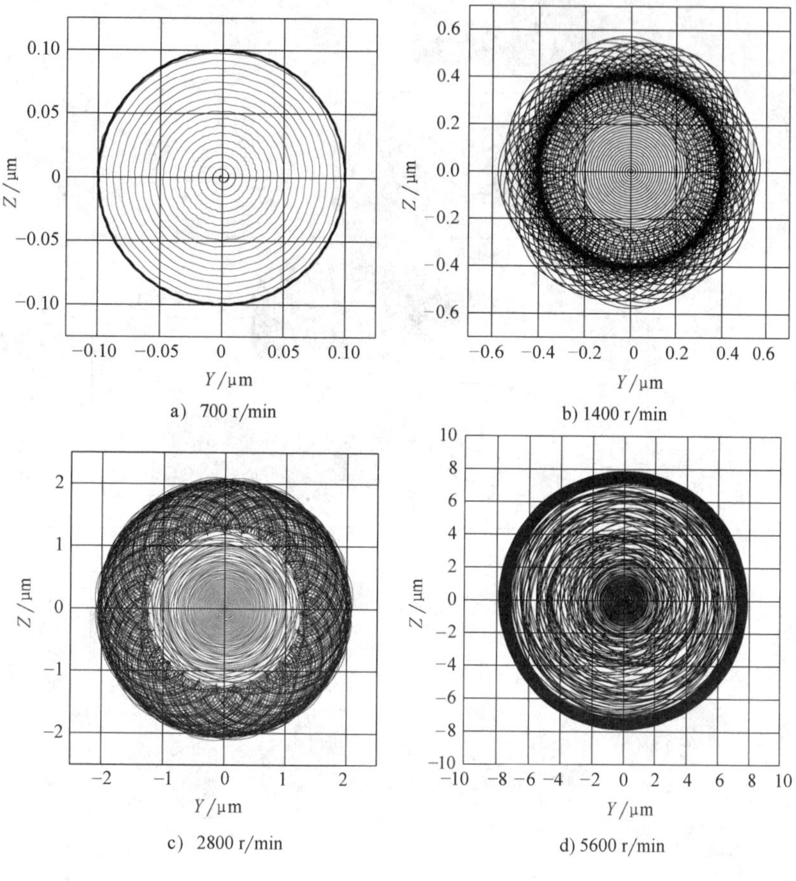

图7-27　不同转速下起动到稳定过程中的轴心轨迹

从图7-27中可以看出，不同转速下的轴心轨迹曲线不同。当转速在700r/min时，由于转速低，从起动到达到额定转速时，最大位移约为0.1μm左右。随着转速的增加，转子系统的最大径向位移增大，当转速达到11200r/min时，最大径向位移陡增，为80μm，如图7-28所示。起动时间内与稳定时刻最大径向位移差随转速的升高而增大，因此，对于悬臂式转子系统应尽量避免在高转速下运行。

7.3.4　“湿态”下瞬态响应分析

悬臂式多级离心泵产生振动的主要原因除了与传统双支承结构不同外，各级泵体内部产生的流体激振力也是产生振动的重要原因。然而，在旋转式流体机械的转子动力学中，通常只考虑转子系统在空气介质中运转时的轴心轨迹，而忽略流体激振

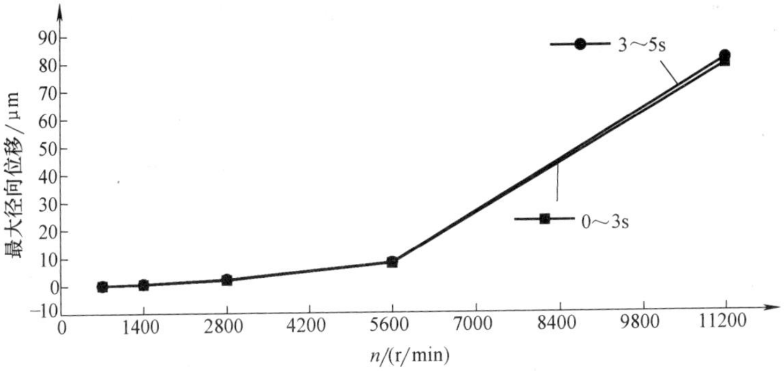

图 7-28　不同转速下起动到稳定过程中的最大位移

力、口环密封力、附加流体质量的影响。为了研究多级离心泵在工作状态下的轴心轨迹，即“湿态”下的轴心轨迹，不仅要考虑零件不平衡质量对转子系统瞬态响应产生的影响，还要考虑口环动力特性、流体激振力及流体附加质量等对转子系统的影响。不同工况下口环动力特性系数已在前面求解得出，同时可将叶轮内流体质量的 20% ~40% 作为附加质量考虑。随着 CFD 技术的发展，可将叶轮表面所受到的流体作用力以轴向力、径向力、力矩等作为激振力应用在转子系统上。

对于悬臂式多级离心泵而言，陀螺效应不利于转子系统的稳定性。在运行过程中，口环间隙所产生的动力特性系数对提高转子系统的稳定性具有一定作用。因此，首先考虑设计点工况下口环动力特性对瞬态响应的影响，在叶轮口环位置与级间间隙位置处施加轴承约束。计算得到额定转速下叶轮螺母位置处的轴心轨迹，如图 7-29 所示。从图中可以看出，考虑口环动力特性后，叶轮螺母位置处的最大径向位移为 1.64μm，最小径向位移为 1.63μm，轴心轨迹曲线较为稳定。而不考虑口环动力特性的轴心轨迹图 7-22b，其最大径向位移为 2.16μm，最小径向位移为 1.16μm，轴心轨迹曲线为圆环。从图 7-29 与图 7-22b 中可以看出，叶轮口环动密封力能够提高转子系统的稳定性。

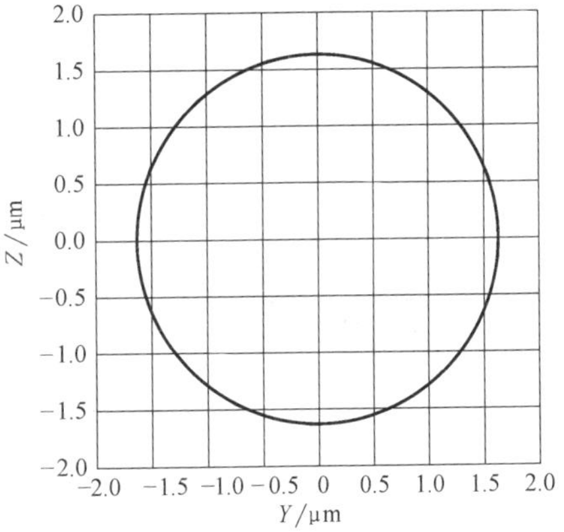

图 7-29　考虑口环动力特性的轴心轨迹曲线

将在 CFD 软件中计算得到的各级叶轮、螺母受到的径向力、轴向力、扭矩等力作为流体激振力施加在对应的节点上。由于不同运行工况条件下叶轮前、后口环密封力不同，对转子的支承作用也有所差异，不同工况下叶轮螺母处轴心轨迹曲线如图 7-30 所示。从图中可以看出，不同工况下的流体激振力作用在转子上测得的轴心轨迹曲线不同，存在偏心。在 $0.6Q_d$ 工况下的轴心轨迹呈现为扇形形状，与该工况下各级叶轮所受径向力分布趋势相同。而在 $0.8Q_d$ 工况下轴心轨迹曲线较为复杂，径向位移幅值达到了最大，轨迹曲线最复杂。

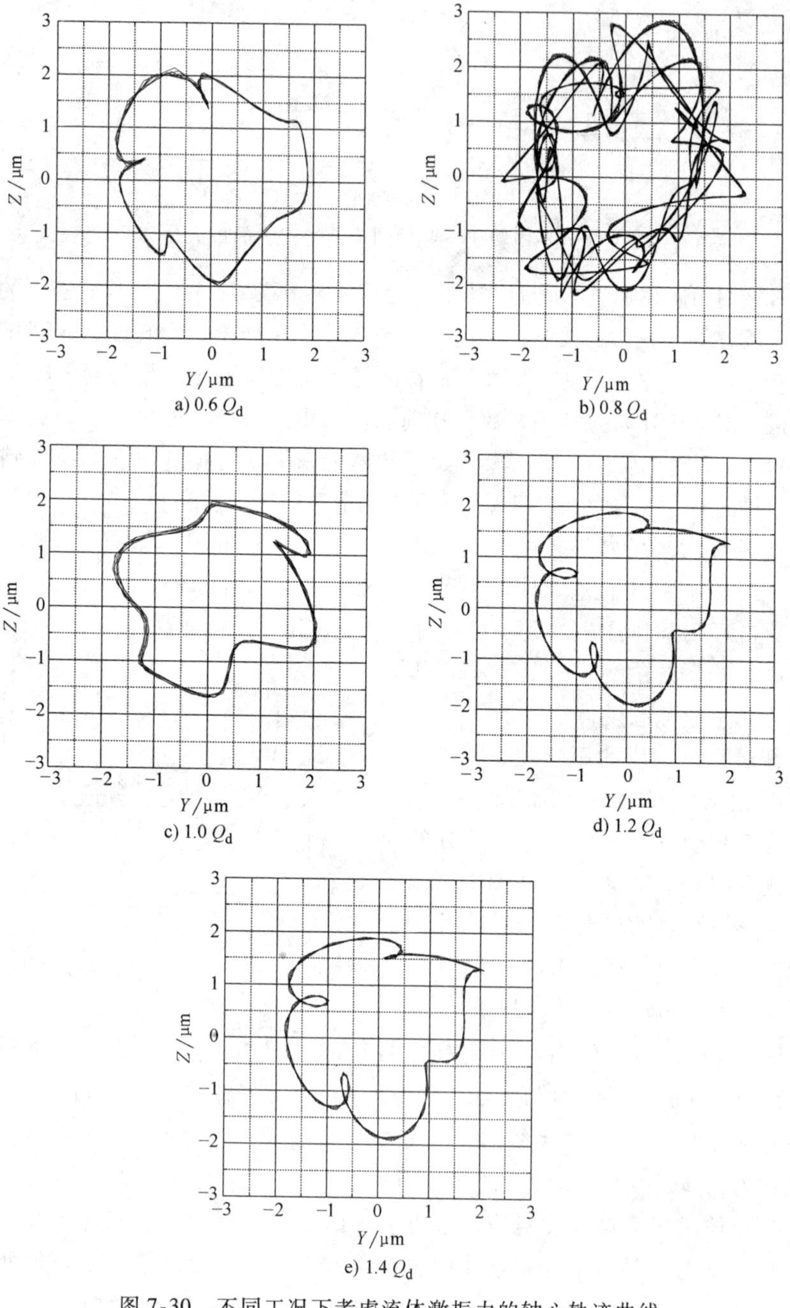

图 7-30　不同工况下考虑流体激振力的轴心轨迹曲线

随着流量的增大，在 $1.0Q_d$ 工况下的轴心轨迹曲线径向位移较小，偏心距也有所减小。在 $1.2Q_d$ 及 $1.4Q_d$ 工况下的轴心轨迹曲线差异不大，这是由于这两个工况下各级叶轮所受径向力分布趋势较为相似。由于该悬臂式多级离心泵在不同工况下所受径向力较小，均小于 0.175N，因此考虑不同工况下流体激振力计算得到的轴心轨迹最大径向位移小于 3μm。

将不同工况下的流体激振力施加到各转子部件后计算得到的最大位移响应幅值相差不大，且在一个数量级内，因此在考虑流体附加质量的瞬态响应计算中只对设计点工况进行模拟。各级叶轮内的流体质量为 39.8g，将叶轮内的流体质量简化为 10%、15%、20%、25%、30%、35% 的附加质量，与流体激振力一同施加到各级叶轮对应的节点上，其余设置保持不变。计算得到不同流体附加质量下叶轮螺母位置处的最大径向位移及轴心轨迹图，如图 7-31 所示。

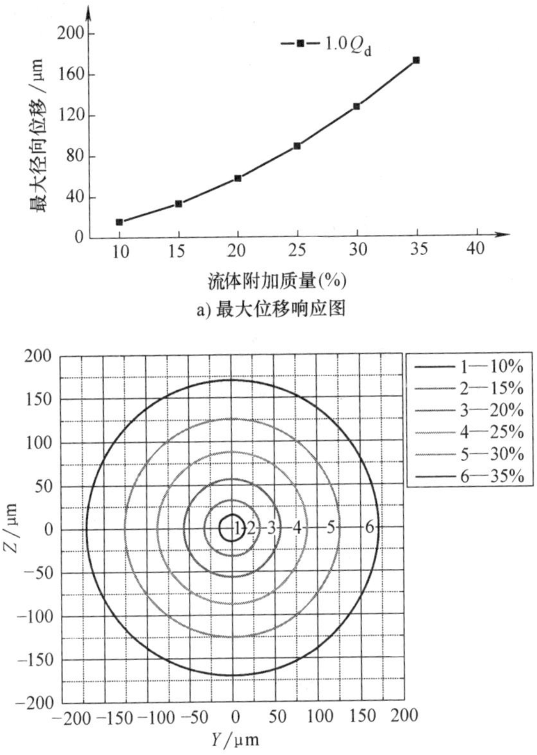

a) 最大位移响应图

b) 轴心轨迹图

图 7-31　考虑附加质量的瞬态响应图

从图中可以看出，位移响应曲线随附加质量的增加呈指数增加，当流体附加质量简化为 20% 时，螺母位置处的最大径向位移达到了 57μm；当流体附加质量简化为 25% 时，螺母位置处的最大径向位移达到了 88μm；当流体附加质量简化为 30% 时，螺母位置处的最大径向位移达到了 126μm，其轴心轨迹曲线均为长短轴相差不大的椭圆。

7.4　多级自吸喷灌泵的谐响应分析

7.4.1　谐响应分析的使用条件

在进行谐响应分析时，必须要符合以下几个条件：

1）结构的刚度、阻尼和质量效应与输入载荷频率无关。

2）所有的位移约束与输入载荷在已知频率下是按正弦规律波动的。

3）网格单元的载荷值都是实数。

4）所有输入载荷都以正弦规律变化，且各载荷的变化频率相同，但相位可以不同。

5）不考虑瞬态效应对结构的影响。

6）不考虑任何非线性特性，如接触单元、蠕变、塑性等。能够包含非对称系统矩阵，也能够分析预应力存在的情况，如流体和结构互相作用的复杂问题。

7.4.2 谐响应求解设置

在谐响应分析中，首先需要将软件的计算类型选取为谐波响应分析（Harmonic Responses），导入模型后转子的轴向应为 X 方向，规定不平衡质量按右手法则指向 X 轴，否则在谐波、瞬态不平衡响应等分析中就会出错。

在求解设置过程中，在输出设置中预设螺母、各级叶轮的加速度、位移随频率响应曲线，设置扫频初始频率为150Hz，扫频终止频率为750Hz，扫频次数为600，扫频从150～750Hz，间隔为1Hz，转速为60r/min。谐波响应的计算方法为模态法。

7.4.3 “干态”下的谐响应分析

将前面计算得到的不平衡质量施加到各级叶轮，不平衡质量相位均为0°，绘制叶轮螺母及各级叶轮加速度随频率响应曲线，如图7-32所示。从图中可以看出，在240Hz和564Hz时加速度幅值达到峰值，为转子系统的临界转速，分别为一阶临界转速与二阶临界转速。对比“干态”下的临界转速计算结果可知，一阶临界转速略有上升，二阶临界转速增长较大，对应的前二阶振型图如图7-33所示。从图中可以看出，“干态”不平衡质量下的一阶振型为弯曲振动，最大响应位移发生在螺母及首级叶轮处，最大位移幅值为10.4mm。二阶振型为扭转耦合振动，最大位移发生在首级叶轮上，且逐级减小，对应的最大响应位移分别为14.9mm。

现实组装过程中由于安装不同，使得带有不平衡质量的各级叶轮安装相位不同，导致产品的稳定性也不相同。由于陀螺效应，在远离轴承一端的转子部件受不平衡质量影响最严重。因此，只改变首级叶轮不平衡质量的相位，其余保持不变，得到叶轮螺母与首级叶轮在不同临界转速时加速度、位移随不平衡质量相位变化趋势图，如图7-34所示。从图中可以看出，不平衡质量相位对螺母与首级叶轮在一阶临界转速下的加速度幅值及位移幅值影响不同，具体表现在加速度与位移幅值随不平衡质量相位的增加逐渐降低。在不平衡质量的作用下，一阶临界转速时螺母的加速度及位移响应幅值较首级叶轮幅值大，且随着不平衡质量相位的增大而逐渐减小，当首级叶轮不平衡质量相位为180°时，螺母与首级叶轮的一阶加速度以及位移幅值达到最小。二阶临界转速时螺母的加速度与位移响应幅

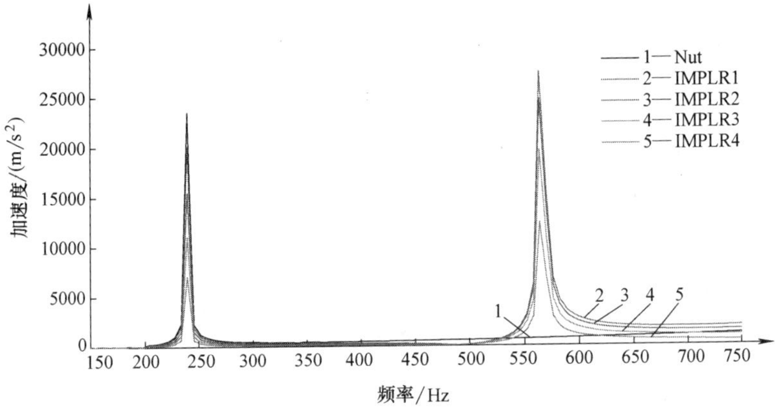

图 7-32　加速度幅值随频率变化曲线

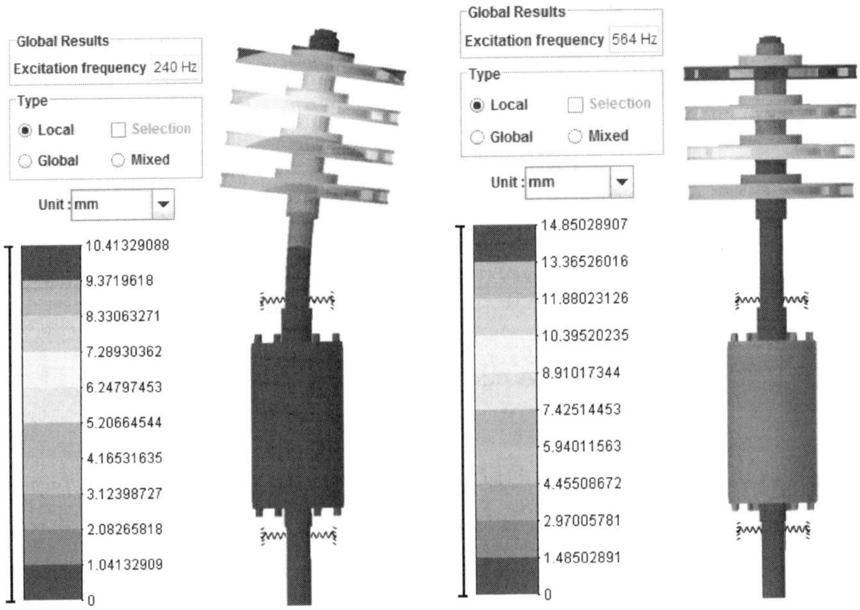

图 7-33　前二阶振型图

值随不平衡质量相位变化影响较小，而首级叶轮在二阶临界转速时的响应幅值随不平衡质量相位变化影响较大。因此，通过错开各级叶轮不平衡质量的相位可以减小转子的径向振动。

7.4.4　“湿态”下的谐响应分析

将流体激振力施加到各级叶轮上，并在叶轮前、后口环处施加轴承约束，进行“湿态”下的谐响应分析，预测临界转速及振幅的变化趋势，并与“干态”

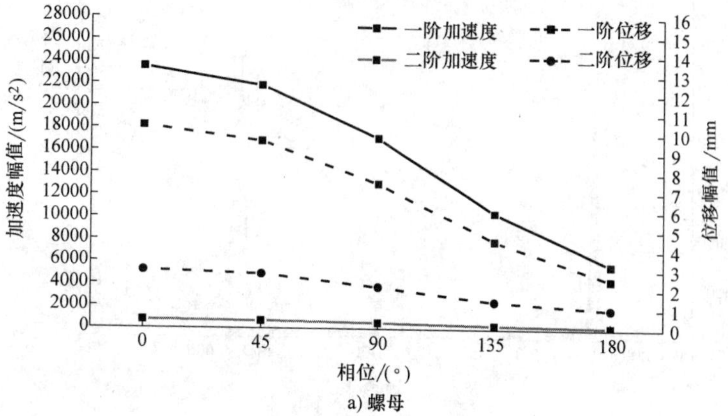

a) 螺母

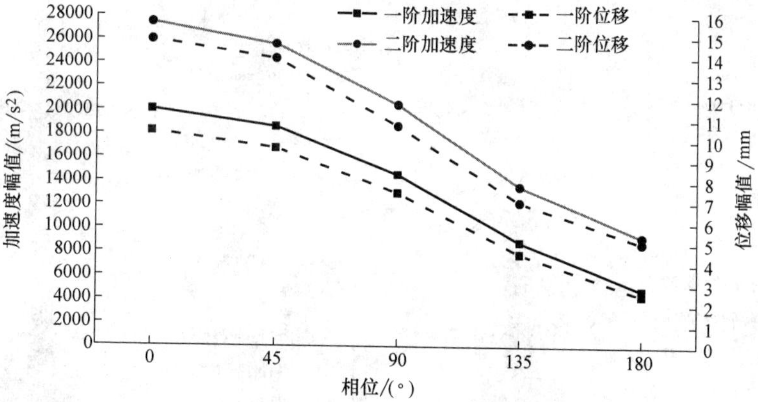

b) 首级叶轮

图 7-34　不平衡质量相位的加速度、位移响应变化曲线

下的谐响应进行对比分析。计算得到设计点工况下叶轮螺母及各级叶轮加速度随频率响应曲线，如图 7-35 所示。从图中可以看出，“湿态”下的一阶临界转速与二阶临界转速分别为240Hz 与568Hz，与“干态”谐响应分析得到的前两阶临界转速大小差异较小，但加速度响应幅值有所减小，且在一阶临界转速时加速度响应幅值降低明显。进一步说明了叶轮前、后口环动力特性对该悬臂式转子系统的临界转速影响不大，但能有效降低振动幅值，具有一定的支承作用。

“湿态”下前二阶振型图如图 7-36 所示，从图中可以看出，在一阶临界转速时转子部件的位移幅值较低，最大位移发生在螺母及首级叶轮上，为弯曲振动，对应的最大径向位移幅值为 0. 64mm。二阶振型图为扭转耦合振动，最大位移发生在首级叶轮上，且逐级减小，对应的最大响应位移为 9. 3mm。对比在两种状态下的谐响应分析可知，在叶轮前、后口环密封力以及流体激振力的作用下，能够有效地降低二阶临界转速振动幅值。

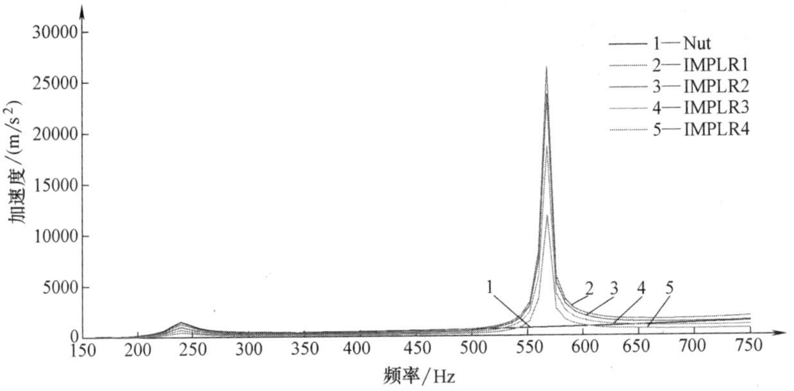

图 7-35“湿态”下加速度幅值随频率变化曲线

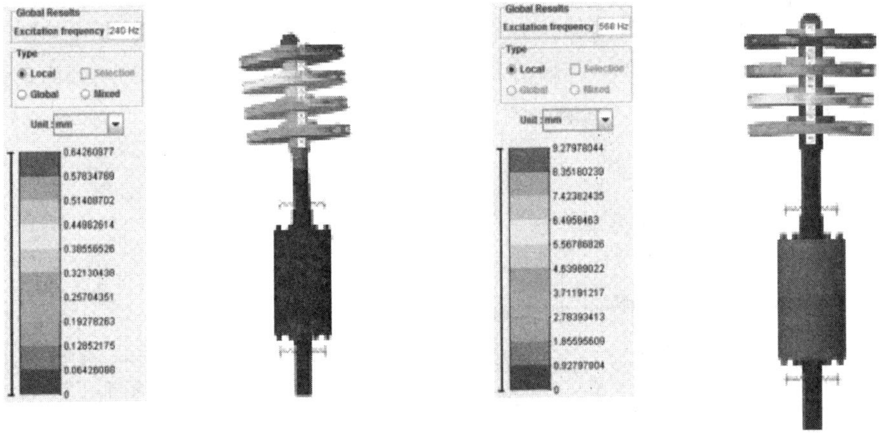

图 7-36 “湿态”下前二阶振型图

7.5 多级自吸喷灌泵的转子动力学试验分析

7.5.1 故障诊断的基本图谱

为了对旋转机械的故障进行诊断，通常可以从基本图谱中进行故障诊断。波形图又称时域图，反映了振动位移与时间的关系，可以作为示波器对振动波形的形态和变化进行实时监测。频谱图揭示了振动幅值与频率的关系，进而分析出最大振幅频率与轴频、叶频的关系。轴心轨迹图反映了转子瞬态下的涡动状况，有利于了解转子的运动状况，正常的轴心轨迹应该是一个波形较为稳定且长短轴相差不大的椭圆。从极坐标图中可以判断不平衡质量发生部位和临界转速。从波德图上获得有关转子轴承系统的刚度、阻尼特性及转子的动平衡状况。本节主要对悬臂式多级离心泵的频谱图以及轴心轨迹进行分析。

7.5.2 振动传感器的选择

振动传感器可分为位移、速度及加速度传感器，三者之间可以相互转换。对于旋转机械，由于较大的位移经常发生在轴的转频、叶频、倍频位置处，而采用加速度传感器来测量可获得丰富的高频振动成分，高频振动能传递大量对监测有用的信息，这些信息能反应轴承、叶片等工作状况，因此采用加速度振动传感器进行测量。

从电学原理上可以将位移传感器分为电感型、电涡流型两种。电涡流传感器的特点是：结构简单、灵敏度高、线性度好、频率范围宽、抗干扰性强，是目前使用较广的相对式位移传感器，因此选用电涡流型位移传感器对悬臂式多级离心泵轴端进行轴心轨迹的测量。

为了分析多级离心泵不同级数间的振动特性，在进水管、进口盖板、首级、2 级、3 级、末级、出水端盖位置处安放 8 个 Bently Nevada G12B00SH 加速度传感器（灵敏度系数为 100mV/g），如图 7-37 所示。规定探头在 0 时刻方向的初始相位为 0°，从驱动端往非驱动端方向看，探头安放位置可分为左右两个位置。

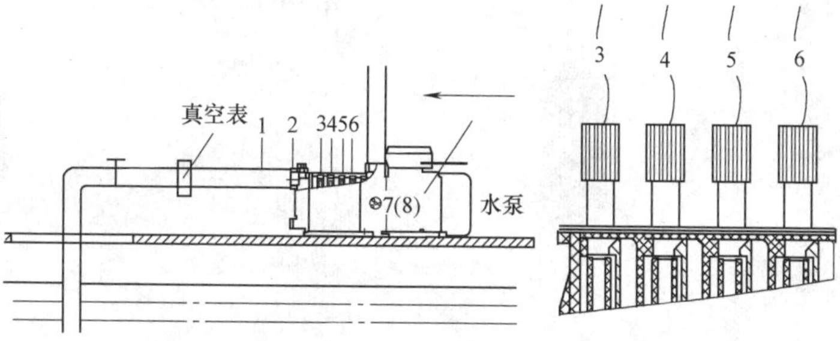

图 7-37 振动传感器的安装方式

为了判断叶轮与导叶有无径向摩擦，通过测量悬臂式多级离心泵转轴最外端的轴心轨迹及轨迹最大位移与叶轮和导叶间的单边间隙做比较。将两个电涡流位移传感器穿过自吸盖板分别安装在轴端的同一截面上，从驱动端往非驱动端看，分别安装在水平与垂直两个方向。尽管有安装误差，但仍然应保证两探头间的夹角在 90° ±5°范围内，调整传感器与被测轴之间的距离，使其输出的电压在量程范围内，如图 7-38 所示。

7.5.3 本特利 408 型振动故障测试仪参数选择

选用 ADRE 408 型振动故障测试仪对悬臂式多级离心泵进行振动测试。该仪器是新一代的高速动态信号采集、分析系统，由 ADRE Sxp 软件和 408 DSPI（Dynamic Signal Procession Instrument 动态数据处理仪）16 通道数据采集、处理仪器等组成，如图 7-39 所示。对多级离心泵进行振动监测时采用振动“速度”来

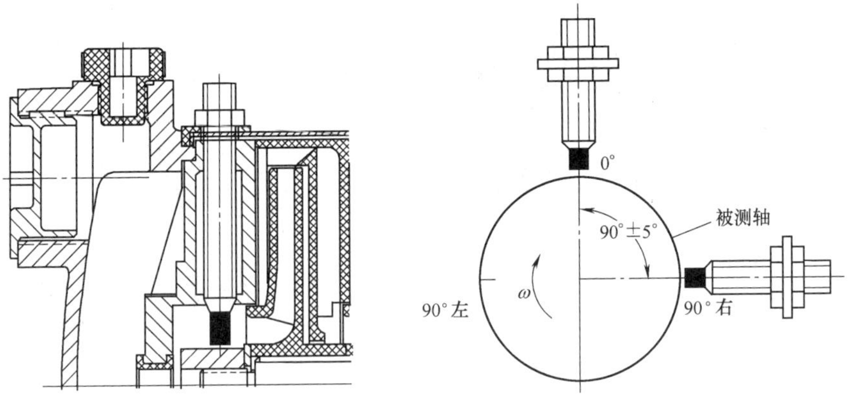

图 7-38　位移传感器的安装方式

表示振动程度，采用异步采样设置。振动频谱的频率范围为 0 ~ 5000Hz，其采样率为 12800。

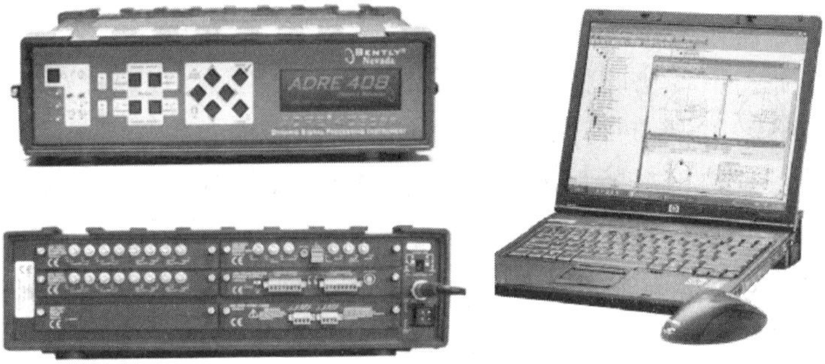

图 7-39　本特利 408 型振动故障测试仪

同时，对悬臂式多级泵转子系统进行轴心轨迹的测量需要使用光学键相传感器来实现同步采样，其位移传感器采用的是 Bently Nevada 3300XL 5/8mm 型电涡流式位移传感器，灵敏度系数为 7.878V/mm（200mV/mile）。由于同步采样，可进行 0.5 倍、1 倍、2 倍、3 倍、4 倍示踪滤波。其同步采样率为 128。数据采样方式为每次采样采集 10 个样本，每个样本间隔时间为 100ms，即 1s 内进行了 10 个样本的采集。

7.5.4　多级自吸喷灌泵的振动试验分析

为了研究悬臂式多级自吸喷灌泵不同级数位置处的振动关系及不锈钢泵体与导叶壳间的水环对振动的影响，首先在试验前将四级叶轮与导叶及导叶与导叶间的相位调整为相同的相位；再分别对带有不锈钢泵体与不带有不锈钢泵体的情况进行相同位置处的振动试验，如图 7-40 所示。

图 7-40　振动测试试验台

首先对进口水管（CH1）及泵进口端盖处（CH2）的振动特征进行频谱分析，图 7-41 所示为各监测点在不同工况下（$0Q_d$、$0.6Q_d$、$1.0Q_d$、$1.25Q_d$、$1.5Q_d$）的振动频谱特性。该悬臂式多级泵工作转速为 2800r/min，对应的轴频 $f_n=46.67$Hz，叶频 $8f_n=373.3$Hz，用 NF 表示叶频。从图 7-41a 中可以看出，在关死点工况下远离首级叶轮的进口水管中的振动频谱在 4 倍、6.5 倍叶频附近出现较大峰值，在 0.5 倍、1.5 倍、2 倍、5 倍、5.5 倍叶频附近峰值相对较小。随着流量的增加，4 ~ 8 倍叶频范围内（1492 ~ 2984Hz）以及 11 ~ 12 倍叶频范围内（4103 ~ 4476Hz）的振动幅值呈现逐渐减小的趋势，主频由叶频倍频逐渐呈现为叶频。此外，在靠近进口端盖处（CH2）测得不同工况下的振动频谱如图 7-41b 所示，从图中可以看出，关死点工况下在 8 ~ 10 倍叶频（2984 ~ 3730Hz）范围内振动幅值较强，随着流量的增加，该处的振动幅值明显减少，在大流量工况下，振动主频由主频呈现为叶频。

在远离叶轮的进口水管及进口盖板处的振动频谱特征主要表现在小流量工况

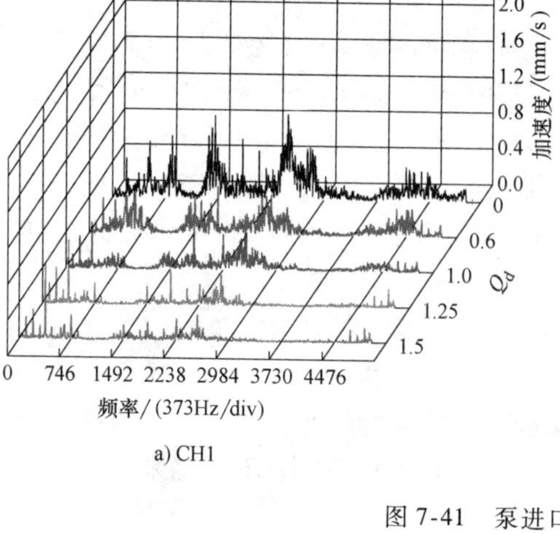

a) CH1

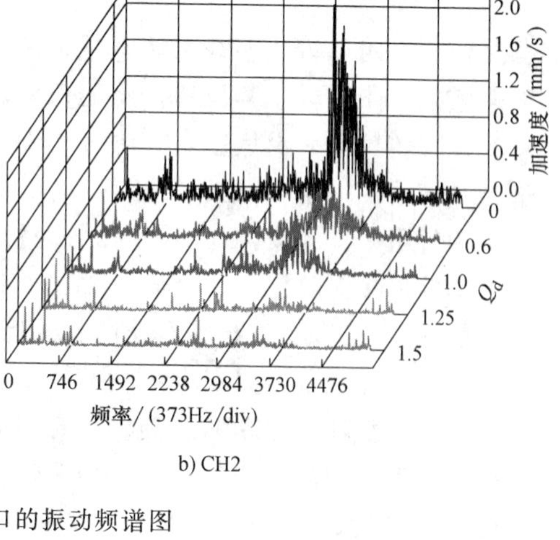

b) CH2

图 7-41　泵进口的振动频谱图

下主频多为叶频的倍频，振动幅值较大，随流量的增加主频呈现为叶频，且高频振动幅值降低明显，振动特征主要受到运行工况的影响。

图 7-42 所示为多级泵出口（CH7、CH8）不同流量工况下的振动频谱图，其振动特性具有相似之处。在小流量工况下高频处振动幅值较大且存在多个峰值，主频为叶频的倍频，与泵进口处振动频谱特征一样随流量的增大高频振动幅值减小，主频由叶频的倍频逐渐变为叶频。这是由于小流量工况下泵内流态发展不均匀，旋涡较多，使得多级泵进、出口监测点的振动特征受运行工况影响较大，在高频处的振动幅值较大；而在大流量工况下，泵内流态发展较好，旋涡较少，使得多级泵进、出口监测点的振动特征主要受叶轮叶片数的影响，其主频表现为叶频。

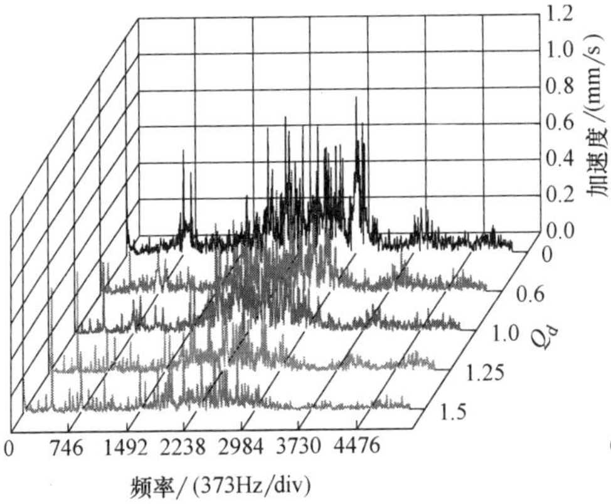

a) CH7

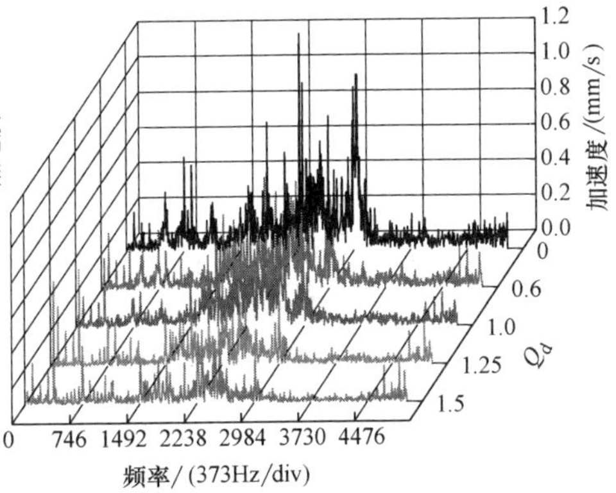

b) CH8

图 7-42　泵出口的振动频谱图

多级泵导叶导流壳与不锈钢外壳之间有一层用于自吸的水膜，因此从不锈钢壳上测得的振动特征与从导流壳上测得的振动特征有所不同。图 7-43 所示为带不锈钢壳体与不带不锈钢壳体时相同位置处振动频谱对比图，主要对 $0Q_d$、$1.0Q_d$、$1.5Q_d$三个流量工况分别进行对比分析，从图中可以看出，不同工况下水膜及不锈钢壳对振动幅值及振动频率的影响不同。

在关死点工况，如图 7-43a 所示。在带不锈钢壳的振动测试中，第二级与第三级泵体的振动幅值较高，主频为 2 倍叶频。而不带不锈钢壳与带不锈钢壳测得的各级泵体的振动主频保持不变，各级泵体的主频均为叶频的倍数但有所不同，主要表现为 1 倍及 2 倍叶频；并且不带不锈钢壳测得的前三级主频的振动幅值增加明显，末级泵体主频的振动幅值也略有增加。

在设计点工况，如图 7-43b 所示。在带有不锈钢壳体的振动测试中，各级泵体的主频均为叶频且首级泵体主频的振动幅值最大，后三级泵体主频的振动幅值相似。与带有不锈钢壳的振动测试相比，不带不锈钢壳体的前三级泵体的振动主

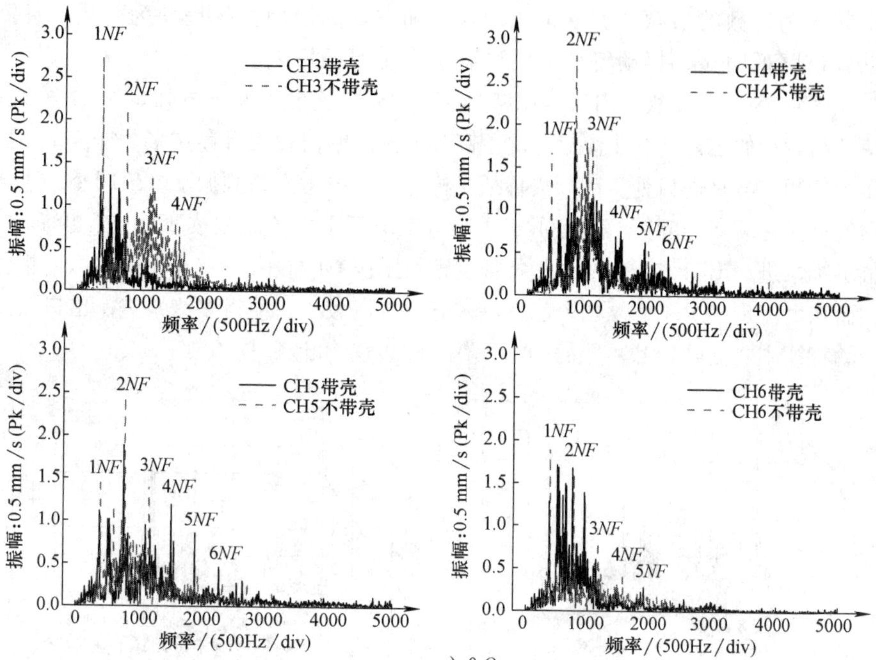

a) 0 Q_d

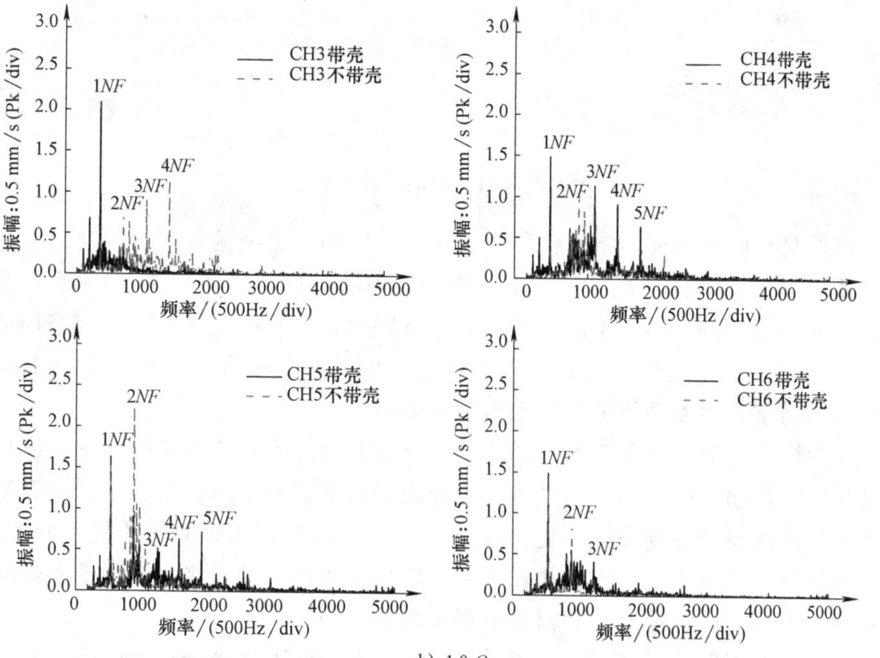

b) 1.0 Q_d

图 7-43 带壳与不带壳不同泵体振动频谱图

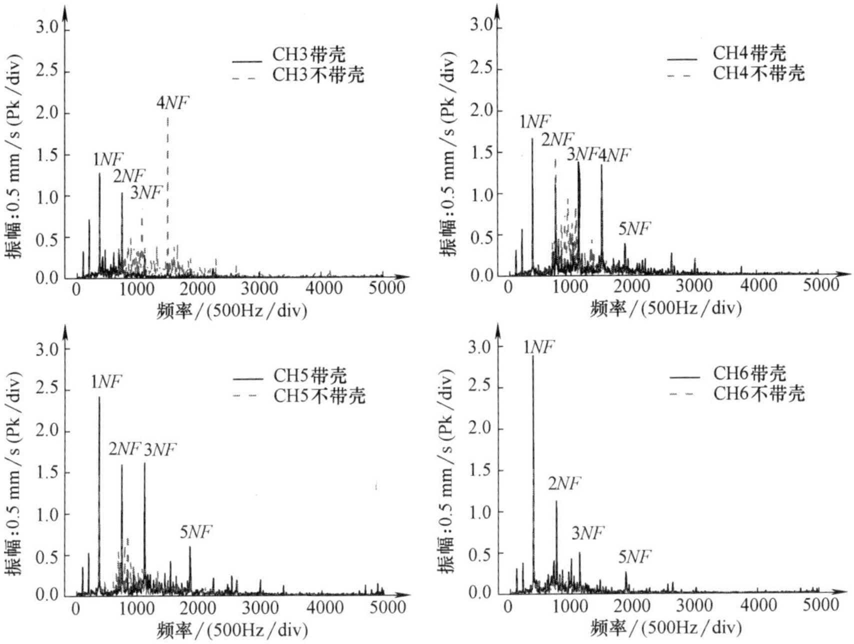

c) 1.5 Q_d

图 7-43　带壳与不带壳不同泵体振动频谱图（续）

频变化较大，末级泵体的主频保持不变，首级泵体的主频由 1 倍叶频变为 4 倍叶频，振动幅值有所降低；二、三级泵体的主频由 1 倍叶频变为 2 倍叶频；除第三级泵体的振动幅值略有增加外，其他三级泵体的振动幅值略有减小。

随着流量的继续增大，在 1.5Q_d 工况时，如图 7-43c 所示。在带有不锈钢壳体的振动测试中，各级泵体的主频为叶频。随着级数的增加，各级泵体主频的振动幅值逐级增加。与设计点工况一样，不带有不锈钢壳体的振动测试中首级泵体的振动主频由 1 倍叶频变成了 4 倍叶频，但主频幅值有所增加；最后两级泵体的振动主频幅值降低较大。

此外，不锈钢外壳与水膜对各级泵体振动特征的影响随泵运行工况不同而不同。在关死点工况下，不锈钢壳体与水膜能够有效降低主频振动幅值；而在设计点工况，对首级泵体振动影响最大，且主频振动幅值变大明显；在大流量工况下，各级振动幅值从首级到末级逐渐增加，且在后两级泵体显著增大。

7.5.5　多级自吸喷灌泵的轴心轨迹试验分析

通过 ADRE 408 振动故障测试仪对叶轮锁紧螺母位置处进行轴心轨迹测试。在偏离设计点的极限工况下，悬臂式多级离心泵极易产生失稳，因此，主要对 0Q_d、

$1.0Q_d$、$1.5Q_d$三个流量工况分别进行轴心轨迹分析，如图 7-44 所示，左边为轴心轨迹图，右边为对应工况下该轴心轨迹图的时域波形图。主要特征见表 7-10。

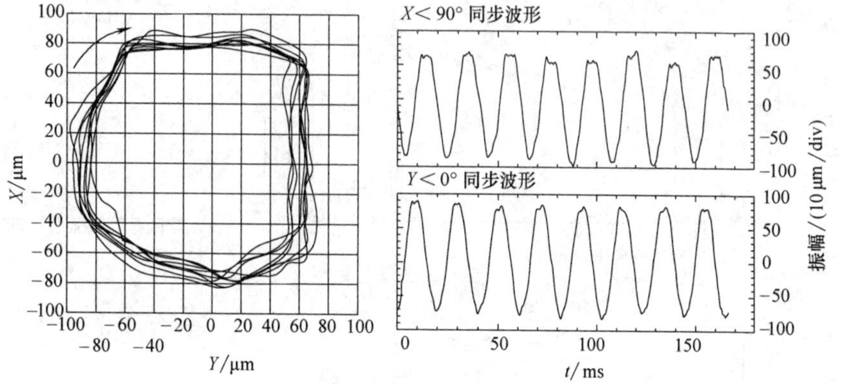

a) 0 Q_d

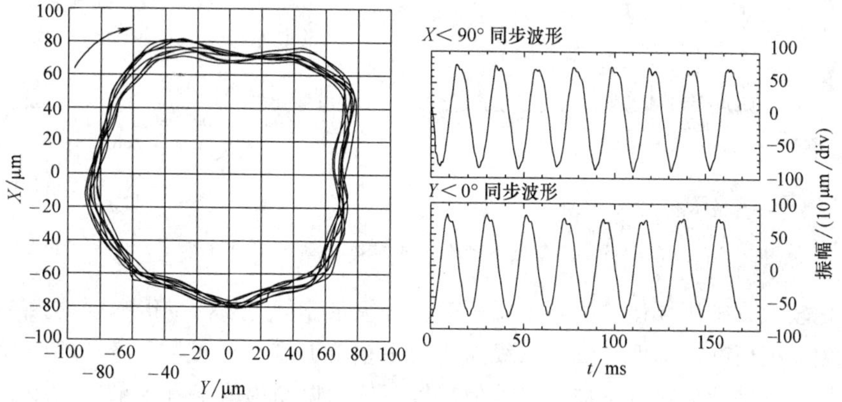

b) 1.0 Q_d

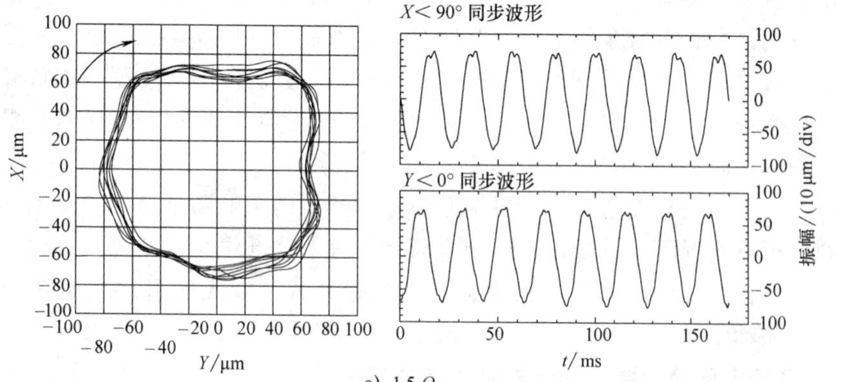

c) 1.5 Q_d

图 7-44　不同工况下实测轴心轨迹图

表 7-10 轴心轨迹特征分析

工况	轴心轨迹	振动方向	相位特征	涡动方向	波形	偏心	Max /μm	Min /μm
0 Q_d	不稳定	径向	稳定	正进动	不稳定且存在削波	强	100.9	53.4
1.0 Q_d	稳定	径向	稳定	正进动	存在削波	中	93.8	64.6
1.5 Q_d	稳定	径向	稳定	正进动	存在削波	弱	89.2	58.8

对轴心轨迹的时域波形图进行傅里叶变换得到频谱图，如图 7-45 所示。从图中可以看出，不同工况下振动信号主频均为轴频，主频幅值随流量的增大而增大。在关死点工况下次频为叶频，随着流量的增大，叶频幅值逐渐减小，其他工况下次频为轴频的倍频。由于轴心轨迹时域波形图不是单纯的正弦波，而是含有多种频率成分的波形图，除了基频外还含有亚倍频、倍频、叶频等成分。因此，为分析故障特征，对轴心轨迹进行滤波分析。

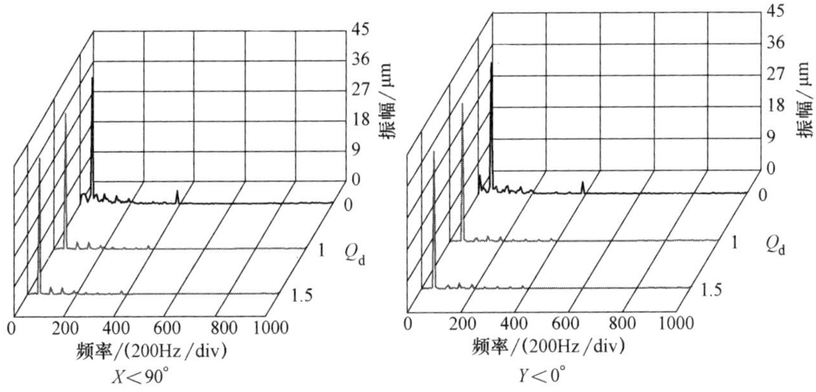

图 7-45 轴心轨迹位移频谱图

首先得到 1 倍轴频的轴心轨迹图（即工频的轴心轨迹图），如图 7-46 所示，可以看出，在三个工况下的 1 倍轴频轴心轨迹曲线为长短轴相差不大的椭圆，涡动方向为正进动，轴心轨迹曲线随流量的变化不敏感，位移变化不大，说明转子部件有偏心，存在不平衡质量，这与前面通过动平衡实验测得叶轮存在不平衡现象相符。同时，轴承间隙或轴承刚度在方向上没有较大的差异。如果存在较大差异，1 倍轴频的轴心轨迹曲线应为较大扁形的椭圆。因此，从 1 倍轴频的轴心轨迹曲线可以排除轴承出现问题。

不同工况下的 2 倍轴频轴心轨迹如图 7-47 所示，其涡动方向为正进动，轨迹曲线为长短轴相差较大的椭圆。这是由于叶轮在轴上安装时有一定的不对中现

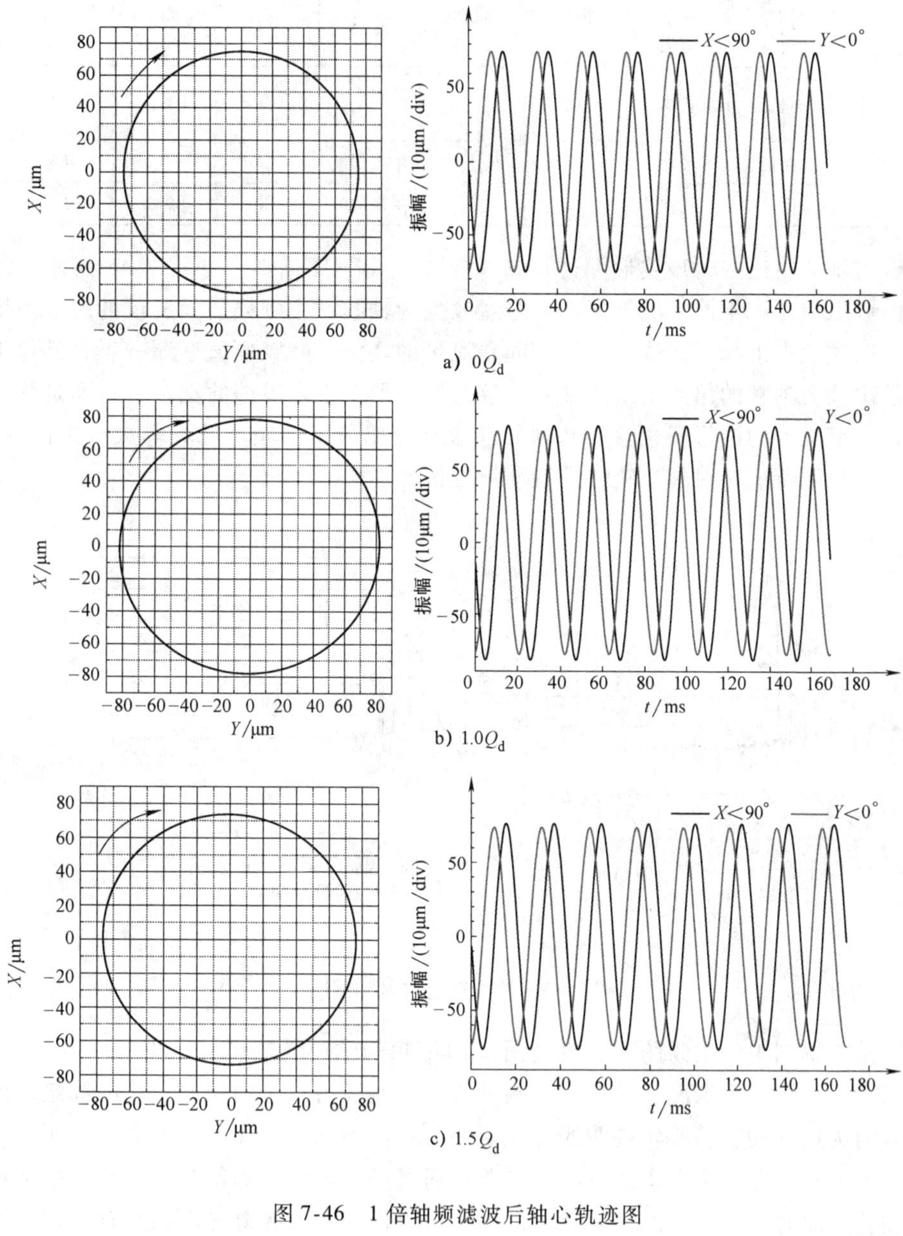

图 7-46　1 倍轴频滤波后轴心轨迹图

象，使得 2 倍轴频轴心轨迹曲线为扁平椭圆形状。同时，最大径向位移随流量的增大而增大，这是由于转子不对中对流量变化敏感，呈现出随流量的增大使得不对中信号增强，因此可减小叶轮轮毂与轴间间隙。

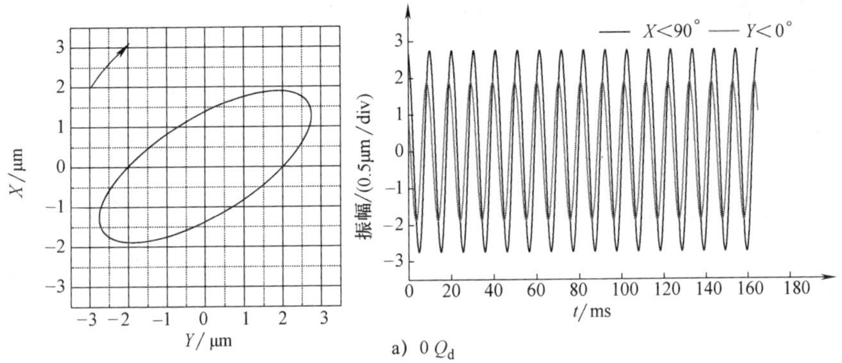

a) 0 Q_d

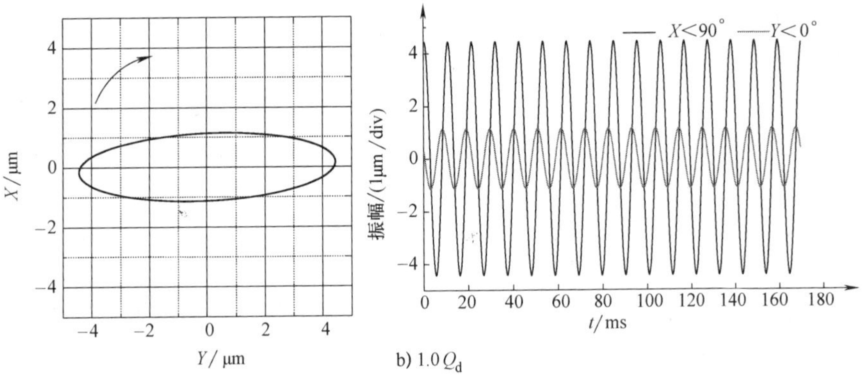

b) 1.0 Q_d

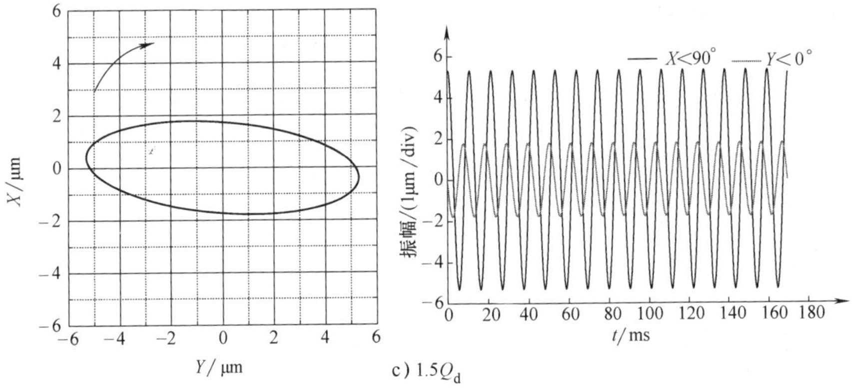

c) 1.5 Q_d

图 7-47　2 倍轴频滤波后轴心轨迹图

7.6　本章小结

本章以悬臂式多级自吸喷灌泵为研究对象，采用了有限元软件对转子系统分别进行“干态”和“湿态”临界转速进行计算，并进行对比分析。针对不平衡质量大小、不同起动时间、不同转速、口环密封力、流体激励力、附加水体质量时的瞬态响应分析，分别得到了叶轮螺母位置处的轴心轨迹曲线及位移时域图；又考虑了不平衡质量、不平衡质量相位、流体激振力、口环密封力时的谐响应并进行分析，分别得到了转子各部件加速度、位移随频率响应图。通过 ADRE 408 型振动故障测试仪对悬臂式多级离心泵进行振动频谱分析，同时测量了叶轮螺母位置处的轴心轨迹曲线。

1）采用 SAMCEF 有限元软件对悬臂式转子系统的固有频率及振型图进行分析。使用三种模型对转子系统进行“干态”下临界转速分析，从坎贝尔图得到了对应的一阶临界转速及振型图，其结果相差较小且均比邓克莱法计算得到的一阶临界转速高。三维实体模型相比一维和二维模型更能体现出转子系统的真实性，对不同轴承刚度系数进行了临界转速计算。随着刚度系数的增加，前二阶临界转速影响较小；随着刚度系数的逐级减小，前二阶临界转速降低较为明显。考虑了口环密封力后计算得到的一阶临界转速大小无明显差异，但最大位移幅值有所降低，表明叶轮口环密封力能够提高悬臂式多级泵的稳定性，且具有一定支承作用。

2）采用 SAMCEF 有限元软件对悬臂式转子系统进行瞬态响应分析。“干态”下，重点分析了不平衡质量大小、不同起动时间、不同转速对加速度、位移响应幅值的影响。由于陀螺效应，使得各转子部件的轴心轨迹位移随着不平衡质量的增加而增大，且在远离轴承一端的叶轮螺母位置处的径向位移最大。随着起动时间的增加，计算得到的径向位移趋于额定转速下的径向位移幅值；随着工作转速的增加，陀螺效应明显，径向位移逐级增加，呈明显上升趋势。“湿态”下，重点分析了口环密封力、流体激振力及附加水体质量后对响应幅值的影响。结果表明，不同工况下的流体激振力使轴心轨迹曲线各不相同。考虑了流体附加质量后的轴心轨迹稳定，且随附加质量的增加轴心轨迹位移增大；考虑 25% 附加水体质量，其径向位移与测试得到的轴心轨迹径向位移幅值较为吻合。

3）采用 SAMCEF 有限元软件对悬臂式转子系统进行谐响应分析，并对转子动力学模型分别在“干态”“湿态”下进行对比分析。发现考虑口环密封力与流体激振力后，转子部件的振幅在一阶临界转速时大幅度地减小；考虑不平衡质量相位后，不平衡质量相位相同时振幅最大，且随相位角度的增加加速度及位移振幅逐渐减小，对称布置时振幅最小。两种状态下的一阶振型为弯曲振动，最大位移发生在首级叶轮及螺母上；而二阶振型为外拉扭转振动，最大位移发生在首级叶轮上。

4）通过 ADRE 408 型振动故障测试仪对悬臂式多级离心泵进行不同工况下的轴心轨迹测量，并对比分析了有无不锈钢壳时的振动频谱。各级泵体测得的振动频谱主频及幅值均不同，去壳后在关死点工况下的振动幅值比保留不锈钢壳体测得的振动幅值明显增加，且前两级泵体较为明显。设计点及大流量工况下时，振动幅值有所减小；关死点与大流量工况时的轴心轨迹曲线较为不稳定，且在关死点工况时轨迹曲线偏心严重。随着流量的增加，偏心距减小。不同工况下测得的最大径向位移小于0.1mm，即小于叶轮与导叶间的单边间隙，避免了径向摩擦。对原始轴心轨迹进行了滤波分析，发现转子系统存在不平衡质量与不对中问题。

参考文献

[1] 袁寿其，施卫东，刘厚林，等. 泵理论与技术 [M]. 机械工业出版社，2014.

[2] 平仕良. 大功率高压多级离心泵转子动力学分析及其特性研究 [D]. 杭州：浙江大学，2012.

[3] 王庆方. 部分流泵水动力学及转子部件临界转速的计算与分析 [D]. 兰州：兰州理工大学，2011.

[4] 钟一谔，何衍宗，王正，等. 转子动力学 [M]. 北京：清华大学出版社，1987.

[5] 李国平. 齿轮-轴承-转子系统振动特性的研究 [D]. 沈阳：东北大学，2005.

[6] 范雷雷. 转子系统不平衡响应传递规律研究 [D]. 南京：东南大学，2005.

[7] 白利皇. 模态综合分析技术在转子动力学中的应用研究 [D]. 西安：西安工业大学，2007.

[8] 周传月，腾万秀，张俊堂. 工程有限元与优化分析应用实例教程 [M]. 北京：科学出版社，2005.

[9] 成大先. 机械设计手册 [M]. 北京：化学工业出版社，2007.

[10] 闻邦椿. 高等转子动力学 [M]. 北京：机械工业出版社，1999.

[11] Chen Changping, Dai Liming. Bifurcation and chaotic response of a cracked rotor system with viscoelastic supports [J]. Non-linear Dynamics, 2007, 50 (3): 483-509.

[12] Tiwari Rajiv, Vyas Nalinaksh. Stiffness estimation from random response in multi-mass rotor bearing systems [J]. Probabilistic Engineering Mechanics, 1998, 13 (4): 255-268.

[13] 戴曙. 机床滚动轴承应用手册 [M]. 北京：机械工业出版社，1993.

[14] 万长森. 滚动轴承的分析方法 [M]. 北京：机械工业出版社，1987.

[15] Lomakin A A. Calculation of critical speed and securing of dynamic stability of hydraulic high pressure pumps with reference to forces arising in seal gaps [J]. Energomashinostroenie, 1958, 4 (1): 1158.

[16] Black H F. Effects of hydraulic forces in annular pressure seals on the vibrations of centrifuga pump rotors [J]. J. M. Een. Sci, 1969, 11 (2): 113-206.

[17] BlackH F, Jenssen D N. Dynamic hybrid properties of annular pressure seals, Proc. J. Mech. Engine, 1970 (184): 92-100.

[18] Nelson C C. Rotordynamic coefficientsfor compressible flow in tapered annular seals [J]. ASME J. of Tribology, 1985, 107 (3): 318-325.

[19] Muszynska A and Bently D E. Anti-Swirl Arrangements Prevent Rotor/Seal Instability [J]. ASME J. of Vibration, Acoustics, Stress, and Reliability in Design, 1989, 111 (2): 156-162.

[20] 张文. 转子动力学理论基础 [M]. 北京：科学出版社，1990.

第 8 章　多级自吸喷灌泵的水动力噪声研究

8.1　概述

多级自吸喷灌泵结构复杂，进出口配管的口径、形状及材质各不相同，工作介质也不一样，运行中常伴有宽频噪声。按其产生机理，水泵噪声可分为机械结构噪声和流体动力噪声。机械结构噪声主要是由转动零件不对称及主动部件不对中引起的，通过机械设计和制造技术的改进可以解决该类问题。流体动力噪声机理相对复杂，影响的因素有很多，如汽蚀、流体与固体边界的耦合、水锤及流体内部的湍流、流动分离与流动失稳等。流体动力噪声按照发声机理又可以分为单极子声源、偶极子声源、四极子声源。前人的理论和试验研究表明：流体视为不可压，体积脉动及单极子声源可以忽略不计；在低马赫数下，四极子声源可以忽略。因此，对水泵噪声的数值研究方法趋向于通过水泵全流场域的数值计算得到所需的表面应力引起的偶极子声源。

随着计算流体动力学及计算气动声学的不断发展，流体动力学噪声数值模拟得到了很大的提高[1-6]。尤其近 20 年来，随着计算机技术及计算机软件的发展，设计、分析、模拟都可以依赖于计算机实现，从而减轻了很多烦琐的工作量，解决了人力所无法实现的计算及演绎，由此泵的研究已经进入了新的阶段。另一方面，随着经济技术的不断发展，人们对水泵的要求越来越高，已经不仅仅满足于提高其工作性能，水泵降噪的研究受到越来越多的学者及企业的关注。通过对文献检索及相关的资料查阅可知，水泵的流体动力学噪声问题在单级离心泵、轴流泵等方面已经有了一些研究，最典型的是将提取的偶极子源作为声源，采用计算流体动力学和计算气动声学软件联合仿真水泵的水动力噪声[7-14]。对于多级自吸喷灌泵（多级离心泵），因其结构相对复杂，还很少有相关的文献引证。当多级自吸喷灌泵用于城市建筑供水和居民生活用水等场合时，对其噪声将有着严格的控制。因此，对多级自吸喷灌泵的水动力噪声研究，不但能够有效地提升多级离心泵的产品品质，提高生产企业的核心竞争力，而且在产生较好经济效益的同时，也将产生较大的社会效益。

8.2 水动力噪声理论及求解

8.2.1 水动力噪声声源

在 Lighthill 声学类比理论中，水动力噪声按照发声机制可以分为单极子声源、偶极子声源、四极子声源，其声源都有对应的物理模型，如图 8-1 所示。

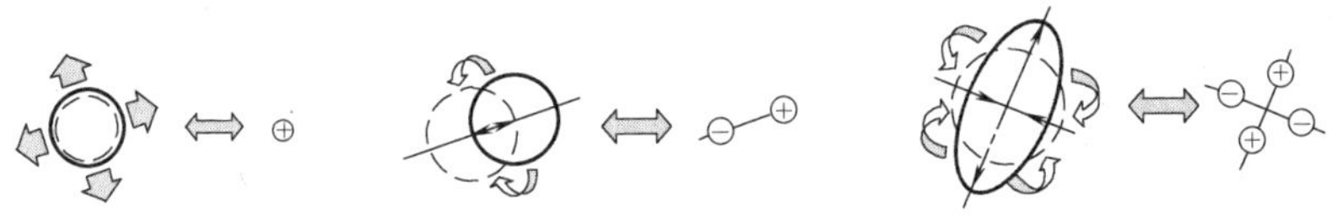

图 8-1 水动力噪声声源

单极子声源的物理模型是经典声学中的脉动球源，是由物体运动导致其边界上的流体压缩膨胀所产生。声波产生的机理是脉动球源体积的涨缩导致流体密度发生变化，即改变了周边流体质量。脉动球源本质是一个质量源，可以将其理想为流入或流出流体空间的质量点源，因此，任何形状的面声源、体声源都可以由若干的单极子声源来进行描述。

偶极子声源的物理模型是经典声学中的振动球源，可以看作是两个相位相反相互靠近的单极子组成，是由物体运动导致其边界上的流体产生推力作用所形成。当流动物体表面各力点源方向、大小不同时，通常将所有的力点源所致声场进行叠加求解。若将力点源进行引申，作为流动物体表面微元面积的起伏力，再进行叠加求解，可以算出任何流动物体表面形状、压力不同的声场，此时的力点源即为偶极子声源。

四极子声源可以看作是两个相位相反相互靠近的偶极子组成，是由运动物体导致周边湍流流体应力变化所产生。四极子声源位于流体相互作用的湍流中，可以看作是流体内的应力所致，而不是外界物体对流体做功。因此，四极子声源对外界的强度为零，其既不是质量源，也不是力点源。

8.2.2 水动力噪声基本方程

Lighthill 方程由 N-S 方程推导出，方程的左边表达为经典声学的波动方程形式，方程的右边作为声源项，其方程为

$$\left(\frac{\partial^2}{c_0^2\ \partial t^2}-\nabla^2\right)\rho=\nabla\cdot\nabla T_{ij} \tag{8-1}$$

式中：$T_{ij}=\rho\mu_i\mu_j-\tau_{ij}+\delta_{ij}\left[(P-P_0)-c_0^2(\rho-\rho_0)\right]$ 为湍流应力张量，第一项为雷诺应力，第二项为黏性应力，第三项为热传导。Lighthill 方程表明了当声场对运动物体的影响不大时，可以采用类似经典声学的方法来求解水动力噪声的声

场。对于水动力学噪声声源，其效率依次是单极子、偶极子、四极子声源，按声功率来说，依次是流速的 4、6、8 次方关系。

旋转叶片噪声不仅包含与叶片通过频率相关的离散噪声，也包含叶片上湍流所致的宽带噪声。离散噪声又分为叶片厚度对周边流体周期性涨缩形成的单极子声源和叶片载荷周期性作用于流体所形成的偶极子声源，而宽带噪声主要是叶片载荷作用于流体上所形成的偶极子声源，除此之外叶片分离出的涡团也会与周边流体发生相互作用产生四极子声源。

福克斯·威廉姆斯和霍金斯考虑了运动物体对流体的影响，在 Lighthill 方程的基础上推导出了 FW-H 方程，其方程形式为

$$\frac{\partial^2}{\partial t^2}[\rho' H(f)] - c_0^2 \frac{\partial^2}{\partial x_i^2}[\rho' H(f)] = \frac{\partial}{\partial t}[\rho_0 V_n \delta(f)] - \frac{\partial}{\partial x_i}\left[(p\delta_{ij} + \sigma_{ij})\frac{\partial f}{\partial x_j}\delta(f)\right] + \frac{\partial^2}{\partial x_i \partial x_j}[T_{ij} H(f)] \tag{8-2}$$

式中：右边第一项代表单极子声源，与运动物体厚度变化和运动速度有关。右边第二项代表偶极子声源，与运动物体表面的非定常脉动力有关。右边第三项代表四极子声源，与湍流流动中的 T_{ij} 有关。因水泵的马赫数远小于 1，故在低马赫数下，偶极子声源是主要影响因素，整理公式得

$$p'(\mathbf{x}, t) = -\frac{1}{4\pi}\frac{\partial}{\partial x_i}\iint_{\partial V}\left[\frac{P_i}{R|1 - \mathbf{M} \cdot \mathbf{R}/R|}\right]_{t-r/c_o} \mathrm{d}^2\eta \tag{8-3}$$

对于多级离心泵，偶极子是主要声源，主要由导叶表面的压力脉动力所形成，提取导叶内表面的偶极子声源。多级离心泵又是旋转流体机械，其旋转部件的表面会形成偶极子声源，又可以提取叶片表面的旋转偶极子声源。

8.2.3 水动力噪声的求解方法

水泵水动力噪声的求解方法常见的有声学有限元法（FEM）和声学边界元研究表明其能够保证求解的准确性及可行性。

声学有限元法通过微分方程和边界条件，以方程组的形式将计算的区域划为一定数量的元素，每个元素之间由节点相互连接，每个元素及节点的声压关系通过形函数来确定。在二维声场中，常用的形函数为四面体和六面体单元，在三维声场中，常用的为三角形和四边形单元。

声学有限元的系统矩阵简化了数值计算，采用对称矩阵的形式，便于存储和计算。其声学阻尼矩阵与频率有关，刚度矩阵、质量矩阵与频率无关。其不仅能很好地计算低频波段，也能处理非均匀介质的问题。但是，声学有限元的形函数是低阶的形式，声场求解时需要建立大量的元素，数值计算的耗费会随模型尺寸大小和频率范围的增加而加大，并且只适用于有限域的声场计算。

声学边界元法与有限元法原理相同，但声场的计算只需要对其边界区域进行

离散求解。声学边界元法又分为直接边界元法（DBEM）和间接边界元法（IBEM），直接边界元法只能解决封闭的问题，要求面网格必须封闭，不能同时求解封闭网格的内外声场。间接边界元法可以解决非封闭的问题，面网格可以封闭，也可以不封闭，此外间接边界元法还可以同时求解内外声场。

声学边界元法只需要面网格，大大减少了计算时间和数据量，能够适用于求解外部辐射声场的问题。但是声学边界元法的形函数复杂，系统矩阵非对称，每个频率都需要进行计算。

8.3 多级自吸喷灌泵的模态分析

模态分析可以用来了解机械结构动力特性，对机械的设计及优化都起着重要作用。模态是机械结构的固有振动特性，每一个模态都有对应的固有频率及结构振型。通过有限元的计算方法，可以对固体进行模态计算，本章采用 LMS Virtual. Lab 软件对多级自吸泵的叶轮及壳体进行模态计算，并分析其模态特性，此外多级自吸泵水动力内声场及外辐射声场都将使用 LMS Virtual. Lab 来进行数值计算。多级自吸泵外辐射声场是由内声场通过泵壳向外辐射的，将计算得到的多级自吸泵泵壳模态进行保存，为其外辐射声场计算做准备。

8.3.1 实体建模

采用 Creo2.0 软件，对多级自吸泵叶轮及壳体进行实体建模，如图 8-2 所示。为了便于计算，多级自吸泵的螺栓、螺母等零件忽略不进行造型，考虑到进口端盖、出口端盖及各级之间的紧密性，采用粘连方式来进行处理。

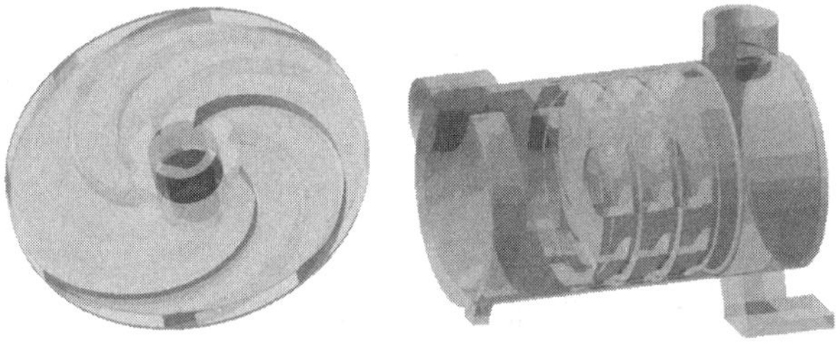

a) 叶轮　　b) 多级自吸泵壳体

图 8-2　多级自吸泵实体建模

多级自吸泵的壳体固体材料为 PPO，工艺紧凑，表面粗糙度低，不易受温度及湿度的影响，其材料特性见表 8-1。多级自吸泵的叶轮与壳体的网格都使用软件 LMS Virtual. Lab 来进行划分。

表 8-1　材料特性

材料	密度/(kg/m^3)	杨氏模量/MPa	泊松比
PPO	1070	2300	0.41

8.3.2 实叶轮模态分析

叶轮网格划分如图 8-3 所示。对叶轮进行约束，选取叶轮轴向前后方向的两个面，进行 x、y、z 方向上的移动约束及 x、y、z 的旋转约束，计算得到叶轮的模态。

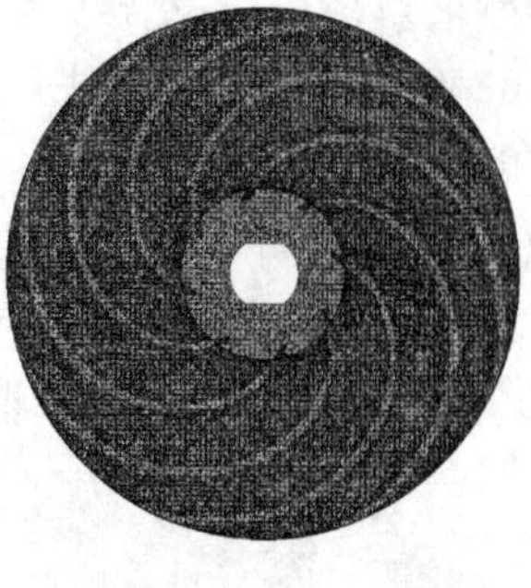

图 8-3　叶轮结构网格化分

叶轮前 6 阶的固有频率见表 8-2，固有频率振型如图 8-4 所示，从图中可以看出，叶轮整体的变形不大，在叶轮出口处变形较为明显。叶轮的一阶固有频率值较大，为 978.924Hz，第三、六阶的振动较小。第一、二阶的模态振型相似，且呈现 180° 的旋转对称分布，第四、五阶也有同样的情况，这是叶轮不同角度对称所引起的。

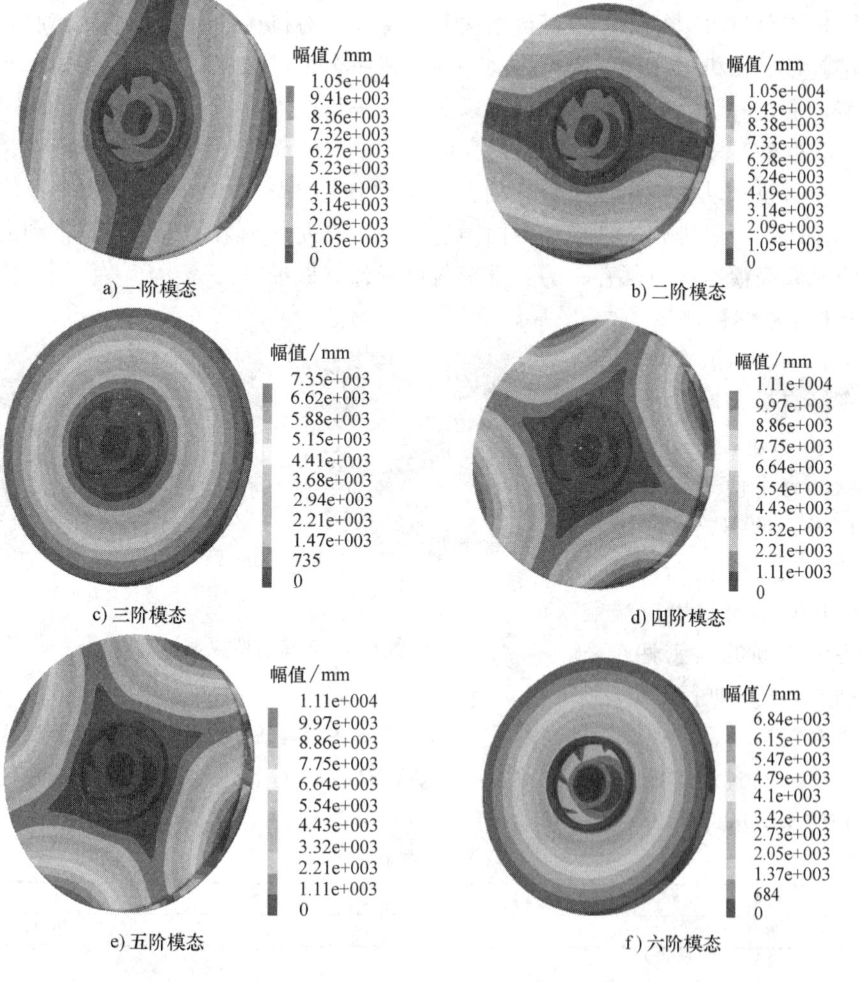

图 8-4　叶轮各阶振型图

表 8-2　叶轮固有频率

模态	1	2	3	4	5	6
固有频率/Hz	978.924	984.482	1310.962	1610.912	1611.978	1711.741

8.3.3　多级自吸喷灌泵的壳体模态分析

多级自吸泵壳体的网格划分如图 8-5 所示，对其进行约束，选取壳体底座下方的三个面，进行 x、y、z 方向上的移动约束以及 x、y、z 的旋转约束，计算得到多级离心泵的模态。多级自吸泵前 14 阶的固有频率见表 8-3。

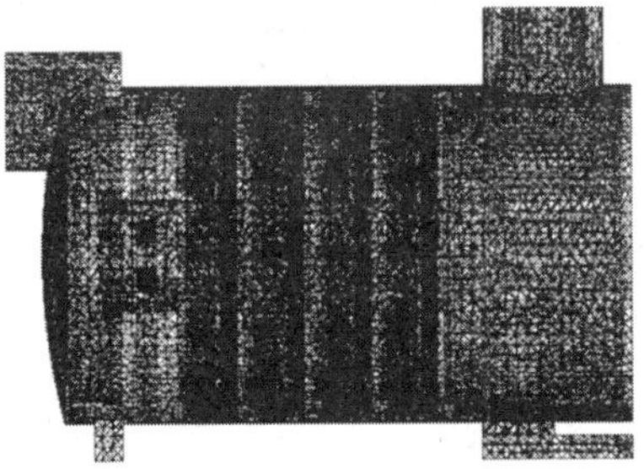

图 8-5　多级自吸泵壳体网格化分

多级自吸泵壳体前 14 阶的固有频率阵型如图 8-6 所示。多级自吸泵结构复杂，在 2000Hz 的范围内，固有模态共有 14 阶。从整体上看，多级自吸泵壳体的变形主要发生进出口区域，在前 7 阶模态变形较小，从第 8 阶模态开始，壳体变形剧烈。这说明了多级自吸泵噪声研究的复杂性，即其产生的声音频率较为复杂，特别是当声音从多级自吸泵内声场通过壳体辐射之后，其宽频噪声会显著增加。

表 8-3　多级自吸泵壳体模态固有频率

模态	1	2	3	4	5	6	7
固有频率/Hz	342.537	532.133	654.735	739.819	876.064	1014.006	1123.165
模态	8	9	10	11	12	13	14
固有频率/Hz	1294.542	1317.469	1468.995	1584.105	1640.795	1863.796	1920.145

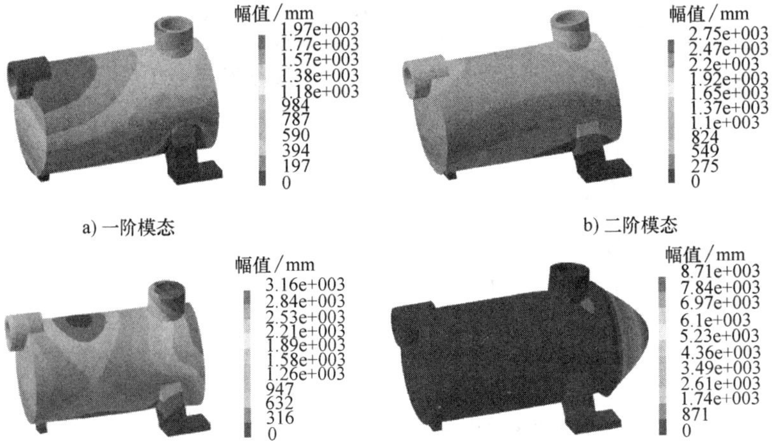

a) 一阶模态　b) 二阶模态　c) 三阶模态　d) 四阶模态

图 8-6　多级自吸泵壳体各阶阵型图

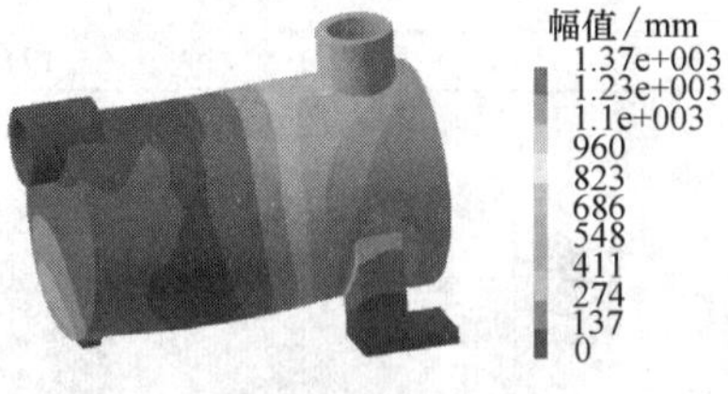

e) 五阶模态

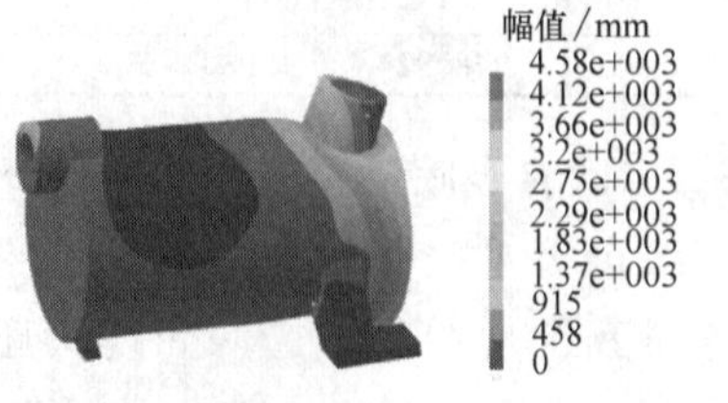

f) 六阶模态

g) 七阶模态

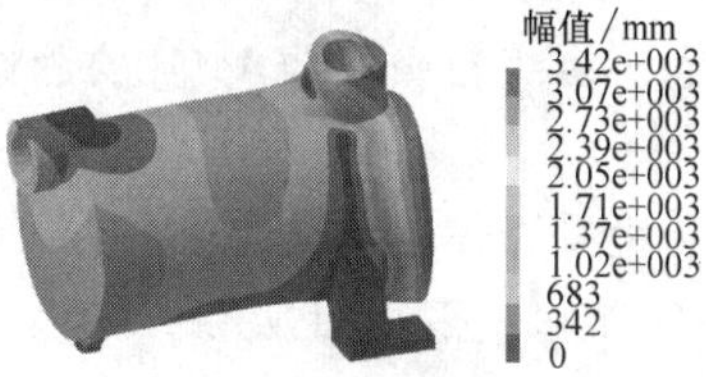

h) 八阶模态

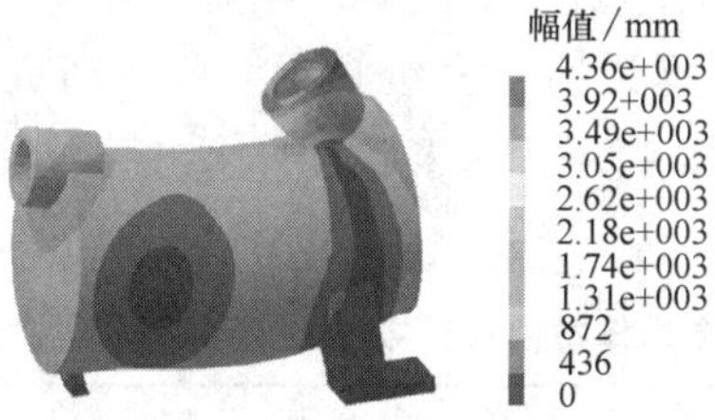

i) 九阶模态

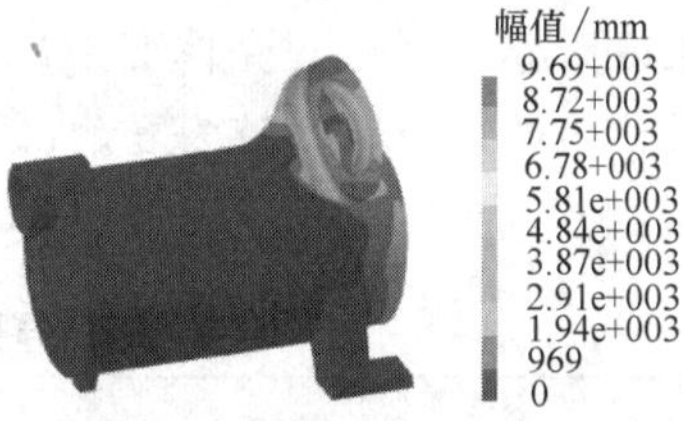

j) 十阶模态

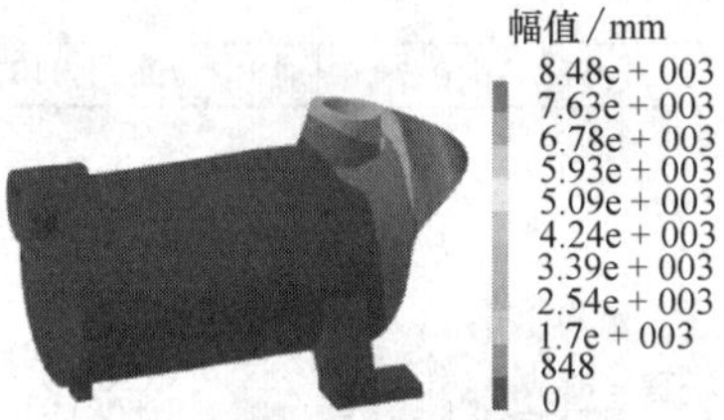

k) 十一阶模态

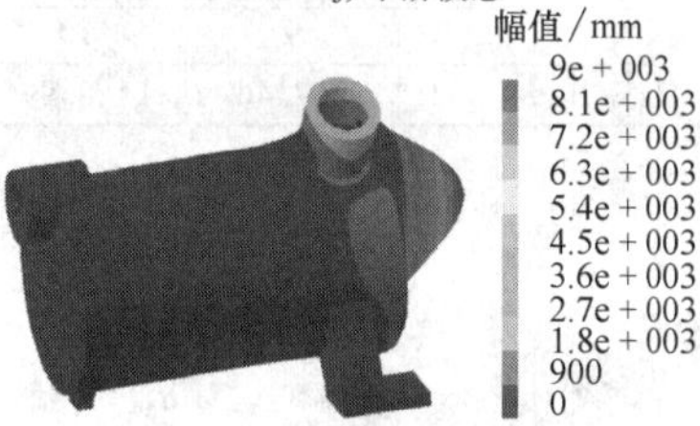

l) 十二阶模态

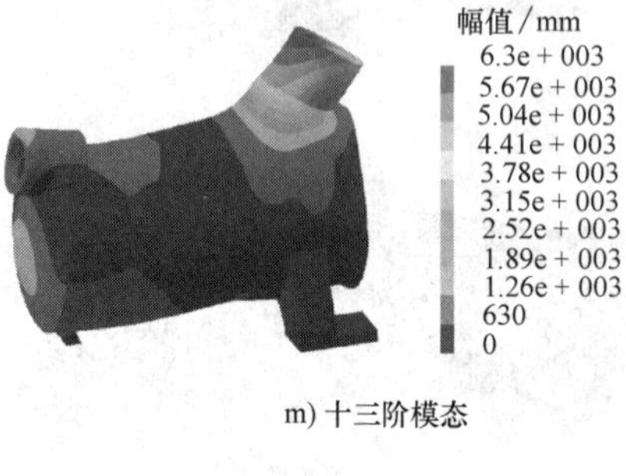

m) 十三阶模态

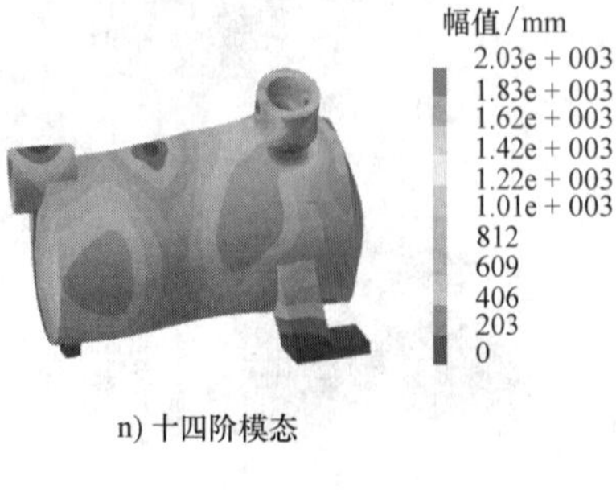

n) 十四阶模态

图 8-6　多级自吸泵壳体各阶阵型图（续）

多级自吸泵压力脉动的幅值主要集中在0～1500Hz，因此对前10阶模态的分析尤为重要，需要考虑模态对振动特性所造成的影响。第7阶模态为1123.165Hz，与3倍叶轮叶频及2倍导叶叶频相当接近，这也是压力脉动幅值较高的频率点。

8.4 多级自吸喷灌泵的内声场计算及分析

声场按类型可以分为内声场和外辐射声场。内声场是指流体被一个封闭固体包络面所包围，声源在封闭的空间中辐射噪声，外声场是指流体在一个封闭的结构或固体的外侧，通过结构或固体的振动向外辐射噪声。对于多级离心泵而言，其内声场可以看作是其泵体内形成的声场，通过泵壳向外辐射，就形成了外辐射声场。

本节采用直接边界元法（DBEM），使用LMS Virtual. Lab软件对多级自吸泵进行内声场计算。叶轮或导叶表面的压力脉动力作为偶极子声源，将多级自吸泵泵体内表面作为声学边界求解，声振耦合在内声场中影响较小，因此在内声场计算中忽略壳体的振动。分析多级自吸泵内声场的情况，找出影响声场分布的因素。

8.4.1 叶片偶极子声源内声场计算及分析

将叶片表面压力脉动力作为偶极子声源，使用LMS Virtual. Lab软件对多级离心泵进行内声场计算，具体步骤为：

1）进入声学边界元模块，定义分析模型的类型为Direct-Interior-Element。导入多级离心泵声学边界元网格，将其划分为四个部分，即进口面、出口面、导叶表面及其他表面，边界元网格如图8-7所示。

2）导入叶片偶极子声源的结果文件，其结果文件先通过导入流体网格和非定常得到的流体压力信息，再通过计算叶片上的集中载荷得到。三个流量点初始时刻的叶片表面压力分布如图8-8所示。

3）定义网格类型为Set as Acoustical，定义流体属性为水，并定义扇声源。

4）进行多级自吸泵的内声场计算。

图8-8中，叶片从进口边到出口，压力值不断增大，叶片工作面和背面的压力值变化不同，叶片工作面压力梯度要比背面大。流量不同，叶片上压力值分布也不同，在$0.8Q_d$极小值区域较大，

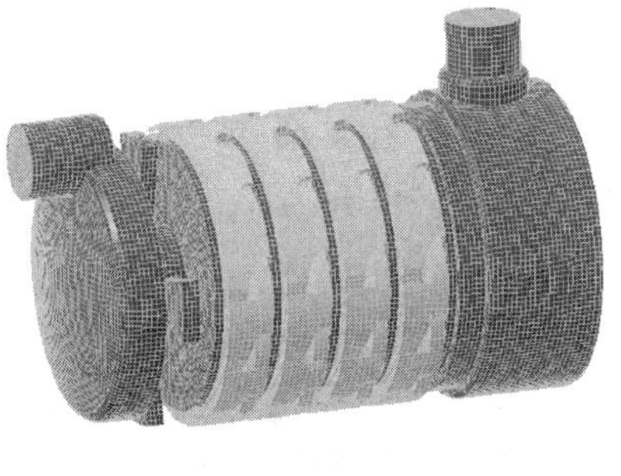

图8-7 多级自吸泵声学边界元网格

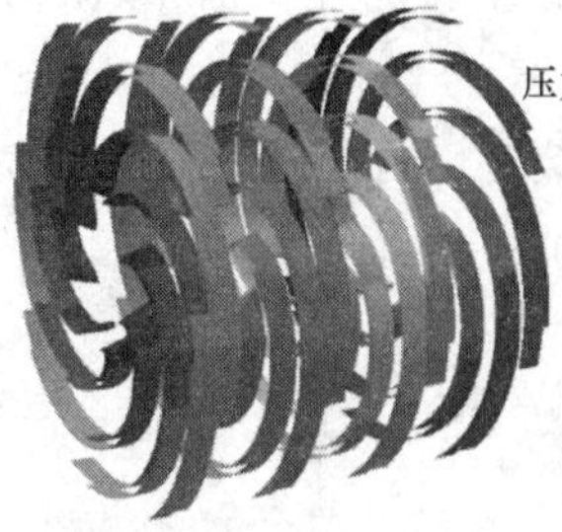

a) $0.8Q_d$

b) $1.0Q_d$

c) $1.2Q_d$

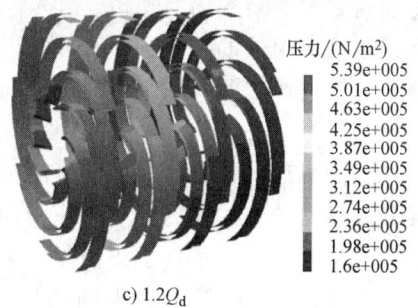

图 8-8　初始时刻的叶轮叶片表面压力分布

在 1.2Q_d极小值区域较小，主要集中在叶轮进口边附近的区域。

定义扇声源时，设置转速为 2800r/min，叶片数为 8。多级自吸泵叶轮叶片偶极子声源声场计算了 5 个频率点，分别为叶轮叶片通过频率 373.333Hz、2 倍叶轮叶频 746.667Hz、3 倍叶轮叶频 1120Hz、4 倍叶轮叶频 1493.333Hz 及 5 倍叶轮叶频 1866.667Hz。多级自吸泵实际运行过程中，泵进、出口与水管连接，因此将其泵体进出口面设置为吸声面。

通过声学计算，得到多级自吸泵叶片偶极子声源的内声场分布。在额定点工况下，对比不同特征频率点的声压级分布，如图 8-9 所示，图中的标尺单位为 dB。

从图 8-9 中可以看出，声压级较大的区域主要集中在导叶表面，低声压区则主要集中在进口端盖和出口端盖区域。从叶轮叶频到 5 倍叶轮叶频，随着频率的增加，声场的声压级梯度越来越明显，泵体不同区域之间的声压级差值变大。在叶轮叶频 373.333Hz，泵体各区域间声压级值相差不大，声压级极大值区域在第二、三级导叶表面；而在 5 倍叶轮叶频 1866.667Hz，声压级梯度明显，声压级极大值区域在第二、三级导叶表面，且靠近正导叶的区域最大，第一、四级导叶表面的声压级值相比第二、三级要小一些，出口端盖区域声压级值最小。此外，在第四级导叶表面区域，部分声压级值较低，特别是 2 倍叶轮叶频 746.667Hz 尤为明显，声压级值比进出口端盖还要小。

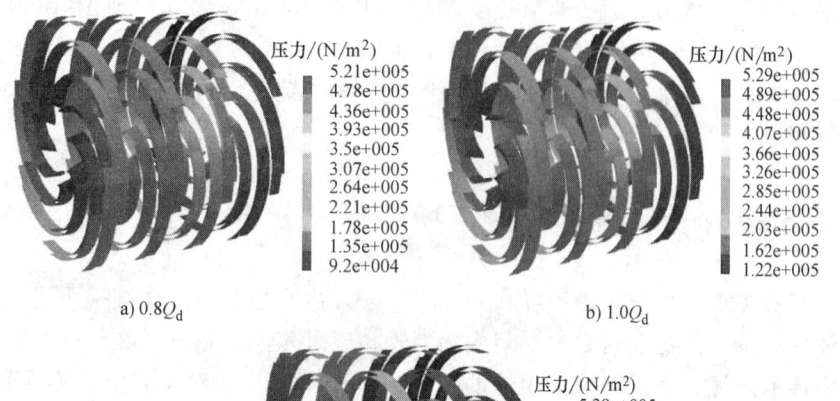

随着频率的增加，除 1120Hz 之外的内声场，多级自吸泵内声场声压级值整体呈现下降的趋势，4 倍叶轮叶频和 5 倍叶轮叶频的声压级值明显小于前三阶，这表明声压级值较大的频率段在低频段。在 1120Hz，泵体整体的声压级值最大，集中在第二级正导叶及第三级反导叶区域。1120Hz 既是 3 倍叶轮叶频，也是 2 倍导叶叶频，其声压级值有所增加。

综上所述，在设计点 4.8m^3/h 下，进、出口端盖区域声压级值最小。导叶是重要的过流部件，流体在导叶流道内压能和动能进行转换，导叶区域声压级值较大，且声压分布复杂。在 2 倍叶轮叶频 746.667Hz，第四级导叶区域声压级值最低。在 3 倍叶频 1120Hz，其总体声压级值最大，这是受到叶轮与导叶共同作用。

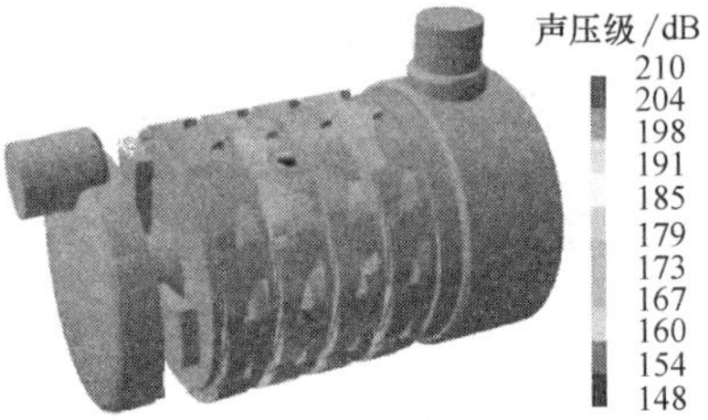

a) 373.333Hz

b) 746.667Hz

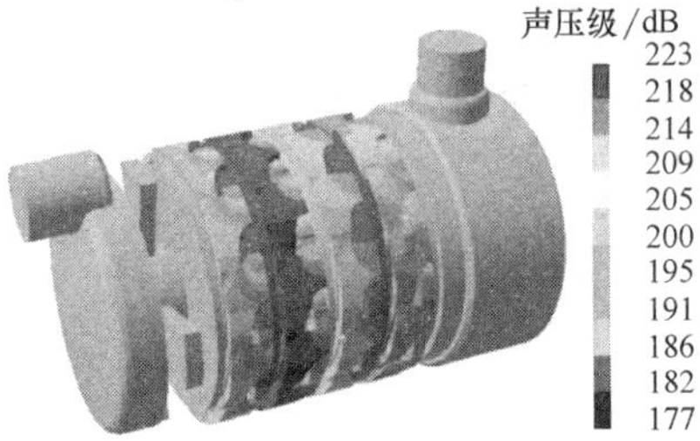

c) 1120Hz

d) 1493.333Hz

e) 1866.667Hz

图 8-9　额定流量下叶片偶极子声源内声场声压级分布

对多级自吸泵设计点的内声场分析可知，373.333Hz 和 1120Hz 为声压级值较大的频率点，因此，将这两个频率点的不同工况进行比较。声场计算得到三个流量点的多级自吸泵内声场声压级分布。在三个流量下，373.333Hz 和 1120Hz 两个频率点的声压级分布如图 8-10 和图 8-11 所示。

对比图 8-9 和图 8-10，随着流量的增加，多级自吸泵内声场声压级分布基本不变，声压级值变化不大。由导叶向两边的进出口端盖方向，声压级值总体上逐渐减小。声压级最大值随流量的增大略微增加，声压级最小值随流量的增大先增加后减小。在 $1.0Q_d$下，声压级最大值与最小值差值最小。第四级正导叶区域存在较低的声压级值，与周围区域相比，相差 10dB 左右。

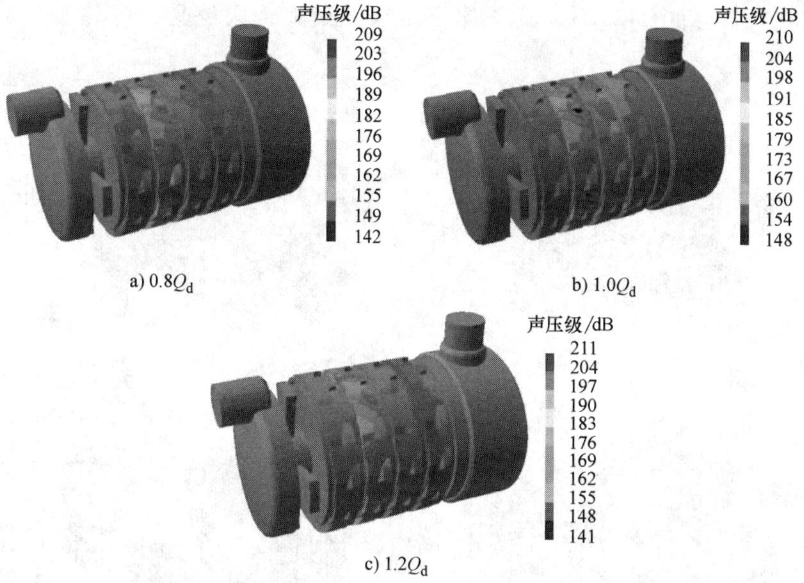

图 8-10　373.333Hz 叶片偶极子声源内声场声压级分布

对比图 8-8 和图 8-11，声压级极大值区域在第二级正导叶和第三级反导叶表面，且第二级正导叶声压级值更大。随着流量的增加，内声场声压级最大值基本不变，仅仅在 $1.2Q_d$增加了 1dB。内声场声压级值最小值随流量的增长略微增加，变化值为 2dB。这主要是由于三个流量点较为接近，且在最优工况点附近，流态比较稳定，声压分布较为稳定。由于动静干涉发生于叶轮与导叶交接处，导叶成为声压级极大值区域。通过对叶轮叶频及 3 倍叶轮叶频的声场分析，可知额定流量点附近的工况，声压级分布变化不大。

8.4.2　导叶偶极子声源内声场计算及分析

将导叶表面压力脉动力作为偶极子声源，使用 LMS Virtual. Lab 软件对多级自吸泵进行内声场计算，具体步骤为：

1）进入声学边界元模块，模型类型设置为 Direct-Interior-Element。

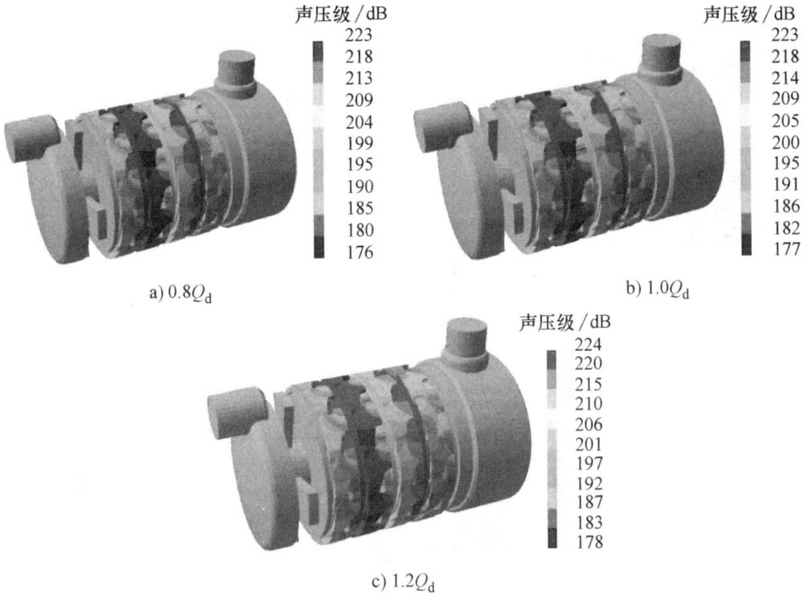

a) $0.8Q_d$ b) $1.0Q_d$ c) $1.2Q_d$

图 8-11 1120Hz 叶片偶极子声源内声场声压级分布

2）导入多级自吸泵边界元网格，定义为声学网格，流体属性为水，划分为进口、出口、导叶及其他四个表面。

3）导入场点网格，设置在泵体进出口附近，如图 8-12 所示。

4）导入导叶偶极子声源的文件，进行数据映射，将导叶表面压力转移到边界元网格上。三个流量点初始时刻的导叶表面压力分布如图 8-13 所示。

5）进行多级自吸泵的声场及场点计算。

图 8-12 多级自吸泵内声场场点设置

在图 8-13 中，同一导叶的不同流道，其压力分布不同，叶轮流道与导叶流道的相对位置导致部分导叶流道表面压力值较大，部分导叶流道表面压力值较小。从第一级导叶到第四级导叶，其表面压力值逐渐增加，极小值主要集中于正导叶叶端表面。随着流量增加，导叶表面压力梯度逐渐减小。在声场设置过程中，泵体的进出口面设置为全吸声边界。由前面叶片

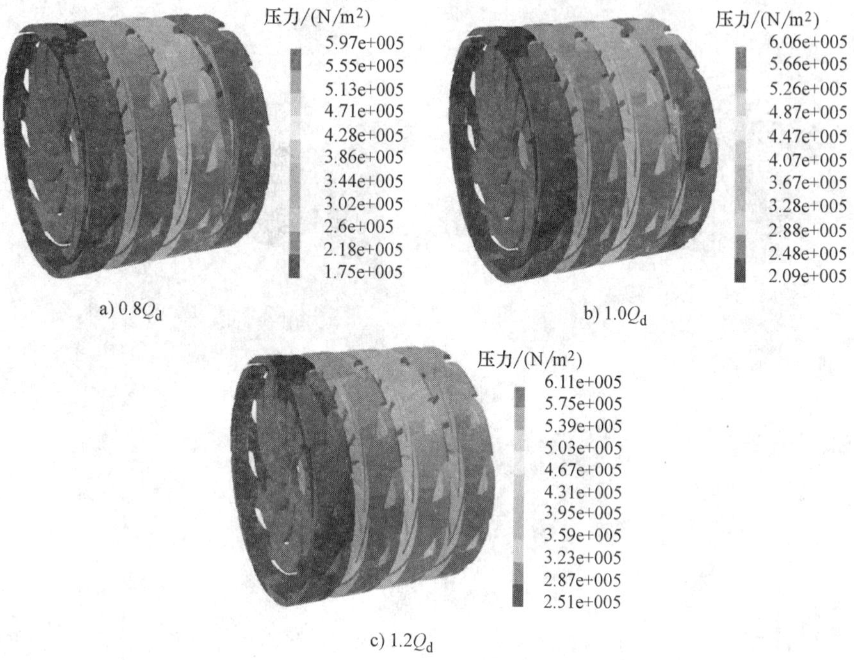

图 8-13　初始时刻导叶表面压力分布

偶极子声源内声场的声压分布分析可知，压力脉动频率主要集中在低频段，因此偶极子声源内声场的频率计算范围设置为 0～2000Hz，每一个计算频率点的间隔设为轴频的一半 23. 333Hz，总共计算 86 个频率点。

在额定流量工况（1. 0Q_d）下，选取特征频率点进行声压级分布的分析，分别为轴频（46. 667Hz）、叶轮叶频（373. 333Hz）及其倍频、导叶叶频（560Hz）及其倍频，声压级分布如图 8-14 所示。从图中可以看出，除叶轮叶频 373. 333Hz 外，其他频率的声压级极大值区域主要集中在导叶表面，不同级的声压级值有所不同，声压级极小值区域在进出口端盖表面。在叶轮叶频 373. 333Hz 下，声压级极大值区域在进口端盖和第一级导叶表面，沿第一级导叶到出口端盖的方向，声压级值逐渐减小。在导叶叶频 560Hz 下，声压级极大值区域在导叶表面，但同时也出现导叶部分区域声压级值较小。

在轴频下，声压级的最大和最小值分别为 148dB 和 142dB，差值仅为 6dB，声压级变化不大；而其他频率的声压级差值较大，在 3 倍导叶叶频下，声压级差值最大，其值为 71. 1dB。在叶轮叶频的倍频下，其声压级值要显著提高，这表明叶轮叶频是影响声压级分布的主要频率。在导叶叶频的倍频下，除 2 倍导叶叶频 1120Hz，其他声压级值较低。在 1120Hz 下，其声压级值较大，最大值为 190dB。1120Hz 同时也是 3 倍叶轮叶频，这表明在多级自吸泵中，若某一频率既是叶轮叶频的倍频，也是导叶叶频的倍频，其声压级值会显著增强。

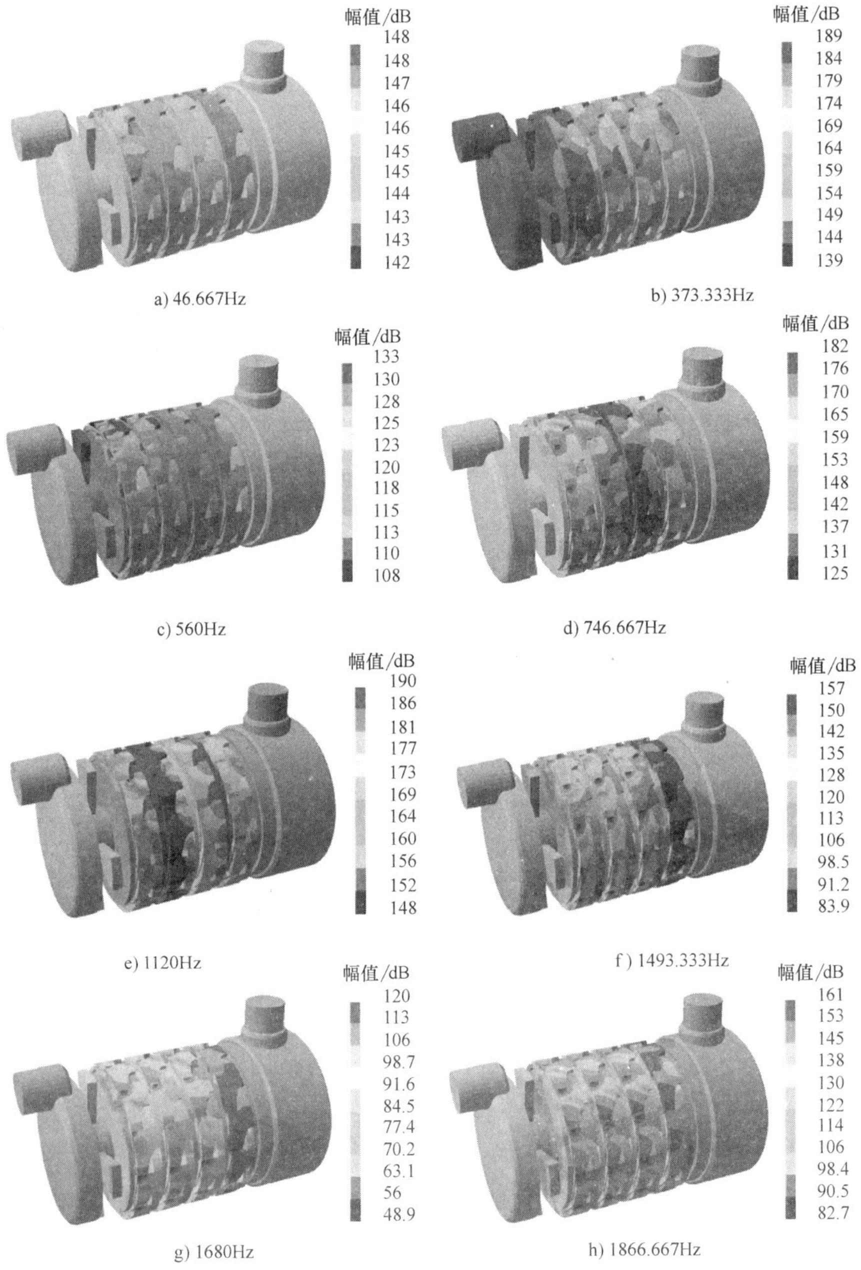

图 8-14　额定流量下导叶偶极子声源内声场声压级分布

由图 8-14 可知，在叶轮叶频下，其声压级值较大，且在导叶与叶轮叶频最小公倍数 1120Hz，其声压级值最大。因此，在不同流量工况下，选择 373. 333Hz 和 1120Hz 这两个特征频率，进行多级自吸泵内声场声压级分布的比较。在 $0.8Q_d$、$1.0Q_d$和 $1.2Q_d$下，373. 333Hz 和 1120Hz 两个频率点的声压级分布如图 8-15 和图 8-16 所示。

由图 8-15 可以看出，在不同流量工况下，多级自吸泵的声压级分布不同。在 $0.8Q_d$下，声压级极大值区域在第四级导叶表面，其次在进出口端盖和第一级导叶表面，而出口端盖区域声压级值最小。在 $1.0Q_d$下，声压级极大值区域在进出口和第一级导叶表面；在 $1.2Q_d$下，声压级极大值区域在第四级导叶表面，极小值区域在第三级表面。在 $1.0Q_d$ 下，声压级的极大值达到最小，表明额定流量工况下多级自吸泵的噪声最小。此外，在 373. 333Hz 下，多级自吸泵的内声场分布随流量的变化略有差别，但整体相差不大。

图 8-16 的内声场声压级分布可以看出，在不同流量下，1120Hz 声压级极大值区域主要集中在第二级正导叶和第三级反导叶表面，在进、出口端盖区域声压级值较小。随着流量增加，声压级最大值变化不大，而声压级最小值先增加后减小。三个流量工况下声压级最小值分别为 129dB、148dB、137dB，差值最大为 19dB，说明在额定流量 $1.0Q_d$下，1120Hz 的声压能量最大。

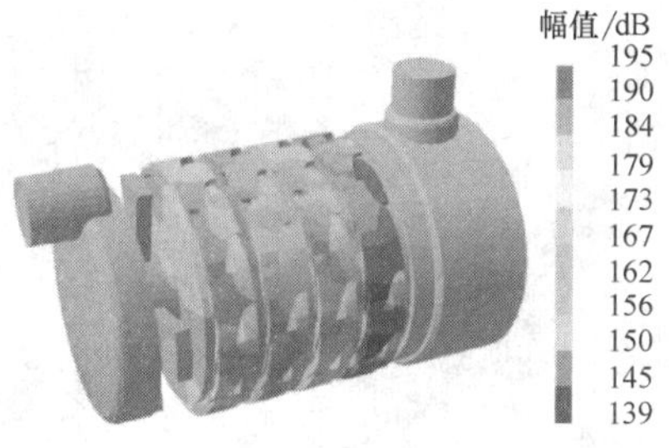

a) $0.8Q_d$

b) $1.0Q_d$

c) $1.2Q_d$

图 8-15　373. 333Hz 导叶偶极子声源内声场声压级分布

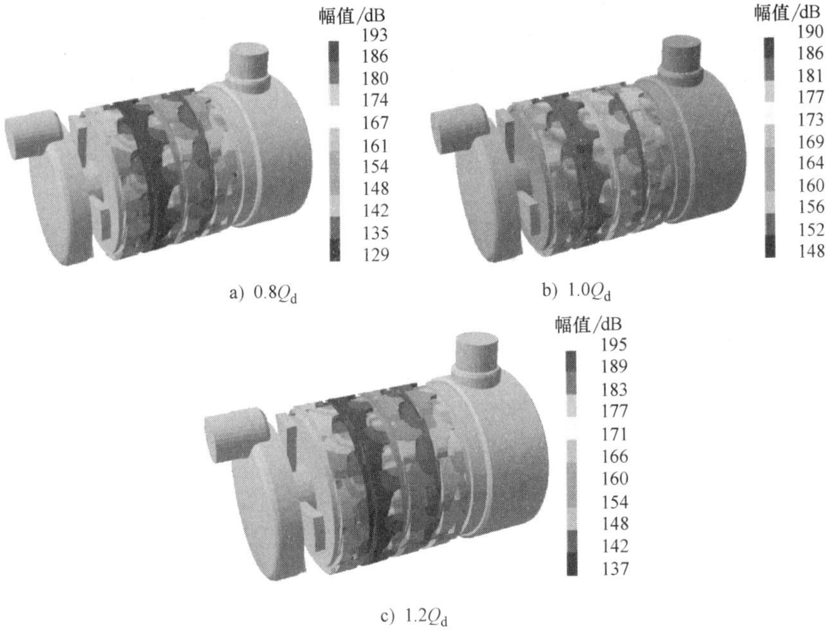

图 8-16　1120Hz 导叶偶极子声源内声场声压级分布

8.4.3　多级自吸喷灌泵的内声场频率响应分析

在进、出口设置两个场点，分析其声压级频率响应特性。在不同流量工况下，导叶偶极子声源内声场的进、出口场点频率响应曲线如图 8-17 所示。从图中可以看出，在 2000Hz 范围内，特征值 373.333Hz、746.667Hz、1120Hz 波峰明显，分别对应叶轮叶频、2 倍叶轮叶频及 3 倍叶轮叶频值。1120Hz 同时也是 2 倍导叶叶频，且其声压级值要比 2 倍叶轮叶频大，但导叶叶频 560Hz 的波峰并不明显，表明导叶叶片数对内声场影响较小，却会加强 1120Hz 下的声压级值。在 1120Hz 之后的声压级频率响应，波形较为杂乱，但声压级值要比三个特征值低。从整体上看，声压级值的范围大致在 60 ~ 180dB 之间。

在不同流量工况下，声压级频率响应趋势基本一致，波形也大致相同，表明在额定流量工况附近，流量对内声场声压级频率响应的影响较小，波形主要与水体结构有关。对于 0.8Q_d、1.0Q_d工况下的叶轮叶频及其倍频的声压级值，泵体进口的声压级值比出口大，叶轮叶频的进、出口声压级差值最大为 11.52dB；2 倍叶轮叶频的进、出口场点差值最大为 16.33dB，而叶轮叶频的进、出口最大差值为 2.08dB。在 1.2Q_d工况下，进、出口场点声压级值大不相同，在叶轮叶频及 2 倍叶轮叶频下，泵体出口场点声压级值要比进口大，差值分别为 1.58dB 和 2.47dB。在 3 倍叶轮叶频下，泵体出口声压级值比进口小，差值为 3.25dB。

综上所述，在不同流量工况下，声场影响较大的频率主要集中在低频段，在1200Hz之后波形紊乱，且声压级值明显减小。流量对声压级频率响应的影响较小，叶轮叶频、2倍叶轮叶频及3倍叶轮叶频是其特征值。进、出口场点的声压级频率响应曲线波形相似，但声压级值相差较大。

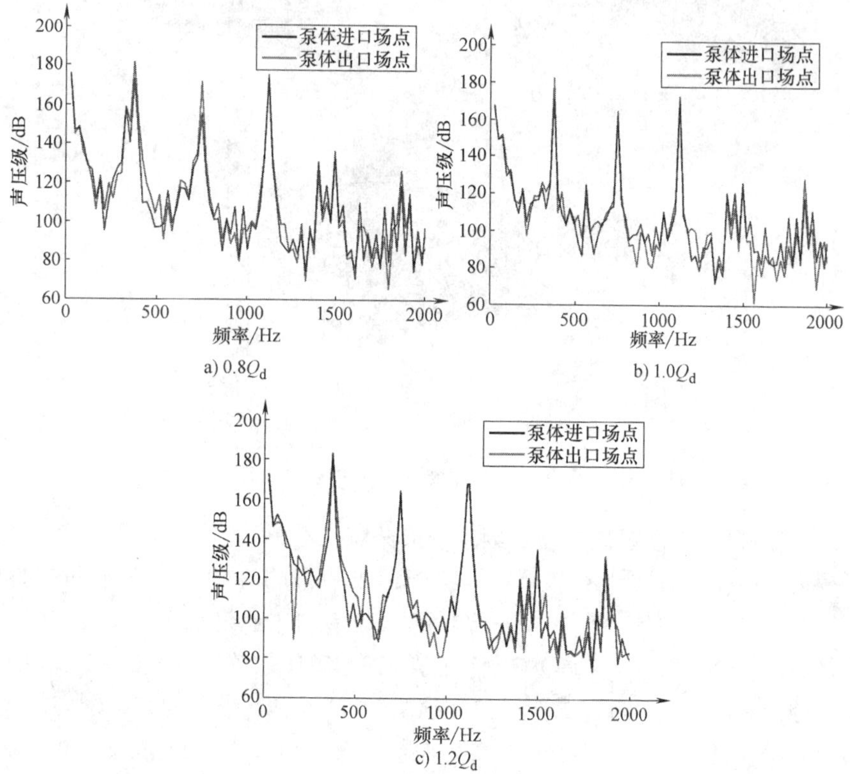

图 8-17　不同流量下泵体进、出口场点声压级频率响应

8.5　多级自吸喷灌泵的外声场计算及分析

8.5.1　外辐射声场计算

前面对多级自吸泵壳体进行了模态分析，并将计算结果保存。本节将采用间接边界元法（IBEM），导入壳体结构模态，进行多级自吸泵声振耦合的外辐射声场计算。

将导叶表面压力脉动力作为偶极子声源，导入结构模态进行声振耦合，具体步骤为：

1）进入声学边界元模块，定义分析类型为 Indirect。

2）导入多级自吸泵壳体结构及有限元网格，定义材料为 PPO，网格类型设置为 Set as Structural，导入结构模态，添加模态阻尼。

3）导入多级自吸泵边界元网格，网格类型设置为 Set as Acoustical，流体属性为空气，划分为进口、出口、导叶及其他四个表面。导入导叶偶极子声源的文件，进行数据映射，将导叶表面压力转移到边界元网格上。

导入场点网格，进行多级自吸泵声振耦合外辐射声场计算。在多级自吸泵的外部设置场点网格，通过场点的声压分布来分析多级自吸泵外辐射声场的特性。多级自吸泵球面场点如图 8-18 所示，球心为泵体中心，大致在第二级与第三级导叶之间，球面半径为 500mm。多级自吸泵平面场点如图 8-19 所示，设置两个过泵体中心的平面场点，分别为 X 平面和 Y 平面。X 平面为正视图，与泵体进口相对；Y 平面为侧视图，过泵体中心线。

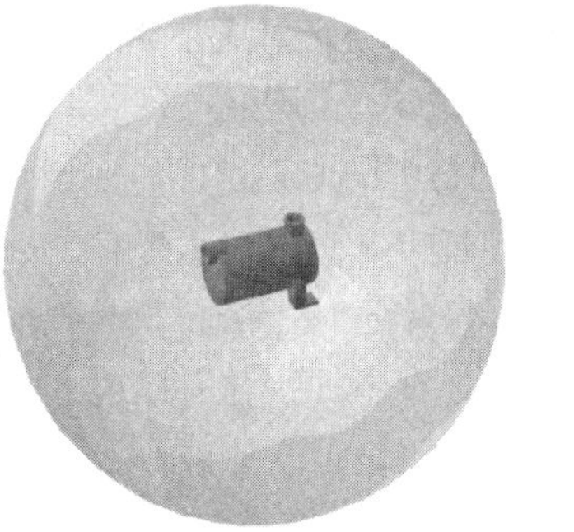

图 8-18　多级自吸泵球面场点设置

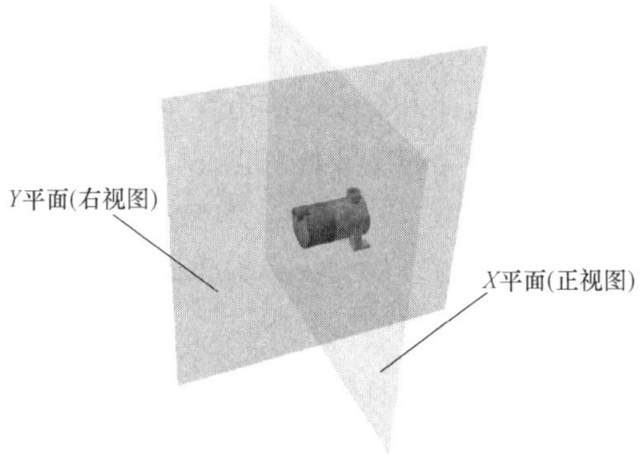

图 8-19　多级自吸泵平面场点设置

多级自吸泵指向性场点如图 8-20 所示。指向性场点与 X 平面重合，所形成的圆形半径为 500mm，圆心为泵体中心，场点间隔角度为 10°，共有 36 个点，泵体最上方的点计为 0°。

8.5.2　声场指向性分布分析

在泵体外围设置半径 500mm 的指向性场点，不同流量的外辐射声场指向性分布如图 8-21 所示。从图中可以看出，外辐射声场具有偶极子特征，每个频率点的指向性分布都存在最大值和最小值；从最大值的点往两侧方向，声压级值有逐渐减小的趋势。

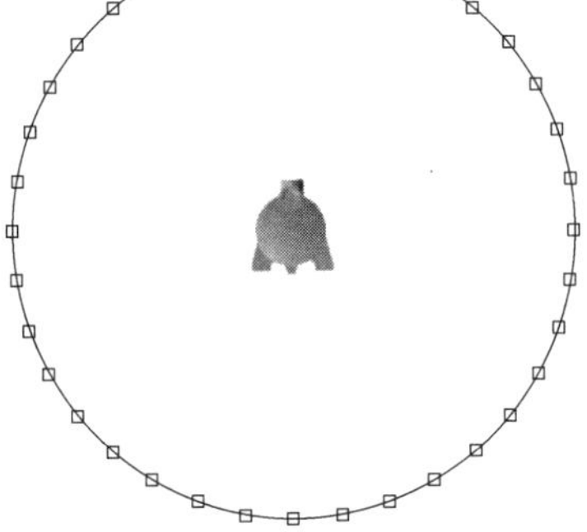

图 8-20　多级自吸泵指向性场点设置

在 $0.8Q_d$ 下，叶轮叶频 373.333Hz 在

0°～170°的范围内声压级值最大，且最大值为129.95dB，处在80°附近；3倍叶轮叶频1120Hz在170°～360°的范围内声压级值最大，最大为125.17dB，在340°附近。导叶叶频560Hz的声压级值最小，最小值为66.33dB，在250°附近。可以看出，与叶轮叶片数相比，导叶叶片数对外辐射声场的影响较小，但是对1120Hz的声压级值有一定加强。

在1.0Q_d下，1120Hz在150°～210°的范围内声压级值最大，处于泵体底座附近，最大为126.25dB；在其他范围内，373.333Hz声压级值最大，最大为128.30dB。46.667Hz、560Hz、1680Hz的声压级值较小，分别对应轴频、导叶叶频和3倍导叶叶频。

在1.2Q_d下，叶轮叶频373.333Hz的声压级值最大，最大值130.90dB，在110°左右，靠近泵体底座。导叶叶频560Hz的声压级值最小，最小值67.15dB，在260°左右。

图8-21中，所有频率的声压级差值都在25dB以内。在0.8Q_d下，不同频率的声压级差值较小，746.667Hz的声压级差值最大，在230°声压级值减小明显，声压级最大值与最小相差24.77dB。在1.0Q_d下，560Hz、1680Hz的声压级差值较大，差值分别为21.43dB、21.38dB。在1.2Q_d下，560Hz、1120Hz、1680Hz声压级差值分别为24.13dB、22.64dB、20.97dB，在130°～160°附近声压级值减小明显。

由以上分析可知，外辐射声场指向性分布中，叶轮叶频与3倍叶轮叶频的声压级值较大。在不同流量下，不同频率的声场指向性分布不同。与有蜗壳的单级离心泵不同，多级自吸泵叶轮与导叶结构对称，所以声压级值变化较小，泵体底座附近声压级值变化较大。

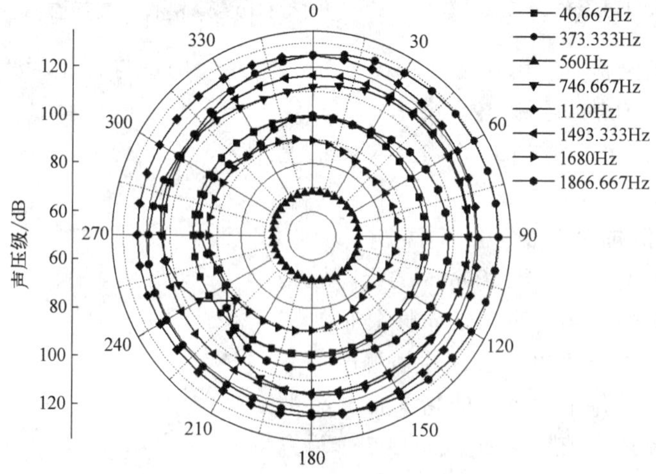

a) 0.8Q_d

图8-21 外辐射声场指向性分布

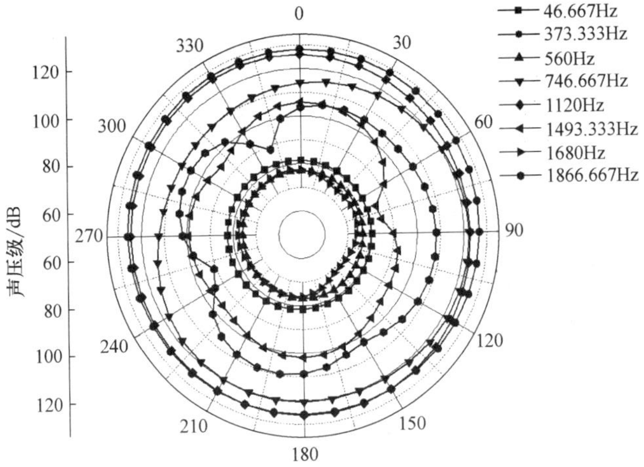

b) $1.0Q_d$

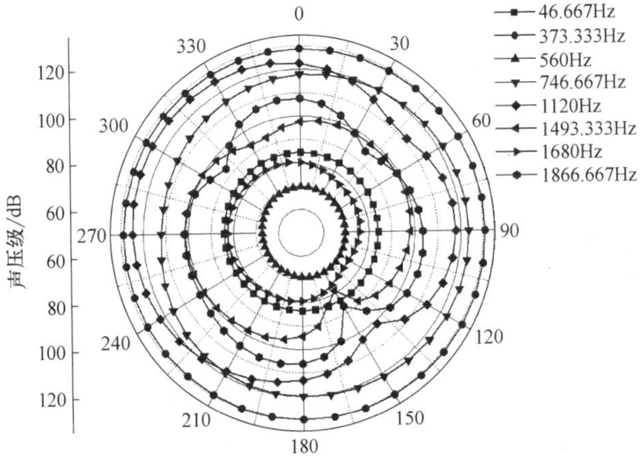

c) $1.2Q_d$

图 8-21 外辐射声场指向性分布（续）

8.5.3 球面场点声压级分布

半径为 500mm 的球面场点声压级分布如图 8-22 所示，选择正对 X 轴与正对 Y 轴的两个方向进行分析比较，以正对 X 轴的球面作为泵体正视图，正对 Y 轴的球面作为泵体右视图。

从声场指向性分布分析可知，在 373.333Hz、746.667Hz 及 1120Hz 下声压级值较大，因此对比不同流量下三个特征频率的球面场点声压级分布，分别如图 8-23～图 8-25 所示。从图中可以看出，在三个流量工况下，叶轮叶频 373.333Hz 下的声压级最大值分别为 127dB、125dB、128dB，随流量增加表现为先降后增的趋势。3 倍叶轮叶频 1120Hz 声压级最大值比 373.333Hz 小一些，2 倍

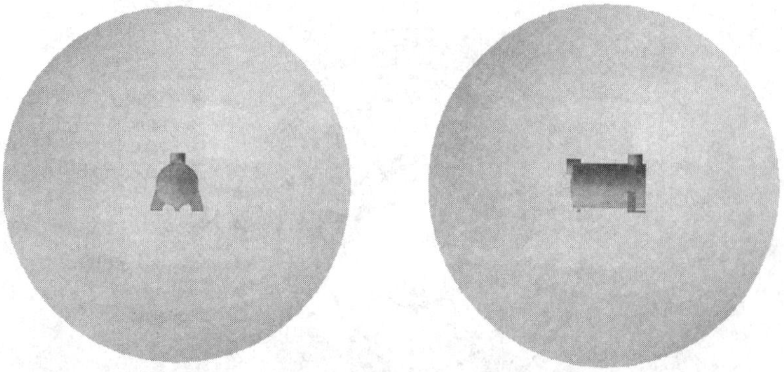

a) 正对X轴的球面　　b) 正对Y轴的球面

图 8-22　球面场点声压级分布的分析方向

叶轮叶频 746.667Hz 最小，声压级最大值分别为 114dB、119dB、121dB，随流量的增大逐渐增加。

图 8-23 为 $0.8Q_d$ 球面场点声压级分布，373.333Hz 下的声压级分布，声压级值极大区域在泵体左侧，泵体右侧靠近底座的区域声压级值极小。746.667Hz 的

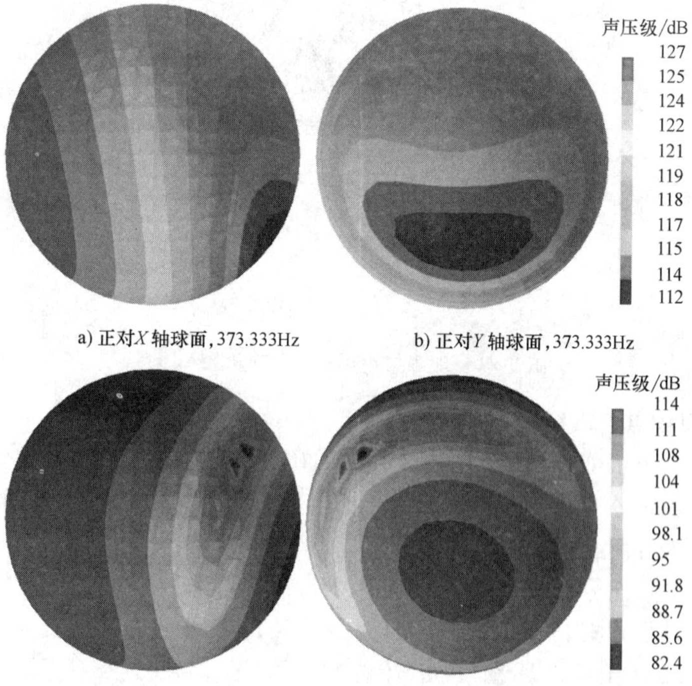

a) 正对X轴球面，373.333Hz　　b) 正对Y轴球面，373.333Hz

c) 正对X轴球面，746.667Hz　　d) 正对Y轴球面，746.667Hz

图 8-23　$0.8Q_d$ 下球面场点声压级分布

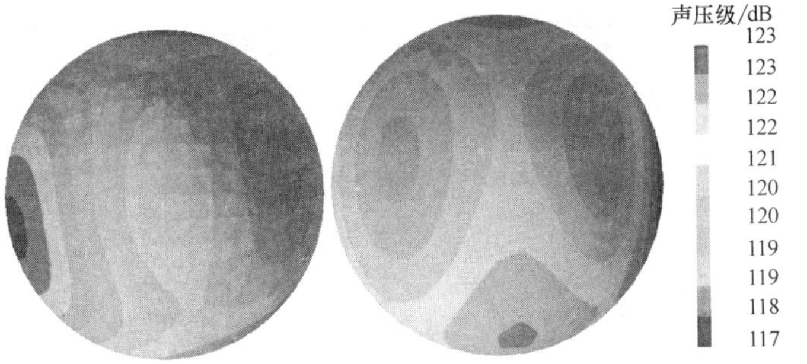

e) 正对X轴球面，1120Hz　　f) 正对Y轴球面，1120Hz

图 8-23　0.8Q_d下球面场点声压级分布（续）

声压级极大值区域在泵体左半面球面及右侧靠近底座，其余区域声压级值较小。1120Hz 的声压级分布较前两个特征频率不同，声压级极大值区域在泵体上方、后方及底座，泵体的左侧和右侧存在对称的声压级极小值区域。

图 8-24 为 1.0Q_d球面场点声压级分布，373.333Hz 声压级极大值区域在泵体底座，声压级极小值区域在泵体上方，而 746.667Hz 的声压级分布完全相反，泵体底座区域声压级值极小，泵体左侧上方的区域声压级值极大。1120Hz 的声压

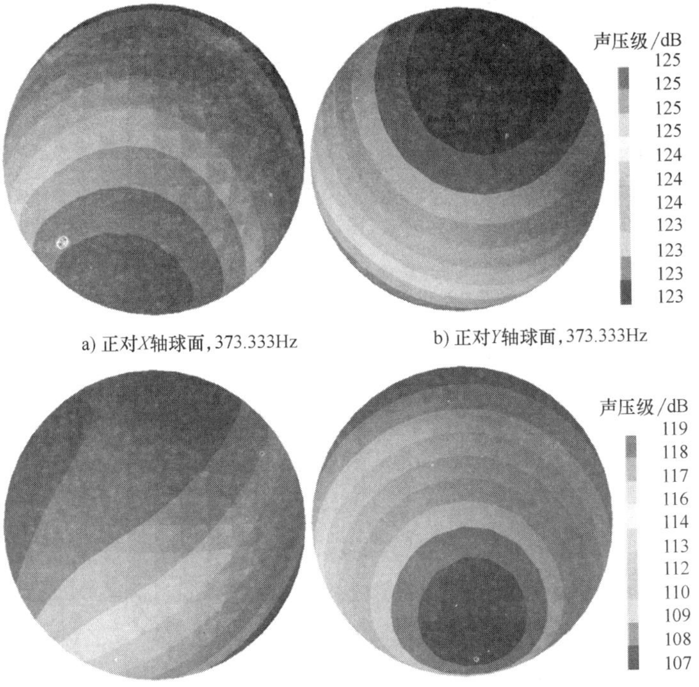

a) 正对X轴球面，373.333Hz　　b) 正对Y轴球面，373.333Hz

c) 正对X轴球面，746.667Hz　　d) 正对Y轴球面，746.667Hz

图 8-24　1.0Q_d下球面场点声压级分布

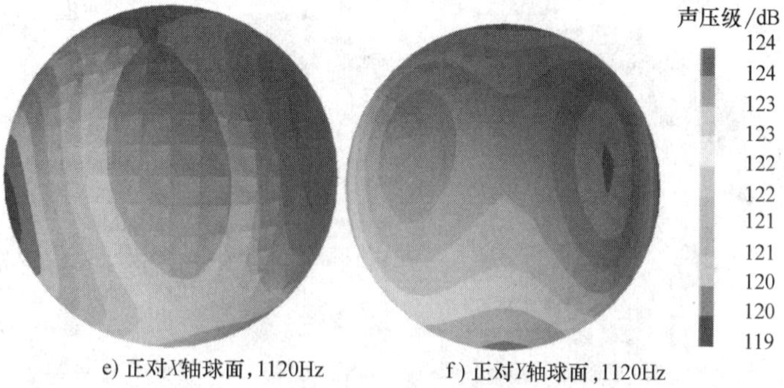

图 8-24　1.0Q_d下球面场点声压级分布（续）

级分布与 0.8Q_d的分布相似，泵体两侧呈现对称的声压级分布，声压级极大值区域在泵体上方、后方及底座。

图 8-25 为 1.2Q_d球面场点声压级分布，可以看出，373.333Hz 和 746.667Hz 的声压级分布较为相似，泵体左侧上方区域存在声压级极大值，而极小值主要在泵体右侧靠近底座的区域，1120Hz 的声压级极大值区域主要在右侧球面区域。

8.5.4　平面场点声压级分布

平面场点为边长 1000mm 的正方形区域，中心与泵体中心一致，选取特征频

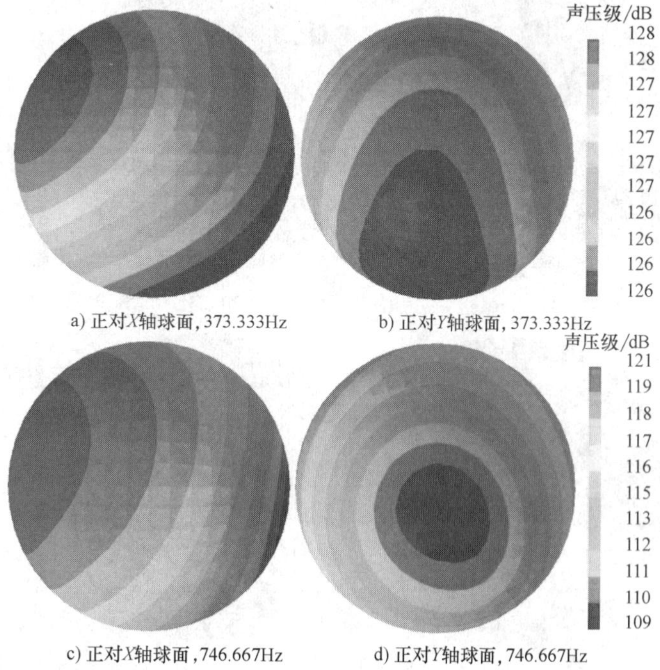

图 8-25　1.2Q_d下球面场点声压级分布

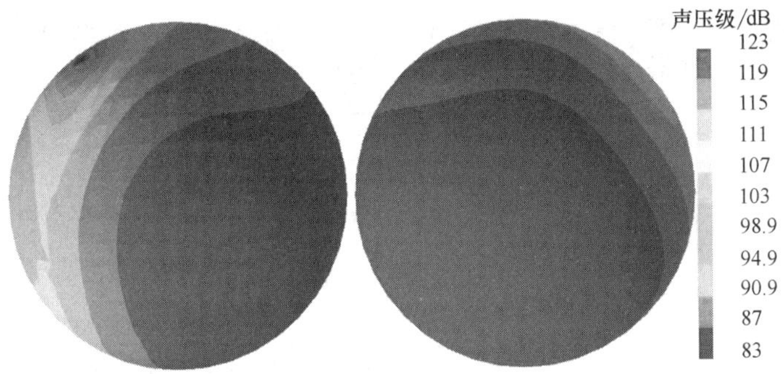

e) 正对X轴球面，1120Hz　　f) 正对Y轴球面，1120Hz

图 8-25　$1.2Q_d$下球面场点声压级分布（续）

率值 373.333Hz、746.667Hz、1120Hz，对 X 平面和 Y 平面进行外辐射声场的声场分布分析。在不同流量工况下，多级自吸泵外辐射声场的平面场点声压级分布如图 8-26～图 8-28 所示。

声压级值在泵体附近最大，随着离泵体的距离越来越大，声压级值越来越小。此外，越靠近泵体区域，声压级分层越多，声压级梯度越大。X 平面的声压

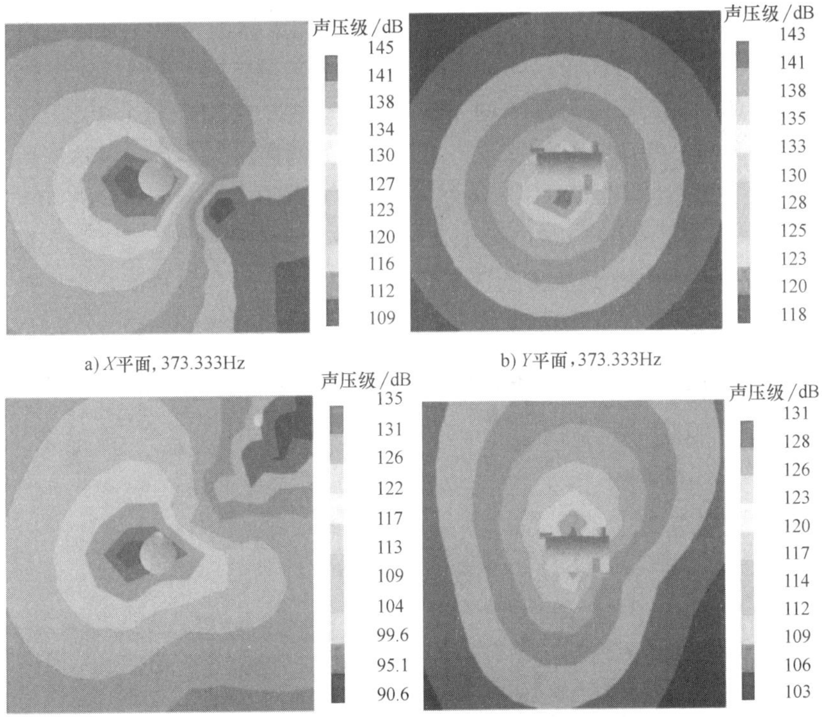

a) X平面，373.333Hz　　b) Y平面，373.333Hz

c) X平面，746.667Hz　　d) Y平面，746.667Hz

图 8-26　$0.8Q_d$下平面场点声压级分布

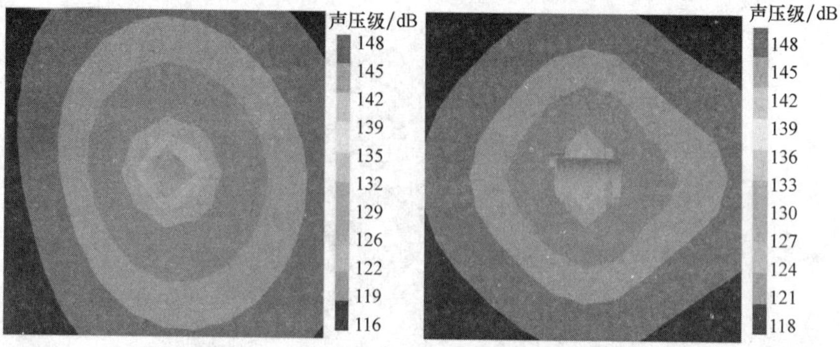

e) X平面，1120Hz　　f) Y平面，1120Hz

图 8-26　0.8Q_d下平面场点声压级分布（续）

级极大值要略微大于 Y 平面的声压级极大值。从 X 平面的声压级分布可以看出，声压级极大值区域集中在泵体的两侧，而 Y 平面的声压级极大值区域集中在泵体中部区域，即导叶第二级与第三级中间的区域声压级值最大。

图 8-26 为 0.8Q_d 平面场点声压级分布，X 平面与泵体的正视图对应，373.333Hz 的声压级极大值区域主要在泵体的左侧，泵体右侧靠近底座有明显的低声压级区；746.667Hz 的声压级极大值区域亦在泵体的左侧，泵体右侧上方存在低声压级区域；1120Hz 的声压级分布较为均匀，泵体两侧的声压级梯度要比泵体上下方的大。Y 平面与泵体的左视图对应，373.333Hz 和 1120Hz 的声压级近似为等距分布；在 746.667Hz 下，泵体上下方的声压级梯度比泵体两侧大。

图 8-27 为 1.0Q_d平面场点声压级分布，在 373.333Hz 下，X 平面与 Y 平面声压级基本等距均匀分布。在 746.667Hz 下，X 平面的声压级极大值区域在泵体左侧，且声压梯度大；Y 平面的声压级极大值区域在泵体的上方，声压级梯度较大。在 1120Hz 下，X 平面泵体两侧的声压级梯度较大；Y 平面泵体上下方的声压级梯度较大。

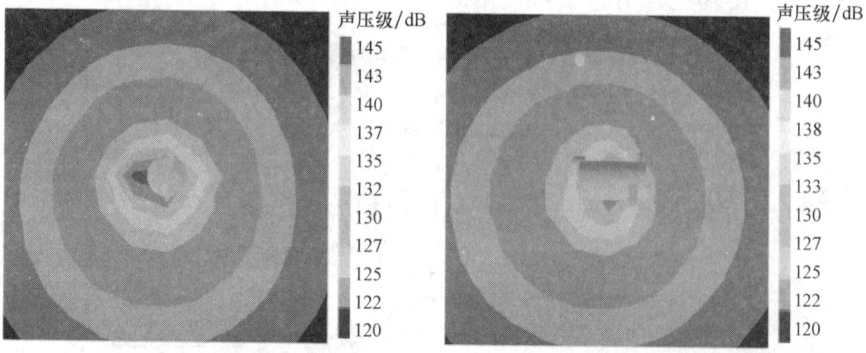

a) X 平面，373.333Hz　　b) Y 平面，373.333Hz

图 8-27　1.0Q_d下平面场点声压级分布

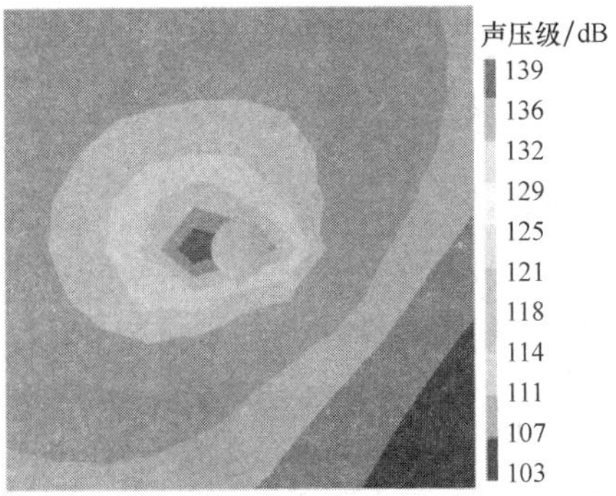

c) X 平面，746.667Hz

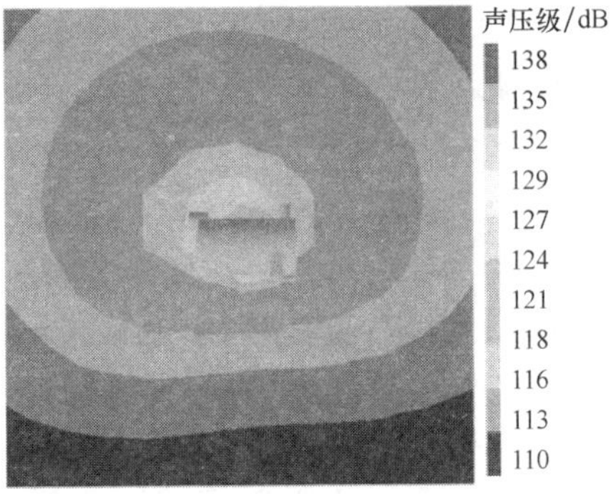

d) Y 平面，746.667Hz

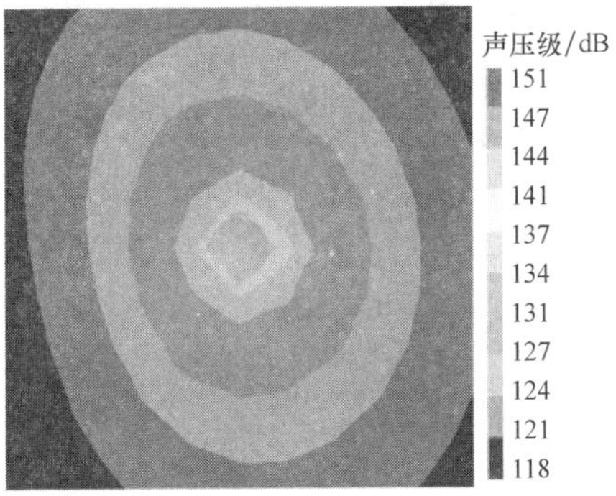

e) X 平面，1120Hz

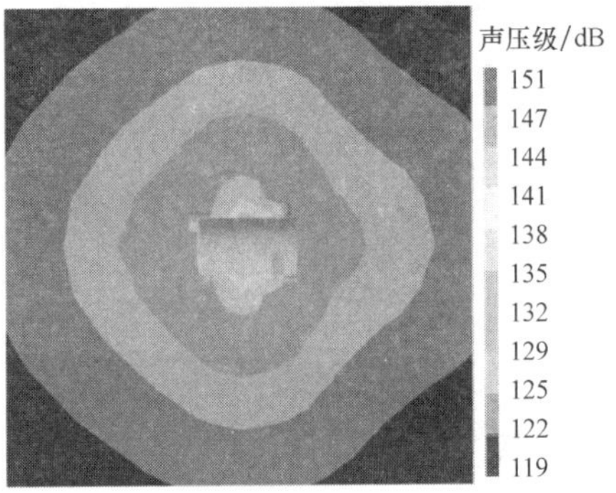

f) Y 平面，1120Hz

图 8-27　1.0Q_d下平面场点声压级分布（续）

图 8-28 为 1.2Q_d平面场点声压级分布，在 373.333Hz 下，X 平面与 Y 平面声压级呈等距离分布。在 746.667Hz 下，X 平面泵体左侧的声压级梯度较大；Y 平面泵体的上方声压级梯度较大。在 1120Hz 下，X 平面的声压级极大值区域在泵体右侧区域，泵体左侧上方存在低声压级区域；Y 平面上方声压级值较小，在下方的声压级值和声压梯度都较大。

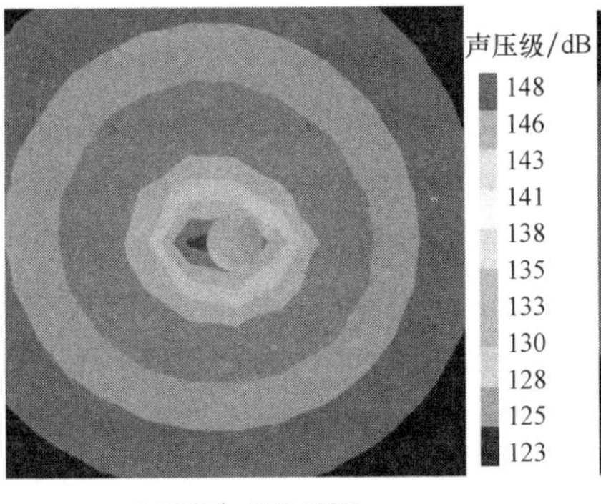

a) X 平面，373.333Hz

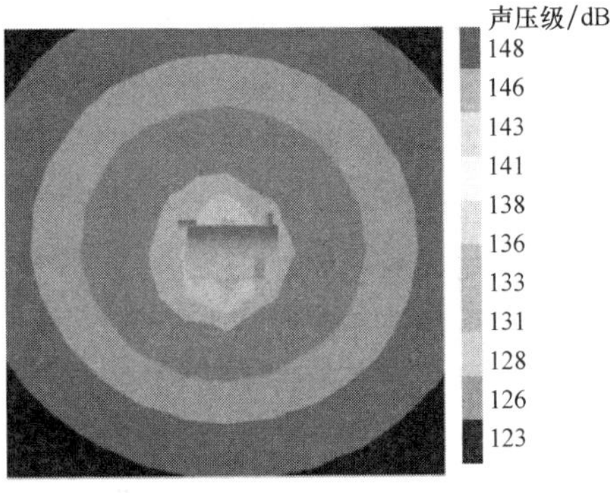

b) Y 平面，373.333Hz

图 8-28　1.2Q_d下平面场点声压级分布

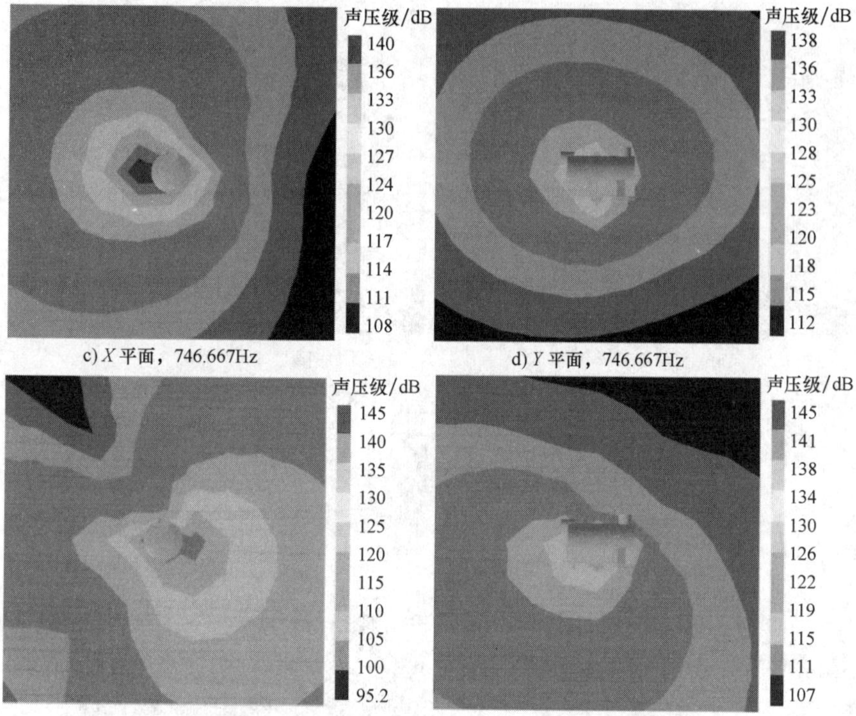

c) X 平面，746.667Hz　d) Y 平面，746.667Hz

e) X 平面，1120Hz　f) Y 平面，1120Hz

图 8-28　1.2Q_d下平面场点声压级分布（续）

8.5.5　外辐射声场频率响应分析

图 8-29 为多级自吸泵声场场点设置图。在泵体的前、后、左、右、上五个方向设置 5 个点，分别记为 A、B、C、D、E，每个点与泵体中心的距离为 500mm。

在不同流量工况下，多级自吸泵外辐射声场的频率响应曲线如图 8-30～图 8-32 所示。叶轮叶频 373.333Hz、2 倍叶轮叶频 746.667Hz、3 倍叶轮叶频 1120Hz 都存在较高的波峰，随着流量的增加，三个特征值的声压级值有逐渐增大的趋势。此外，在特征值附近出现一些较小的波峰，这是受到壳体固有频率的影响。外辐射声场频率响应曲线基本相似，声压级值在

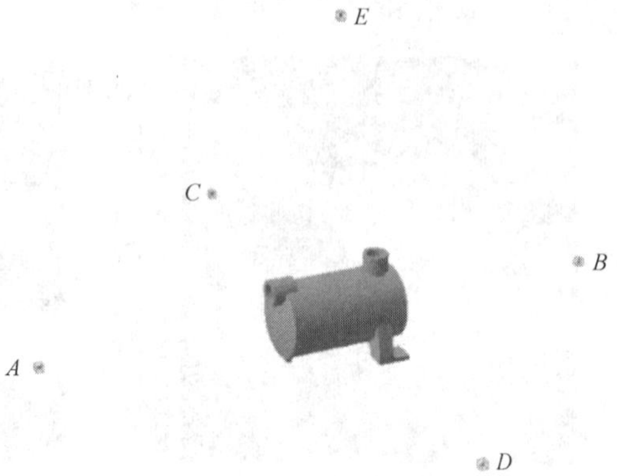

图 8-29　多级自吸泵外辐射声场场点设置

25～130dB 之间，宽频噪声的声压级值范围在 25～80dB 之间。

图 8-30 为 0.8Q_d声压频率响应曲线，监测点 A、C 的主频为 373.333Hz，声压级值分别为 124.49dB 及 129.84dB；次主频为 1120Hz。监测点 B、D、E 的情况与之相反，主频为 1120Hz，声压级值分别对应 126.35dB、124.13dB、124.88dB；次主频为 373.333Hz。此外，746.667Hz、1493.333Hz、1680Hz、1866.667Hz 存在明显的峰值，声压级值在 100dB 左右。

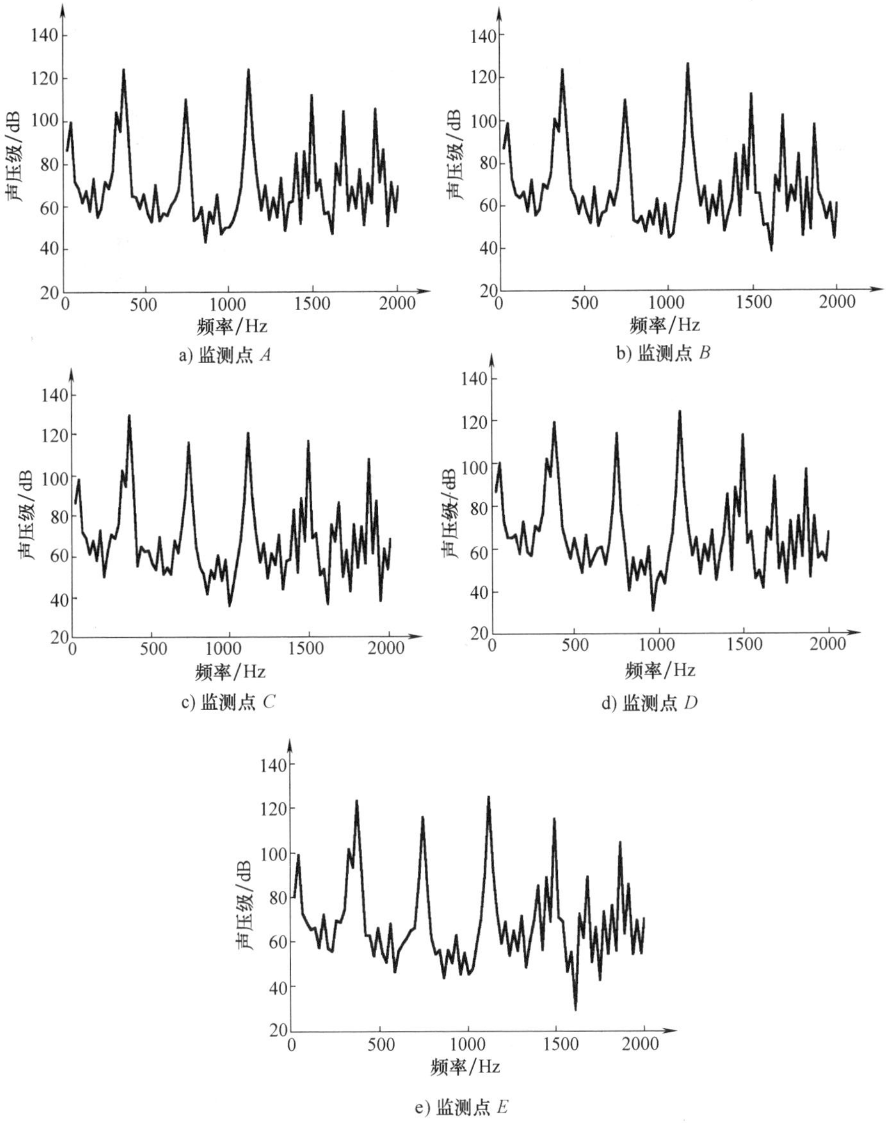

图 8-30　0.8Q_d下外辐射声场频率响应曲线

图 8-31 为 $1.0Q_d$ 声压频率响应曲线，频率点 373.333Hz、746.667Hz、1120Hz、1866.667Hz 存在明显的峰值。监测点 A、C、D 的主频为 373.333Hz，声压级值为 127.7dB、126.67dB、125.94dB，次主频为 746.667Hz。监测点 B、E 的主频为 1120Hz，对应的声压级值为 127.17dB、126.25dB，次主频为 373.333Hz。

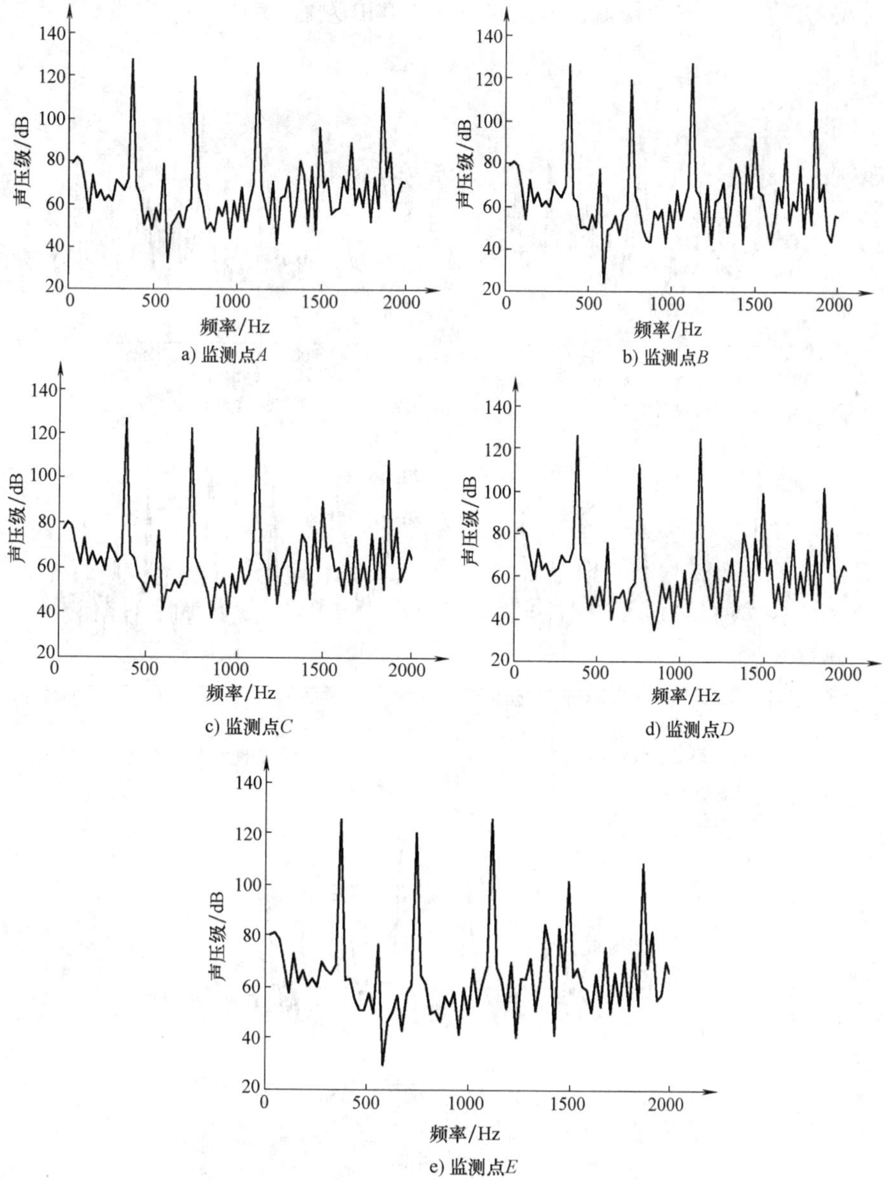

图 8-31　$1.0Q_d$下外辐射声场频率响应曲线

图 8-32 为 1.2Q_d声压频率响应曲线，373.333Hz、746.667Hz、746.667Hz 存在明显的峰值，主频都是叶轮叶频 373.333Hz。监测点 A、D 的次主频为 1120Hz，而监测点 B、C、E 的次主频为两倍叶轮叶频 746.667Hz，这与前两个流量点的频率响应不同，说明在该工况下，影响离散噪声的主要因素叶轮叶片数及导叶叶片数对外辐射声场的影响减弱。

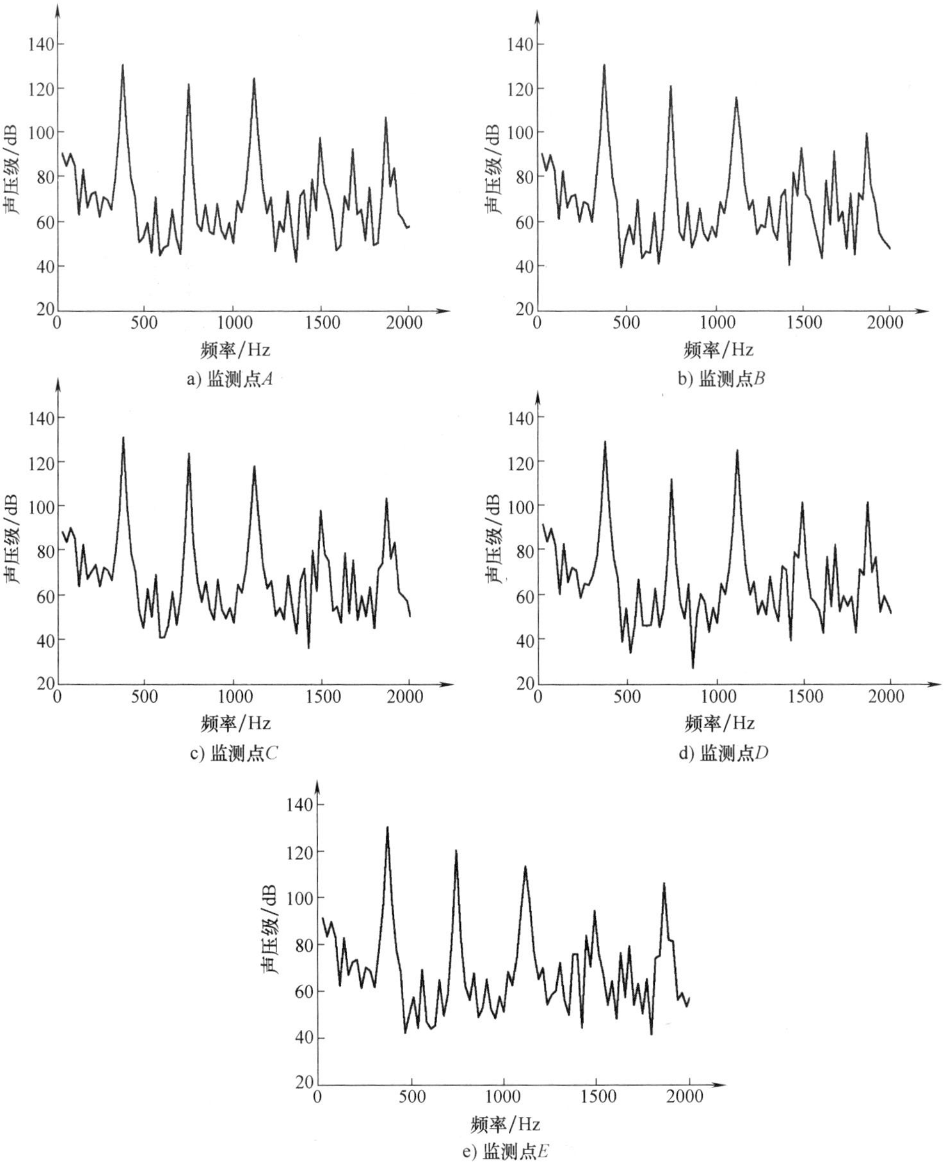

图 8-32　1.2Q_d下外辐射声场频率响应曲线

8.5.6 叶轮几何参数对多级自吸喷灌泵性能及噪声影响的试验研究

由内外声场的分析可知，影响多级自吸泵水动力噪声的主要因素集中在动静干涉区，即叶轮与导叶之间的区域。叶轮作为旋转部件，同时也是多级自吸泵重要的水力部件，对多级自吸泵性能及噪声起着关键的影响作用。本节主要通过试验研究，对叶轮出口处的结构进行改变，分析叶轮几何参数对多级自吸泵性能及噪声的影响。

多级自吸泵性能及噪声试验台为福建某企业 M 型多级自吸泵专用试验台，该试验台测试精度高，拆装方便，能够很好地适用于不同方案的试验对比。为测量外辐射声场，使用声级计来测量其综合噪声，如图 8-34 所示。

选取 5 种叶轮方案，使用同一导叶进行匹配，导叶基圆直径 106mm，导叶叶片数为 12。叶轮主要参数见表 8-4，包含了三种结构的改变：第一种是径切方式，1/2 径切示意图如图 8-34 所示，阴影部分为叶轮叶片切除的部分，第二种是改变叶轮出口直径，第三种是叶轮前后盖板直径不变，叶轮叶片直径减小，减小叶轮叶片直径如图 8-35 所示。

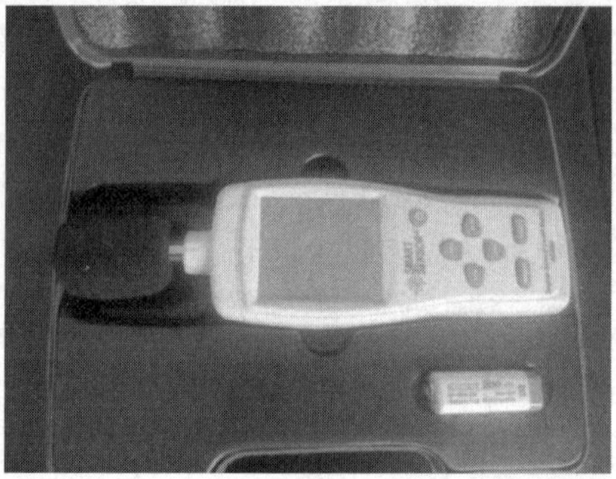

图 8-33　声级计

表 8-4　叶轮主要参数

方案	叶轮出口宽度/mm	叶轮出口直径/mm	叶片直径/mm	叶片数	1/2 径切
方案 1	5.2	105	105	8	无
方案 2	5.2	105	105	8	有
方案 3	5.2	105	103.5	8	有
方案 4	5	103.5	103.5	8	无
方案 5	5	101.5	101.5	8	无

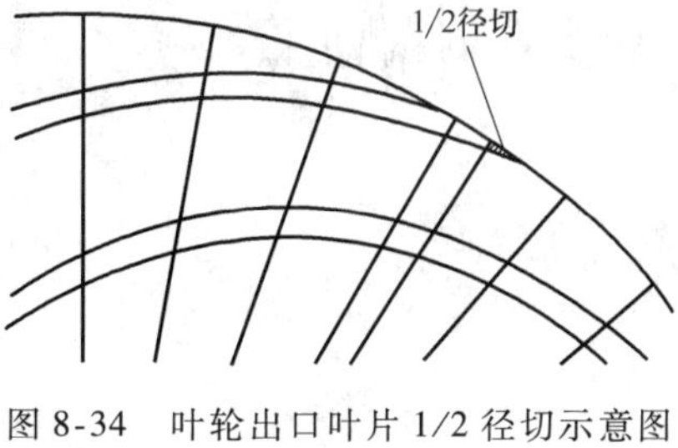

图 8-34　叶轮出口叶片 1/2 径切示意图

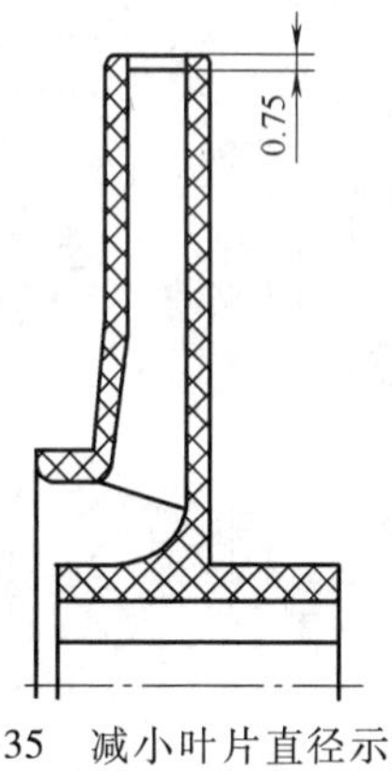

图 8-35　减小叶片直径示意图

五种叶轮方案的性能试验结果见表 8-5，噪声试验结果见表 8-6。选取 5 个工况点，分别对应全开点、扬程 16m 的点、扬程 30m 的点、扬程 40m 的点及关死点。侧面指泵体左侧位置，与泵轴垂直，与泵体中心相距 0.5m，端面指泵体的前端，与泵进口相对，距泵体中心 0.5m。

选取方案 1 和方案 2，对比分析叶轮出口叶片 1/2 径切对多级离心泵性能及噪声的影响。叶片径切，过流面积增大，最大流量增加，关死点扬程和功率有一定的增加。对比噪声试验结果，方案 2 的分贝值都要比方案 1 大。因此，叶轮出口叶片 1/2 径切有助于提升水力性能，但综合噪声有所加强。

选取方案 4 和方案 5，对比分析叶轮出口直径对多级自吸泵性能及噪声的影响。由泵设计理论可知，叶轮出口直径减小，其关死点扬程降低，这与试验结果相吻合，最大流量和功率有所降低。对比噪声试验结果，方案 4 的分贝值要比方案 3 的大，这是由于叶轮出口直径减小，动静干涉区域变大，压力脉动强度减弱，声场的声压级值有所降低。可以看出，在保证水力性能的前提下，适当地减小叶轮出口直径可以达到降噪效果。

选取方案 2 和方案 3，对比分析叶轮叶片直径对多级自吸泵性能及噪声的影响。由内外声场的计算分析可知，动静干涉对声场影响较大，因此考虑在不改变盖板直径的前提下，减小叶轮叶片直径，从而使水流流出叶片进入导叶间的区域增大，来达到降噪目的。减小叶轮叶片直径，关死点扬程下降了 2.88%，但最大流量变化不大，功率有所降低。对比噪声结果，分贝值下降明显，方案 2 和方案 3 的最大差值达到 7.5dB。可以看出，动静干涉是影响声场的主要因素，也表明声场的数值计算对降噪抑噪有一定的指导作用。

表 8-5　多级自吸泵性能试验结果

方案	关死点	全开点		
	扬程/m	流量/(m^3/h)	扬程/m	功率/W
1	51	6.66	5	1148
2	52	7.08	6	1276
3	50.5	6.89	5	1206
4	51.5	7.23	6	1413
5	50	7.2	5.6	1348

表 8-6　多级自吸泵噪声试验结果　　（单位：dB）

方案	试验点 1（全开点）		试验点 2（扬程 16m）		试验点 3（扬程 30m）		试验点 4（扬程 40m）		试验点 5（关死点）	
	侧面	端面	侧面	端面	侧面	端面	侧面	端面	侧面	端面
1	66.5	66	66	66	68.5	71	69	70.5	68.5	67.5
2	70.5	69	68	68.5	69.5	71.5	69.5	71.5	68.5	68.5
3	63	64	64	65.5	67	71	67.5	70.5	65	66.5
4	69.5	70.5	64	65	68.5	71	68	71	66.5	66
5	69	69.5	63.5	63.5	67.5	70.5	68	70.5	65.5	64

8.6 本章小结

目前对泵的噪声研究主要集中在单级离心泵，而多级离心泵结构复杂，国内外对其研究较少。本章首先对壳体进行模态计算及分析，然后采用边界元法对多级自吸泵的内外声场进行数值计算，主要研究工作和结论如下：

1）使用 LMS Virtual. Lab 软件，对多级自吸泵叶轮及壳体进行网格化分。基于有限元法，对其进行模态计算及分析。在 0 ~2000Hz 范围内，叶轮有 6 阶固有频率，多级自吸泵壳体有 14 阶固有频率。

2）基于边界元法，提取叶轮叶片及导叶偶极子声源，进行内声场计算，分析声压级分布及频率响应特性。在设计点附近，声压级分布及频率响应随流量变化不大。频率响应的特征值为叶轮叶频 373. 333Hz、2 倍叶轮叶频 746. 667Hz 及 3 倍叶轮叶频 1120Hz，声压级极大值集中在低频段。

3）基于边界元法，对多级自吸泵进行外辐射声场的数值计算。指向性分布呈现偶极子特性，叶轮叶频 373. 333Hz、3 倍叶轮叶频 1120Hz 的声压级值最大。在不同流量及不同频率下的球面及平面场点的声压级分布有所不同，声压级极大值区域主要在泵体中心附近，泵体底座附近的声压级梯度较大。

4）降噪是水动力噪声研究的最终目的，因此结合内外声场分析，提出改变叶轮几何参数的方案。通过试验对比，研究叶轮几何参数对多级自吸泵性能及噪声的影响。叶轮出口叶片 1/2 径切，最大流量增加，关死点扬程和功率都有所增加，综合噪声增大；减小叶轮出口直径，关死点扬程降低，最大流量和功率有所降低，综合噪声下降；减小叶轮叶片直径，关死点扬程下降较多，但最大流量变化较小，功率有所降低，综合噪声下降显著。

参考文献

[1] Lighthill M J. On sound generated aerodynamically, I. General theory [J]. Proc. R. Soc. Lond. A, 1952 (211): 564-587.

[2] Lighthill M J. On sound generated aerodynamically, II. Turbulence as a source of sound [J]. Proc. R. Soc. Lond. A, 1954 (222): 1-32.

[3] Curle N. The influence of solid boundaries upon aerodynamic sound [J]. Proc. R. Soc. Lond. A, 1955 (231): 505-514.

[4] Ffowcs Williams J E, Hawkings D L. Sound generation by turbulence and surface in arbitrary motion [J]. Mathematical and Physical Sciences, 1969 (264): 321-342.

[5] Farassat F. Discontinuities in aerodynamics and aero acoustics: The concept and applications of generalized derivatives [J]. Journal of Sound and Vibration, 1977, 55 (2): 165-193.

[6] Goldstein J L. An optimum processor theory for the central formation of the pitch of complex tones [J]. Journal of the Acoustical Society of America, 1973 (54): 1496-1516.

[7] Simpson H C, Clark T A, Weir G A. A theoretical investigation of hydraulic noise in pumps [J]. Journal of Sound and Vibration, 1967: 456-488.

[8] Chu S, Dong R, Katz J. Relationship between unsteady flow, pressure fluctuations, and noise in a centrifugal pump, Part A: Use of PDV data to compute the pressure field [J]. ASME Journal of Fluids Engineering, 1995 (117): 24-29.

[9] Chu S, Dong R, Katz J. Relationship between unsteady flow, pressure fluctuations, and noise in a centrifugal pump, Part B: effects of blade-tongue interaction [J]. ASME Journalof Fluids Engineering, 1995 (117): 30-35.

[10] Dong R, Chu S, Katz J. Effect of modification to tongue and impeller geometry on unsteady flow, pressure fluctuations, and noise in a centrifugal pump [J]. ASME Journal of Fluids Engineering, 1997 (119): 506-515.

[11] Howe M S. On the estimation of sound produced by complex fluid-structure interactions, with application to a vortex interacting with a shrouded rotor [J]. Mathematical and Physical Sciences, 1991 (443): 573-598.

[12] Howe M S. Influence of wall thickness on Rayleigh conductivity and flow induced aperture tones [J]. Journal of Fluids and Structures, 1997 (5): 351-366.

[13] Kato C, Yoshimura S. Prediction of the noise from a multi-stage centrifugal pump [C] // ASME Fluids Engineering Division Summer Meeting and Exhibition, 2005: 1-8.

[14] Jiang Y Y, Yoshimura S, Imai R, et al. Quantitative evaluation of flow-induced structural vibration and noise in turbomachinery by full-scale weakly coupled simulation [J]. Journal of Fluids and Structures, 2007 (23): 531-544.